Die Erfindung
der Rassen

Guido Barbujani

Die Erfindung der Rassen

Wissenschaft gegen Rassismus

Aus dem Italienischen von Edmund Jacoby

Verlagshaus Jacoby & Stuart

Für Alexis Astrinakis, den grossen Griechen

Inhalt

Vorwort zur deutschsprachigen Ausgabe

Als 2006 die erste Ausgabe dieses Buches herauskam, war das Humangenomprojekt gerade abgeschlossen – was mit großem Pomp gefeiert wurde: Pressekonferenz im Weißen Haus, eröffnet von Präsident Bill Clinton, der britische Premierminister Tony Blair über Satellit zugeschaltet, und die Botschafter des Vereinigten Königreichs, Japans, Deutschlands und Frankreichs in Fleisch und Blut zugegen. Nach dreizehn Jahren Arbeit und 2,7 Milliarden ausgegebenen US-Dollars hatte ein Konsortium von 2800 Wissenschaftlern es geschafft, zum ersten Mal ein Genom, das heißt, die gesamte DNA eines Menschen, auszulesen. Genau genommen kein komplettes Genom, sondern nur 92 %. Doch auch so war das ein so gewaltiger Schritt nach vorne, dass jemand in der ersten Begeisterung mit der Erfindung des Rads verglich. »Früher dachten wir, unser Schicksal stehe in den Sternen. Jetzt wissen wir, dass unser Schicksal zum großen Teil in den Genen liegt«, erklärte etwas übertrieben – wie er das manchmal macht – der Medizinnobelpreisträger James Watson. Doch gut. Jetzt lag der Text, in dem laut Watson das Schicksal geschrieben steht, offen vor aller Augen und war gelesen worden.

Kurz, als *Die Erfindung der Rassen* erschien, kannten wir nur ein einziges menschliches Genom, inkomplett und mit einer ganzen Reihe von Fehlern, die mit den Jahren korrigiert werden sollten. Vor allem war es aber nur ein einziges, doch erst, wenn wir viele Menschen miteinander vergleichen, können wir versuchen zu verstehen, welche DNA-Fehler Diabetes, Krebs, Bluthochdruck, Parkinson, Alzheimer und so weiter verursachen. In den zwölf

Jahren seitdem hat es einen verblüffenden technischen Fortschritt gegeben. Heute gibt es mehrere Tausend ausgelesene (der Terminus technicus ist »sequenzierte«) Genome, und viele davon sind veröffentlicht, zugänglich für jeden, der sie für wissenschaftliche Zwecke nutzen möchte. Die Zahl der Fehler beim Auslesen ist sehr zurückgegangen, die Kosten noch stärker: Es geht nicht mehr um Milliarden, sondern um weniger als eintausend Euro, und es sind nicht Heerscharen von Wissenschaftlern dabei am Werk, sondern inzwischen genügt ein einziger Techniker; und wenn man ein paar Wochen auf die Resultate warten muss, liegt dies nicht an der enormen Zahl nötiger chemischer Reaktionen und bioinformatischer Analysen, sondern daran, dass die gewaltigen Maschinerien, die die DNA auslesen, rund um die Uhr ausgelastet sind, sodass man schon ein wenig Schlange stehen muss. Kaum jemand hat vorausgesehen, wie schnell es gelingen würde, diese astromischen Zahlen von Daten zu produzieren.

Diese Wissensexplosion hat die Wissenschaft, mit der ich mich beschäftige, die Genetik, verändert. Für mehr als ein Jahrhundert mussten sich die Genetiker mit ganz wenigen Daten begnügen und haben, angefangen mit Gregor Mendel, ausgeklügelte Methoden und Kalküle entwickelt, um überhaupt etwas zu verstehen. Und plötzlich finden wir uns inmitten einer Orgie von DNA-Sequenzen wieder und haben gar nicht die Zeit, sie gründlich zu untersuchen, weil jede Woche neue publik werden. Ich habe ausgerechnet, dass in einer einzigen Ausgabe der Zeitschrift *Nature Genetics*, der von März 2015, das isländische Team von Kári Stefánsson mehr genetische Daten publiziert hat als die Wissenschaftlergemeinde der ganzen Welt von Mendel bis zum Juni 2000. Das ist etwas über den Daumen gepeilt, doch wenn ich mich geirrt habe, dann nur um ein Weniges.

Heute versuchen wir Genetiker, uns in diesem Überfluss von Informationen zu orientieren, doch dieser ist auch ein Labyrinth, in dem wir hin- und hergerissen sind zwischen dem erregenden

Gefühl, uns in einer Ausnahmesituation zu befinden (wegen der neuen Fragen, auf die wir versuchen können, Antworten zu geben), und einem Gefühl der Übersättigung (weil wir nicht die Zeit haben, alles Neue zu verdauen). Es ist noch zu früh, eine Bilanz zu ziehen. Ich würde aber sagen, dass einerseits Watsons Voraussagen sich nicht bewahrheitet haben: Heute kennen wir zwar seine gesamte DNA (ja, Watsons Genom, das 2008 sequenziert worden ist), doch wir sind nicht in der Lage, daraus auf sein Gewicht und seine Größe zu schließen, ganz zu schweigen von viel komplizierteren Dingen wie seinem Blutdruck, seinem Infarktrisiko oder – was das Komplizierteste ist – seine Intelligenz (für die es im Übrigen keine befriedigende Definition gibt).

Aber ich möchte andererseits auch nicht zu pessimistisch erscheinen. Genome lesen zu können, erst eines und dann viele weitere, ist und bleibt eine unverzichtbare Methode, um viele grundlegende Fragen der Biologie beantworten zu können. Zweifellos haben wir die Schwierigkeiten unterschätzt, und der eine oder die andere hat sich vorgemacht, die Interpretation der Daten könne leicht sein; doch jetzt wissen wir wenigstens, dass Genome allein nicht genügen und dass wir ordentlich nachdenken müssen, um etwas zu verstehen. Wir sind auf dem rechten Weg, aber wir haben noch nicht einmal die Hälfte der Strecke hinter uns.

Im Augenblick also verfügen wir über eine gigantische Fotografie – vielleicht wäre Mosaik die richtige Metapher – der genetischen Differenzen, die jeden von uns gegenüber seinen Mitmenschen zu einem anderen machen. Auch wenn es noch nicht die spektakulären Fortschritte in der Diagnose und der Verhütung von Krankheiten gibt, die sich manch einer erhofft hat, können wir viele andere Dinge mit einer Genauigkeit untersuchen, die vor zwölf Jahren noch unvorstellbar war: wie die Körperzellen funktionieren, wie sehr wir uns genetisch voneinander unterscheiden und durch welche Ereignisse diese Differenzen sich akkumuliert haben.

Vor Kurzem kam die Nachricht, dass man im Leipziger Max-Planck-Institut die DNA von Neandertalern in Nervenstammzellen einpflanzt, um herauszufinden, inwiefern die Entwicklung und das Funktionieren des Neandertaler-Gehirns von dem unseren abwich (*The Guardian*, 11.5.2018). Für jemanden, der sich mit der Evolution beschäftigt, war das Manna vom Himmel und für einen, der Bücher über die menschliche Diversität schreibt, eine eindeutige Aufforderung, *up to date* zu bleiben.

Das heißt, mit zwölf Jahren Abstand haben sich mehrere Teile dieses Buchs als veraltet erwiesen oder mussten entstaubt werden. Anfangs war ich etwas besorgt; nicht nur wegen der enormen Menge von Material, aus dem es auszuwählen galt und das sich oft nur schwer darstellen lässt, weil es technisch kompliziert ist. Vor allem aber war mir nicht klar, wie weit sich die Grundstruktur des Buchs erhalten ließe, die mir aus irgendeinem Grunde noch immer gut gefiel. Doch je weiter ich vorankam, desto deutlicher wurde mir, dass all diese Fortschritte nichts Wesentliches verändert hatten.

Im Großen und Ganzen können wir nur mit größerer Präzision vieles bestätigen, das wir bereits verstanden hatten. Es sind noch wichtige neue und zuweilen verblüffende Einzelheiten aufgetaucht (wer hätte zum Beispiel gedacht, dass die Europäer bis vor 7000 Jahren dunkelhäutig waren? Davon ist auf Seite 161 die Rede), und diese Einzelheiten haben sich in das Bild eingefügt, das in seinen Grundlinien jedoch dasselbe geblieben ist. Um es kurzzumachen: Es ist immer offensichtlicher geworden, dass der Begriff »Rasse« unnütz und schädlich ist, wenn wir die biologischen Grundlagen unserer Unterschiede verstehen wollen, denn die Menschheit besteht nicht aus biologisch unterschiedlichen Gruppen, wie wir sie bei anderen Arten als Rassen bezeichnen.

Erst als wir mit den unsinnigen Versuchen von Klassifikation nach Rassen aufgehört haben, konnten wir unsere Forschung auf das konzentrieren, was wirklich zählt – die Unterschiede zwischen

Individuen und Populationen. Dabei setzen Letztere sich aus vielen Menschen mit unterschiedlicher DNA zusammen, die von immer wieder anderen Vorfahren auf uns gekommen ist.

Heute können wir in der DNA die Spuren der Wanderungen und des Austauschs nachverfolgen, die unser Genom im Laufe der Jahrtausende immer wieder neu gemischt haben und ihm das bunte Harlekinkostüm verliehen haben, das wir heute vor Augen haben. Ich musste keine der Kernaussagen des Buches ändern, wenngleich ich gemerkt habe, dass ich bei bestimmten Themen allzu sehr vereinfacht hatte (ich habe jetzt versucht, Abhilfe zu schaffen). Im Übrigen konnten wir vor zwölf Jahren vielfach nur Vermutungen anstellen, während wir heute präzise Nachweise führen können (was zu tun ich mich bemüht habe).

Doch als die erste Fassung dieses Buchs erschien, hoffte ich noch in frommer Einfalt, dass die Idee der Rasse in den kommenden Jahren in der politischen und gesellschaftlichen Auseinandersetzung immer unwichtiger würde. Ich behaupte nicht, dass ich rationale Gründe dafür hatte, doch ich hielt es für selbstverständlich. Ich habe mich geirrt, und heute muss ich mich fragen, warum, was der Grund für das ist, woran mich immer wieder mal jemand mit skeptischem Grinsen erinnert: Wieso gibt es eigentlich einen so großen Unterschied zwischen dem, was du über Rasse sagst, und dem, was die Leute glauben?

Mir fällt dazu eine ganze Reihe an Antworten ein, was vielleicht bedeutet, dass ich noch keine wirklich gute gefunden habe. Zum Teil ist das ein altes Problem: Wenn die Dinge komplizierter sind, als wir sie uns vorstellen, und das sind sie häufig, ist es nicht einfach, die Ergebnisse wissenschaftlicher Forschung anzuerkennen. Das ist eine Erfahrungstatsache für einen Genetiker ebenso sehr wie für jemanden, der vor Wunderdiäten oder Schreckensmythen über Impfungen zu warnen versucht. Es braucht Zeit: Althergebrachte Gemeinplätze zu ändern geht weder einfach noch schnell. Im 17. Jahrhundert war es nicht leicht, die Vorstellung durchzusetzen, dass die Erde sich um die Sonne dreht. »Ich war den ganzen Tag am selben Ort; heute Morgen war die Sonne dort und jetzt ist sie hier, also hat *sie* sich bewegt«, schien dem gesunden Menschenverstand zu entsprechen. »Sie hat schwarze Haut, ich weiße, also gibt es Rassen«, zeugt ebenso von gesundem Menschenverstand und ist ebenso falsch. Und deshalb brauchen wir eine Weile, bis wir die Tatsache verdaut haben, dass unsere biologischen Unterschiede nur Übergänge auf einer Palette sind, deren Farben unwahrnehmbar miteinander verschwimmen.

Aber da ist noch etwas anderes. Viele Experten haben den Eindruck, dass die politische und gesellschaftliche Diskussion dahin tendiert, ihre ganz eigenen Wege zu gehen, wobei die Realität nur bis zu einem bestimmten Punkt zählt. *Fake News*, absichtlich in die Welt gesetzte Lügen, mit denen Gegner in Schwierigkeiten gebracht werden sollen oder die als Vorwand für brutale Aktionen benutzt werden, sind nur die Spitze des Eisbergs. So ist es schon oft gewesen. Der europäische Rassismus hat eine jahrhundertealte windungsreiche Geschichte, doch er erreicht seinen Höhepunkt in der Zeit zwischen dem Ersten und dem Zweiten Weltkrieg. Schon 1924 prangert Adolf Hitler die »Rassenschande« an, die die Stationierung von »Negerhorden« im Rheinland durch die Franzosen nach sich gezogen habe (gemeint waren die berühmten »Rheinlandbastarde«) und fordert »Lebensraum« in Osteuropa auf Kosten der für ihn biologisch minderwertigen Slawen. Im Juli 1933 trat das »Gesetz zur Verhütung erbkranken Nachwuchses« in Kraft, und im September 1935 die Nürnberger Rassegesetze, die die »Reinheit des deutschen Bluts« schützen sollten. 1938 wurden auch in Italien unter dem Slogan »Es ist Zeit, dass die Italiener sich offen als Rassisten bekennen« Gesetze erlassen, die die sogenannten italienischen Bürger jüdischer Rasse ihrer bürgerlichen Rechte beraubten, und mit ihnen zehn Millionen Libyer, Somalier, Eritreer und Abessinier, die unter italienischer Kolonialherrschaft standen. In beiden Fällen war es nicht leicht zu definieren, wer nun genau Jude war und wer nicht, und so wurden, um die politischen Entscheidungen mit allen verfügbaren Argumenten zu unterstützen, die berühmtesten Wissenschaftler der Zeit aktiviert: Anthropologen und Anatomen, Genetiker und Psychologen. Anscheinend fürchteten die Regierungen, dass ohne eine überzeugende wissenschaftliche Rechtfertigung die Menschen in Italien oder Deutschland sogar in den 30er Jahren, der Zeit des Aufstiegs und Triumphs des Faschismus, über die neuen Rassendiskriminierungen die Nase rümpfen könnten. Heute dagegen ist der rassistische Diskurs völlig losgelöst von allem, was sich Wissenschaft nennt. Die Politik der Diskriminierung wird mit Parolen (»Ausländer raus«, »Italiener zuerst/Americans first«, »Bevölkerungsaustausch«, »Umvolkung«, »Herren im eigenen Haus«) beschworen, die keinerlei Rechtfertigung brauchen, erst recht keine wissenschaftliche. Der letzte Schleier ist gefallen, man erklärt sich freimütig zum Rassisten und basta.

Vielleicht hat das, jedenfalls zum Teil, damit zu tun, dass der Zusammenhang zwischen Rasse und Rassismus weniger eng ist als der gemeinsame Wortstamm vermuten lässt. »Rasse« ist der Zerrspiegel, in dem Generationen von Naturwissenschaftlern, Anthropologen und Genetikern die Unterschiede zwischen den Menschen betrachtet haben, bis sich herausgestellt hat, dass diese in diesem Zerrspiegel nicht richtig wiedergegeben werden können. Rassismus dagegen hat mit unseren Rechten zu tun und mit der Behauptung, dass aus der Herkunft, der Hautfarbe oder dem Pass unterschiedliche Rechte erwachsen. Es ist zwar richtig, dass rassistische Politik sich oft auf Rassentheorien gestützt hat, aber das muss nicht so sein, und in der Tat ist das *heute immer weniger der Fall.* Man muss nicht an die Existenz menschlicher Rassen glauben, um für eine diskriminierende und fremdenfeindliche Politik zu sein. Du hast kein Recht, dies und das zu tun, weil du Schwarzer, weil du Immigrant oder weil du Muslim bist, sind drei gleichwertige Behauptungen, aber nur die erste ist genau genommen rassistisch. Also lassen wir die Wissenschaftler nur über ihre Genome oder ihre prähistorischen Wanderungen debattieren. Um zu entscheiden, wer das Recht hat, sich als Bürger eines europäischen Staates zu fühlen, und dieselben Rechte wie die anderen Bürger hat, die dort geboren sind, spielt das keine Rolle.

Man kann dagegen sein und wieder eine Verbindung zwischen den Ideen der Wissenschaft und der politischen und sozialen Praxis herstellen wollen. In der Tat ist es das, was dieses und andere Bücher versuchen. Doch ein Buch ist keine große Sache, und die Welt verändert sich schnell. Neue Technologien und die Globalisierung haben dem Norden unserer Erde größeren Reichtum beschert, allerdings bei hohen sozialen Kosten und einer monströsen Ungleichverteilung.

Populistische Politiker haben es verstanden, den Protest der verarmten oder verängstigten Gesellschaftsschichten für sich zu nutzen, indem sie ihn entweder nach unten lenkten, gegen die Immigranten, die angeblich den Einheimischen Arbeitsstellen, Wohnungen und Unterstützung wegnehmen, oder nach oben, gegen die Eliten, die in dieser simplen Weltsicht schuld daran sind, dass der Wandel nicht gut gemanagt wurde. Wie kann ich den sogenannten Experten in Washington, Brüssel, Berlin oder Rom vertrauen, wenn sie doch nicht verhindern konnten, dass meine Bank pleite gegangen ist, dass meine Tochter, die doch das Abitur hat, in einem Callcenter arbeiten muss oder mein Mann durch einen Roboter ersetzt worden ist?

Und wenn ich dieser Politikerkaste misstraue, wie soll ich da den Wissenschaftlern vertrauen, die niemand gewählt hat und die also eine noch üblere Kaste sind?

Wieder einen Raum für eine konstruktive Diskussion zu schaffen, bei der auch Wissen und Kompetenz eine Rolle spielen dürfen, mit dem Ziel, allseits akzeptierte Lösungen zu finden und nicht bloß einen Konsens durchzuboxen – das ist eine der großen Herausforderungen unserer Zeit.

Ein Buch ist keine große Sache und kann nicht viel bewirken. Und doch schien es mir nach zwölf Jahren der Mühe wert, dieses Buch auf den neuesten Stand des Wissens zu bringen, aus demselben Grund, aus dem wir uns jeden Abend die Zähne putzen: Es reicht nicht, um Karies zu vermeiden, aber es ist besser als nichts.

Die Ideen der sogenannten populistischen Bewegungen verfangen zweifellos bei vielen Bürgern in der halben Welt, aber sie haben auch eine entscheidende Schwäche: Es kann so aussehen, als funktionierten die Ideen; das tun sie aber nur in winzigen Bereichen, denn sie konzentrieren sich ganz auf unmittelbar gegenwärtige Probleme, für die sie angeblich einfache und äußerst kurzatmige Lösungen anbieten. Und da in ihnen nur von Einzelheiten die Rede ist, von Mauern, die errichtet werden sollen, von Aufenthaltsgenehmigungen, die nicht gewährt werden sollen, so als ginge es darum, eine kleine alte heile Welt zu schützen, die sich aufzulösen droht und die es vielleicht nie gegeben hat, weigern sie sich, die Dinge in einer etwas größeren Perspektive zu betrachten. Es ist so, als würden sie wieder zu Kindern: Sie leben in der Gegenwart, um die größeren Sachen kümmern sich die Erwachsenen. Aber vergessen wir nicht: Auch Kinder haben viel zu leiden. Jede Erkältung, jede Trennung von einer geliebten Person ist ein Trauma, weil das Leben in der Gegenwart nicht das Bewusstsein ermöglicht, dass alles sich ändern kann, dass das Fieber vergeht, dass die geliebte Person wiederkommt.

Ich bin davon überzeugt, dass die kurzsichtige Debatte darüber, wie sich der Strom der Immigration aufhalten lässt – der nach jeder seriösen Analyse noch über viele Jahre zunehmen wird –, uns zu Gefangenen der Gegenwart macht, zu Kindern. Und uns damit dazu verdammt, wie die Kinder zu leiden, weil wir die Komplexität der Erscheinungen aus dem Blick verlieren. Stattdessen sollten wir versuchen, erwachsen zu sein. Und hier heißt erwachsen sein, die Dinge in ihrem Zusammenhang zu betrachten und zu verstehen, dass wir Menschen wandern, nicht heute oder gestern, sondern schon immer; zu verstehen, woher wir kommen und wie groß die Unterschiede zwischen uns sind, natürlich auch, weil viele Menschen diese Unterschiede in übertriebener oder verzerrter Form wahrnehmen. Meine Hoffnung ist, dass dieses Buch denen, die es lesen, dabei hilft, die eine oder andere hier oder da aufgeschnappte oberflächliche oder falsche Vorstellung loszuwerden und sich mit ein paar Vorurteilen weniger in der Welt umzusehen.

Guido Barbujani, im November 2020

1. Kapitel

Grenzziehungen

Worin wir uns fragen, ob es Menschenrassen gibt und was sie sein sollen

Immer neue Grenzen werden gezogen, stellen wir fest. Laut Wikipedia gab es im Februar 2018 siebenunddreißig Grenzkonflikte, die jeweils im Vorjahr mehr als hundert Todesopfer forderten. Das Verzeichnis geht von A wie Afghanistan über J wie Jemen bis Z wie Zimbabwe und umfasst auch die unzähligen Fälle, in denen es zwar nicht zu Begegnungen zwischen Streitkräften kommt, in denen aber Konflikte zwischen Menschen verschiedener ethnischer Gruppen das tägliche Leben bestimmen: die Rechte der Bürger und ihren Zugang zu natürlichen Ressourcen, zu Bildung und zur Gesundheitsversorgung. Fremdenhass und Rassismus, Phänomene, die wir noch vor wenigen Jahren als Überreste von Unterentwicklung wahrgenommen hatten, die bald verschwinden würden, sind zu globalen Problemen geworden, und keine Gegend der Welt ist dagegen immun.

Der Südtiroler Friedensaktivist Alexander Langer hat einmal gesagt, wir müssten die Grenzen, wenn wir sie nicht ganz abschaffen können, wenigstens durchlässig machen. Doch stattdessen wurden in den letzten 20 Jahren vor allem immer neue Grenzen erfunden, oft willkürliche und stets bestreitbare, die um neue Identitäten gezogen werden, die sich dadurch wiederum verhärten – was dann dazu führt, dass dasselbe auf der anderen Seite der Grenze geschieht. All dies sei, so sagt man uns, durch die untrennbare Verbindung von Blut und Boden gerechtfertigt, zwischen einem Territorium und denjenigen, die es seit je besiedelt haben und deshalb seine einzigen legitimen Bewohner seien. Wir sind, so sagen dieselben Leute, grundsätzlich, und zwar biologisch, verschieden, und wir können unsere Identität, die in unserem Blut (wie es früher hieß) oder in unserer DNA* (wie man heute sagt) wurzelt, nur verteidigen, wenn wir auch unser Territorium gegen die Invasionen von Trägern einer anderen Identität verteidigen.

Der Konflikt zwischen Identitäten ist kein gewöhnlicher politischer Konflikt. Er betrifft nicht, was jemand macht oder machen will, sondern wer jemand ist oder zu sein meint. Und deshalb ist er unlösbar. Zwischen politischen Gegnern gibt es immer die Möglichkeit zu vermitteln und zu verhandeln, in der Anthropologie oder der Biologie gibt es sie nicht. Wenn Gruppen unterschiedlicher Identität es nicht schaffen, miteinander zu leben, gibt es nur die Möglichkeit, sie zu trennen und zu hoffen, dass der Waffenstillstand hält. Der Preis, der dafür gezahlt werden muss, ist eine Vervielfachung von Grenzen und damit einhergehenden Spannungen – nicht nur zwischen den Staaten, sondern auch entlang weniger genauer Trennlinien durch Staaten, Regionen und sogar Stadtviertel, in denen sich Menschen unterschiedlicher Herkunft und Kultur oder unterschiedlichen Einkommens misstrauisch beäugen oder ostentativ ignorieren.

Und was passiert mit denjenigen, die gezwungen sind, außerhalb der eigenen Grenzen zu leben oder dies sogar freiwillig gewählt haben? Das haben wir alle vor Augen. Von Europa bis Afrika, von Asien bis Süd- und Nordamerika verfestigt sich immer mehr die Vorstellung, dass nicht jeder Mensch überall dieselben Rechte hat. Menschen wegen ihrer Hautfarbe, ihrer Sprache, ihrer Religion oder ihres Passes zu diskriminieren, verbreitet sich immer mehr und wird immer weniger als Skandal empfunden.

Es ist ein alter Gemeinplatz, dass Wissenschaftler sich nicht gern mit dem unmittelbar Lebenswichtigen befassen, sondern sich lieber in ihren schönen Laboratorien mit langwierigen Forschungen

---

Mit einem * versehene Begriffe werden im Glossar am Ende des Buches erläutert.

beschäftigen. Vielleicht stimmt das auch, doch dann haben wir es in unserem Fall mit einer Ausnahme zu tun. Mit den biologischen Grundlagen der Diversität* der Menschen oder, wie man einmal zu sagen pflegte und heute wieder zu sagen beginnt, mit der Natur und der Existenz menschlicher Rassen, haben sich, oftmals sogar leidenschaftlich, die größten Geister der Biologie befasst, von Linné und Darwin bis hin zu vielen Zeitgenossen (die leider selten das Niveau ihrer Vorgänger erreichen). Das Konzept der Rasse* wurde das gesamte 18. und 19. Jahrhundert hindurch diskutiert, bis es im 20. Jahrhundert dann zu dramatischen und schwerwiegenden Konsequenzen führte. Aus naheliegenden Gründen pausierte die Diskussion in den Jahrzehnten nach dem Zweiten Weltkrieg, allerdings nicht überall: Man denke nur an die Bürgerrechtskämpfe in den Vereinigten Staaten während der fünfziger und sechziger Jahre. Dann, gegen Ende des 20. Jahrhunderts, kommt der Begriff »Rasse« wieder in Mode. Genetische und anthropologische Studien werden dazu veröffentlicht, und die Wissenschaft beginnt sich über die Bedeutung des Rassenkonzepts zu streiten. Einerseits gelingt es keiner dieser Untersuchungen zu beweisen, dass es in unserer Spezies* deutlich unterscheidbare Rassen gibt wie etwa bei Hunden und Pferden (was, wie wir sehen werden, keine guten Beispiele sind) oder bei Schimpansen (das passt schon besser). Dass unsere Identität, wie immer wir sie definieren mögen, etwas mit unseren Genen* zu tun hat, hat noch niemand nachweisen können. Andererseits gehört das Wort »Rasse« zur Sprache (und zum Denken) vieler Menschen, und wenn dies auch nicht heißt, dass der Begriff sinnvoll ist, so ist er doch einfach verständlich, und das macht es schwierig, ihn durch andere zu ersetzen, die die Vielfalt der Menschheit besser und richtiger beschreiben.

In Wirklichkeit reicht die wissenschaftliche Diskussion über die Rasse weit über die Biologie hinaus und beschäftigt die Sozialpolitik sowie die Politik überhaupt. 2017 forderte Patrizia Prestipino, Mitglied der Führung des Partito Democratico, der sozialdemokratischen Regierungspartei in Italien, Maßnahmen für die Verteidigung der »italienischen« Rasse; im Januar 2018 fand diese Forderung ihr verstärktes Echo in den Worten des Mitte-links-Kandidaten für die Präsidentschaft der Region Lombardei, Attilio Fontana, der die von den vielen Immigranten und ihrer exzessiven Fertilität* bedrohte Bevölkerung von der italienischen auf die weiße Rasse erweiterte.

In Interviews mit der Presse erklären namhafte US-Genetiker, gleich ob Spezialisten oder nicht, dass es nötig sei, die Rasse im Auge zu behalten, damit kein Geld für nutzlose Medikamente vergeudet wird oder für Schulprojekte, die unsinnige Hilfen für diejenigen anbieten, die durch ihre Gene dazu verdammt sind, es eh nicht zu schaffen. Sie führen den Alkoholismus und die Kreislauferkrankungen der Ureinwohner in den großen Städten Australiens und Nordamerikas auf Erbfaktoren zurück und machen damit ein soziales Problem zu einem medizinischen.

Das Buch *The Bell Curve*, in dem eins zu eins die Ideen von Cesare Lombroso, dem berühmten Kriminologen aus dem 19. Jahrhundert, nachgebetet werden und das zu dem Ergebnis kommt, dass die technologischen Innovationen auf der Welt stets das Verdienst der Weißen mit ihrer überlegenen Intelligenz sind und gewesen sind, war ein Bestseller in der halben Welt und hat enthusiastische Kommentare auf der Website von Amazon bekommen. Im März 2005 ist an prominenter Stelle in der *New York Times* ein Artikel von Armand Marie Leroi (ein Experte für Nematoden, also Fadenwürmer, von dem keine Forschungen zum Menschen bekannt sind) zum Thema »Rasse« erschienen. Ohne irgendwelche Daten beizubringen behauptet er, dass ja für jeden evident sei, dass es Menschenrassen gibt, dass aber einige Wissenschaftler sich aus politischen Gründen weigerten, dies zuzugeben, und dass wir nur Vorteile davon hätten, wenn wir unsere Rassenunterschiede zugäben: medizinische, soziale und ästhetische (jawohl, ästhetische).

Und weiter: Nicholas Wade, lange Zeit verantwortlich für die Wissenschaftsseiten der *New York Times*, ist der Ansicht (was von interessierter Seite in Abrede gestellt wird), die Genetiker hätten bewiesen, dass die Unterschiede in der sozialen und wirtschaftlichen Entwicklung unter den Völkern der Erde auf ihre unterschiedlichen Gene zurückgehen. Es müsste doch etwas in den Genen geben – etwas, das genauer zu benennen Wade sich sehr wohl hütet, weil er es so genau auch nicht weiß –, das Afrikaner dazu bringt, Stammesverhalten an den Tag zu legen, Juden dazu, glänzend mit dem Kapitalismus zurechtzukommen, und die Europäer dazu, das Recht zu achten, oder es die Himalayabewohner schaffen lässt, in großen Höhen bei geringem Sauerstoffgehalt der Luft ihre Lager aufzuschlagen.

Bei all diesen Beispielen handelt es sich im besten Falle um unbewiesene Hypothesen, doch zumeist um ausgemachten Blödsinn, der gleichwohl als unbestreitbares Faktum dargestellt und verbreitet wird. Es sind gerade mal gut 65 Jahre vergangen, seit die Schwarzen in Montgomery in Alabama am ersten Dezember 1955 beschlossen, die Autobusse zu boykottieren, weil sie sich im Bus nicht dorthin setzen durften, wo sie wollten, und etwa dreißig Jahre seit dem Fall des südafrikanischen Apartheidsystems. Es scheint, als seien seitdem Jahrhunderte vergangen. Bei uns in Italien allerdings haben, um nur ein Beispiel zu nennen, Parlamentarier der Lega Nord 2003 vorgeschlagen, getrennte Eisenbahnwagen für Schwarze und Weiße auf der Strecke von Verona zum Brenner vorzusehen.

Man könnte den Eindruck haben, dass das Durcheinander von neuen Ängsten, alten Gemeinplätzen und schwerverständlichen wissenschaftlichen Daten uns nicht daran hindert, munter über die Natur, die Ursachen und die Folgen der Verschiedenheit unter den Menschen zu diskutieren. Doch so ist es eigentlich nicht. Natürlich wäre es naiv zu glauben, dass tief verwurzelte Phänomene wie Fremdenhass und Rassismus mit einem Schlag verschwänden, wenn wir nur besser über unsere Unterschiede untereinander und unter unseresgleichen nachdächten.

Doch wenigstens zwei wichtige Fragen können und müssen in streng wissenschaftlicher Weise gestellt werden, wobei (vorübergehend) ihre politischen Implikationen beiseitegelassen werden können. Erstens glauben, wie gesagt, manche, dass unsere Spezies ein Mosaik von biologisch gut unterscheidbaren Gruppen ist, deren ethnische Identität uralt ist und in unseren Genen wurzelt. Und zweitens glauben sie, dass aus diesen biologischen und letztlich rassischen Unterschieden notwendig unterschiedliche Lebensstile und verschiedene Niveaus von Intelligenz und Moral resultieren. Anders gesagt: Es gibt klare Grenzen zwischen Menschengruppen, und die sowohl biologischen als auch kulturellen Grenzen, durch die unser im Wesentlichen unveränderliches Aussehen und Verhalten bestimmt ist, sind bereits in unserer DNA eingeschrieben. Es bleibt uns demnach nichts anderes übrig, als entsprechend zu handeln und die Verteidigung unserer Grenzen zu verstärken. Das sind alte, sogar uralte Vorstellungen, doch sie haben in den letzten Jahren eine erstaunliche Lebendigkeit bewiesen.

In diesem Buch werde ich dagegen festhalten, dass, soviel wir wissen, der Begriff Rasse für keine in der DNA unserer Spezies erkennbare biologische Realität steht und dass es deshalb auch nichts Angeborenes und Unveränderbares in den ethnischen oder kulturellen Identitäten gibt, die wir heute kennen. Dahingehend sind die Auffassungen der Wissenschaft ganz klar.

Rassen haben wir erfunden und sie jahrhundertelang für gegeben erachtet, doch inzwischen wissen wir genug, um sie abzuschaffen. Heute wissen wir, dass wir »alle verwandt und doch verschieden« sind, wie eine gelungene Parole des französischen Genetikers André Langaney lautet, und es bedarf keiner weiteren Untersuchungen mehr, um uns davon zu überzeugen. Den Fakt, dass wir alle (ausgenommen zum Teil eineiige Zwillinge) genetisch verschieden sind, bezweifelt, glaube ich, niemand: Dafür müssen wir nur um uns blicken.

Über das »alle miteinander verwandt« müssen wir allerdings noch einmal nachdenken. Wir sind heute siebeneinhalb Milliarden Menschen auf der Erde, doch bis zum Anfang des 19. Jahrhunderts waren wir erst weniger als eine Milliarde, und vor 2000 Jahren mehr oder weniger 150 Millionen. Und bekanntlich hat jede und jeder von uns zwei Eltern, vier Großeltern und acht Urgroßeltern. Nur selten lernt jemand seine Ururgroßeltern kennen, doch wir wissen, dass wir sechzehn davon hatten, und so geht es weiter zurück, indem wir jede Generation mit zwei multiplizieren. Das bedeutet, dass jeder von uns vor zehn Generationen – sagen wir, bei der Geburt von Mozart – über tausend (genau: 1024) Vorfahren hatte, von denen wiederum 250 Jahre früher, zur Zeit der Entdeckungen von Kolumbus, jeder tausend Vorfahren hatte. Jede und jeder von uns stammt von einer Million Vorfahren ab, die zu der Zeit von Kolumbus gelebt haben, von einer Million Millionen Vorfahren aus dem Jahr 1000 und einigen Milliarden Milliarden zur Zeit Jesu. Aber wie soll das möglich sein? Tatsächlich ist das nicht wirklich möglich: So viele Menschen hat es auf der Erde nie gegeben. In Wirklichkeit handelt es sich um eine abstrakte Überlegung: Das alles sind unsere virtuellen Vorfahren und nicht etwa Menschen, mit denen wir nichts zu tun haben. Ehen zwischen Blutsverwandten reduzieren die Zahl der Vorfahren; wenn Cousins und Cousinen heiraten, haben ihre Kinder nur sechs statt acht Urgroßeltern. Also: Damit unsere sich im Endlosen verlierende Genealogie in den Grenzen der historischen Weltbevölkerung bleibt, müssen wir annehmen, dass viele der Verbindungen, aus denen wir über die Jahrtausende hervorgegangen sind, solche zwischen Verwandten waren, die, meist ohne dies zu wissen, von gemeinsamen Vorfahren abstammten. Doch die Tatsache, dass jede und jeder von uns theoretisch eine unüberschaubare Anzahl von Vorfahren hat, allein im letzten Jahrtausend, bedeutet, dass viele meiner Vorfahren auch die Vorfahren derer sind, die dieses Buch gerade lesen. Anders kann man das nicht sehen. Douglas Rohde vom Massachusetts Institute of Technology hat ausgerechnet, dass im Durchschnitt zwei von uns allen einen gemeinsamen Vorfahren haben müssen, der vor wenig mehr als 3000 Jahren gelebt hat. »Im Durchschnitt« bedeutet, dass manche von uns diese gemeinsamen Vorfahren vor längerer Zeit gehabt haben mögen, andere wiederum vor kürzerer Zeit. Doch wir können uns darauf verlassen, dass jede uns unbekannte Person unsere mehr oder weniger nahe Verwandte oder unser Verwandter ist. Dafür müssen wir nur ein wenig in der Zeit zurückgehen.

Wenn wir so in der Zeit zurückgehen, finden wir den fossilen und genetischen Nachweis dafür, dass die große Menschheitsfamilie von einer kleinen, vielleicht ein paar Tausende Individuen umfassenden Gruppe abstammt, die vor 100 000 Jahren in Afrika lebte. Viele Einzelheiten ihrer Geschichte sind uns unbekannt, doch die 100 000 Jahre bedeuten, dass wir eine ziemlich junge Art sind: Leben auf der Erde gibt es seit fast vier Milliarden Jahren. Und wir sind sehr mobil: In diesen 100 000 Jahren haben wir von Afrika aus den gesamten Planeten besiedelt, und dann haben wir uns fortwährend von hier nach dort bewegt. Wir sind auch eine fruchtbare Art, denn wir sind im selben Zeitraum auf die heutigen über sieben Milliarden Angehörige gewachsen.

Und darüber hinaus sind wir eine sehr hybride* Spezies, deren Populationen*, auch wenn sie über lange Zeiträume isoliert waren, sich doch begegnet sind und sich immer wieder vermischt haben, in einem Prozess, der auch heute noch nicht abgeschlossen ist. Um nur ein Beispiel zu nennen: In Sizilien gab es, bevor die Griechen kamen, Sikuler und Sikaner. Ihnen folgten die Römer, die Byzantiner, die Araber, die Normannen, die Anjou, die Aragonesen, die Piemontesen und so weiter. Alle haben ihr Erbe hinterlassen, und als die Sizilianer nach Amerika auswanderten, haben sie das vielfältige Erbe ihrer Vorfahren mitgenommen, das sich nun langsam aber sicher mit dem von Vorfahren aus Irland, Guinea oder Mexiko vermischt …

Die menschliche Biodiversität*, die Summe der von uns allen – den Angehörigen der menschlichen Spezies – ererbten Unterschiede, ist vor allem die Folge dieser Phänomene: unserer Mobilität, unserer Fruchtbarkeit und einer ausgeprägten Tendenz, uns miteinander zu vermischen. Bei einer so vermischten und vereinheitlichten Spezies müssen wir uns nicht wundern, wenn wir heute überall, wenn auch mit unterschiedlicher Häufigkeit, dieselben Genvarianten* vorfinden: von der Wiege der Menschheit in Afrika bis nach Sibirien, von Ozeanien bis Europa. Wir wissen, dass wir, wenn wir weit genug in unserer Genealogie zurückgehen, herausfinden werden, dass unsere Ahnen alle aus Afrika stammen; wir wissen auch, dass unsere Gene im Wesentlichen bestimmen, wie wir aussehen und wie intelligent wir sind. Wir wissen aber keineswegs, ob und in welchem Maß die kulturellen Unterschiede zwischen Populationen aus genetischen Unterschieden resultieren könnten, die in Wahrheit meist äußerst gering sind, wie zum Beispiel die zwischen Serben und Kroaten, Tutsi und Hutu, Flamen und Wallonen, Katalanen und Kastiliern.

Wie wir dies erklären und was es bedeutet, möchten wir in den folgenden Kapiteln erläutern. Wir werden eine Geschichte erzählen, die ihre epischen und zuweilen fabelhaften Aspekte hat, denn sie ist im Grunde die Geschichte davon, wie die Menschheit es geschafft hat, indem sie in der Zeit zurückgegangen ist, ihre entferntesten Vorfahren ausfindig zu machen und ihr Schicksal über tausende Generationen hinweg zu rekonstruieren. In dieser Geschichte entgeht die Heldin, die Menschheit, wie in einem spannenden Abenteuerfilm nur um Haaresbreite der Katastrophe, aber entgeht ihr am Ende dennoch dank ihrer Zähigkeit, bislang jedenfalls, so wahr es uns gibt.

Wir können diese Geschichte rekonstruieren, weil sie eine Spur in unseren Zellen* hinterlassen hat. Bereits lange vor der Erfindung der Schrift, vor den ältesten archäologischen Zeugnissen, hat unsere DNA die Ereignisse aufgezeichnet, mit denen wir uns entwickelt haben. Genauso wie bei allen anderen Tieren und den Pflanzen, die auf der Erde leben. Die allmähliche Unterscheidung von den Menschenaffen, die ersten Wanderungen* der Menschheit, die demographischen Krisen, die Ausbreitung über fünf Kontinente und deren Besiedlung haben Zeichen hinterlassen, die Genetiker und Anthropologen zu entziffern gelernt haben. Darüber werden wir ausführlich berichten.

Im Unterschied zu den meisten Abenteuerfilmen ist allerdings nicht ausgemacht, ob diese Geschichte ein gutes Ende hat. Dazu kann man unterschiedlicher Meinung sein; jedenfalls gibt es keinen Grund, sich darüber keine Sorgen zu machen, angesichts der Entwicklung des Klimas und der Demographie auf unserem Planeten. Schließlich haben Millionen Arten die Erde einst besiedelt, die längst ausgestorben sind. Und was ist an uns so besonders, dass wir behaupten könnten, bei uns sei das anders? Andererseits jedoch steht nirgends geschrieben, was mit den Genen und der Kultur geschieht, die unsere Vorfahren uns hinterlassen haben; dies hängt also auch von uns selbst ab. Kurz, die Partie ist noch nicht zu Ende gespielt. Und so ist es der Mühe wert, uns mit der Geschichte unserer Anfänge, unserer Verschiedenheit und unserer Entwicklung zu befassen: Denn es ist besser, unsere Zukunft mit einigen Kenntnissen über unsere Vergangenheit anzugehen, Kenntnissen davon, wie wir geworden sind, was wir sind.

Die Website https://de.wikipedia.org/wiki/Liste_der_andauernden_Kriege_und_Konflikte zählt die aktuellen bewaffneten Konflikte in der Welt auf und klassifiziert sie (auf makabre Weise) nach der Zahl der Opfer.

Die UNO bietet einen guten Online-Kurs zu vielen aktuellen Themen an, United Nations Cyberschoolbus (http://cyberschoolbus.un.org/); Zwei Lektionen darin handeln von ethnischer und rassistischer Diskriminierung.

Über den Alkoholmissbrauch bei Ureinwohnern in den australischen Städten finden sich viele Informationen unter http://www.healthinfonet.ecu.edu.au/frames.htm.

Offenbar ist: C. Murray, R.J. Herrnsteins Bestseller, *The Bell Curve: Intelligence and Class Structure in American Life* (1994) nie ins Deutsche übersetzt worden, hat allerdings in Deutschland Nachahmer gefunden, wie wir im 6. Kapitel sehen werden.

Nicholas Wade hat parallel zur Veröffentlichung seines Buchs *A Troublesome Inheritance: Genes, Race and Human History*, New York 2014, einen Artikel für das *Time Magazine* verfasst: *What Science Says About Race and Genetics* (9. Mai 2014), der sich auf dieser Website findet: http://time.com/author/nicholas-wade/.

Eine Antwort von 139 Genetikern, den Autor dieses Buchs inbegriffen, ist in der *New York Times* am 10. August 2014 erschienen (http://cehg.stanford.edu/letter-from-population-geneticists/). Dort heißt es: »Wade vermischt eine unvollständige und ungenaue Beschreibung unserer Forschungen mit der Behauptung, die natürliche Auslese habe möglicherweise zwischen den Bevölkerungen der Welt zu Unterschieden des Intelligenzquotienten, der politischen Institutionen und der wirtschaftlichen Entwicklung geführt. Wir weisen die Behauptung von Wade zurück, dass unsere Forschungsergebnisse seine Ideen in irgendeiner Weise stützen. Das ist nicht wahr.«

Der Artikel von Armand Marie Leroi ist in der *New York Times* am 14. März 2005 erschienen: http://raceandgenomics.ssrc.org/Leroi/.

Über die Ausstellung *Tous parents, tous différents* kann man nähere Angaben finden unter http://anthro.unige.ch/tptd/fr/. Leider ist das Buch von A. Langanay mit demselben Titel, Paris 1992, nicht mehr erhältlich.

Auf der Website: http://desip.igc.org/populationmaps.html finden sich schöne Karten, die das Wachstum der Menschheit im Lauf der Jahrhunderte darstellen.

Die Grundformel, nach der der Moment berechnet werden kann, von dem an die Menschheit einen einzigen Vorfahren hat, findet sich in: D.L.T. Rohde, S. Olson, J.Y. Chank, »Modelling the Recent Common Ancestry of All Living Humans«, in: *Nature* 431, 2004, S. 562-566.

Wie wenig menschliche Gesellschaften in der Lage sind, ihre Zukunft zu planen und Katastrophen zu vermeiden, ist interessant (und sehr beunruhigend) nachzulesen bei Jared Diamond, *Kollaps – Warum Gesellschaften überleben oder untergehen,* Frankfurt 2005.

2. Kapitel

Menschenarten

Worin nachgewiesen wird, dass es nur eine einzige lebende menschliche Spezies gibt, wir aber Bekanntschaft mit verschiedenen ausgestorbenen Menschenarten machen

Stimmt es eigentlich, dass wir alle zu ein und derselben Menschenart gehören? Heute sind wir da sicher, aber so war es nicht immer. Bis zum Anfang des 20. Jahrhunderts gab es auch die These, dass wir uns auf verschiedene Spezies aufteilen, nach den sogenannten polygenetischen Theorien. In diesem Kontext entstand die Bezeichnung »Buschmänner«: Die europäischen Kolonisten in Südafrika unterschieden »Männer« – richtige Menschen – von »Buschmännern«, die ihnen zufolge einer eigenen Spezies angehörten. Dahinter steckte eine Überlegung – wenn wir das denn eine Überlegung nennen wollen –, die auf einer Reihe von Analogien fußte. So, wie die Beobachtung der Natur zu dem Schluss führte, dass der Mensch allen anderen Kreaturen überlegen ist, so führte die Beobachtung der Menschheit für die Weißen, die die Überlegung anstellten, zu dem Schluss, dass es eine unbestreitbare Überlegenheit der Weißen über alle anderen gibt. Von hier zu der Vorstellung, dass unterschiedlichen Rassen unterschiedliche Grade der Unterlegenheit gegenüber den Weißen entsprechen, ist es nur ein kleiner Schritt.

Der nächste Schritt ist dann die Idee, dass Rassen, die besonders wertlos sind, keine Rassen, sondern ganz andere Arten sind, die von Anfang an fix und fertig so geschaffen waren, wie wir sie kennen. Demnach hat der Mensch nicht nur keinerlei Verwandtschaft mit dem Affen, sondern der weiße Mensch ist auch nicht mit dem schwarzen Menschen verwandt.

Die Menschheit von oben betrachtet

Es ist eine Frage der Perspektive. Festzustellen, ob zwei Individuen derselben Spezies angehören, ist leicht, und hätten sie es unter Beweis stellen wollen, wäre dies auch den Verteidigern des Polygenismus* leichtgefallen. Zwei Fliegen gehören zur selben Art, wenn sie bei Kreuzung Fliegen hervorbringen, die sich ihrerseits reproduzieren können. Pferd und Esel gehören dagegen unterschiedlichen Arten an, weil aus ihrer Kreuzung nur reproduktionsunfähige Nachkommen entstehen, Maultiere und Maulesel. Was Menschen betrifft, war es eigentlich nicht nötig, das entscheidende Experiment anzustellen, nämlich zu beobachten, dass aus ihrer Verbindung fruchtbare Kinder hervorgingen. Das erste Schiff mit afrikanischen Sklaven erreichte Nordamerika im Jahr 1619, und die Zeugung von Nachkommen gemischten Bluts aus der Verbindung von Sklavinnen und Herren (und seltener von Sklaven und Herrinnen) muss bereits wenig später begonnen haben, denn wie sonst hätte es schon 1776, in der Epoche der Amerikanischen Revolution, eine Diskussion darüber gegeben, welche Rechte den zahlreichen Menschen zugebilligt werden sollten, die nicht mit Sicherheit als Schwarze oder Weiße eingeordnet werden konnten.

Am Ende wurde beschlossen, das Problem mit Gesetzen zu lösen, die die Kinder aus gemischten Verbindungen der unterlegenen Rasse zuordneten und jeden als »schwarz« definierten, der nur einen Tropfen schwarzen Bluts hatte (»one-drop rule«): »Die Kreuzung eines Weißen mit einem Indianer ist ein Indianer; die Kreuzung eines Weißen mit einem Neger ist ein Neger; die Kreuzung eines Weißen mit einem Inder ist ein Inder; und die Kreuzung einer der drei europäischen Rassen mit einem Juden ist ein Jude.« Doch das ist eine andere Geschichte.

Hier geht es erst einmal darum, dass es während zweier Jahrhunderte, des achtzehnten und des neunzehnten, für viele Wissenschaftler, die sich mit der Vielfalt der Menschheit beschäftigten, noch bevor sie sich der Tragweite ihres Themas bewusst waren, ein kategorischer Imperativ war, keinen Vorwand dafür zu liefern, dass sich jemand erhob, der unten zu bleiben hatte. Von der Vermischung der Rassen wurden Folgen befürchtet, die von bloßer Verrohung bis zur gründlichen Degeneration der menschlichen Spezies reichten. Auch ein Verteidiger des Monogenismus, also des gemeinsamen Ursprungs der Menschheit, wie Arthur de Gobineau, notierte bei seinem Projekt, die Naturgesetze zu bestimmen, die in der Gesellschaft herrschen, die Bevölkerung Asiens und Afrikas sei eine »recht traurige Ansammlung, mit deren Hässlichkeit wir uns abfinden müssen«, während die Europäer die Vorbilder der Venus, des Apoll und des Herkules Farnese waren. Unsere klassische Schönheit dürfe nicht von wissenschaftlichen Theorien und dergleichen Geschwätz infrage gestellt werden.

Doch das Experiment der Rassenkreuzung wurde fortgesetzt: nicht im Labor, sondern in den Metropolen der Welt, wo Menschen verschiedenster Herkunft aufeinandertrafen, gemischte Familien bildeten und sich problemlos fortpflanzten. Mehr noch: In einer sehr sorgfältigen Studie zu den Ehen in Hawaii, wo Polynesier mit Europäern und Menschen aus China, Japan und manchen anderen Herkunftsländern zusammenleben, hat sich herausgestellt, dass es bei den Kindern »gemischtrassiger« Herkunft keineswegs einen Rückgang, sondern sogar eine leichte Zunahme der Fruchtbarkeit gab. Wir sind also eine einzige Spezies, da gibt es keinen Zweifel. Dennoch verschwanden die polygenetischen Vorstellungen nicht so schnell. Als sich die Wissenschaft von den biologischen Eigenschaften des Menschen, der biologischen Anthropologie, schon längst ausgetüftelter statistischer Methoden bediente, war das polygenetische Denken in den Vereinigten Staaten noch immer stark. Hier hatte sich die evolutionstheoretische Idee einer Verwandtschaft zwischen Menschen und Affen immer noch leichter durchgesetzt als der Gedanke, dass die Menschen, gleich ob weiß oder schwarz, einfach nur Menschen sind. Manche

Leute sahen das so: In Afrika gibt es Schimpansen und Gorillas, also sind die Afrikaner mit Schimpansen und Gorillas verwandt; in Asien gibt es Orang-Utans, also sind die Asiaten Verwandte der Orang-Utans; in Europa … nein, in Europa gibt es keine Menschenaffen. Was daraus folgt: Offenbar gibt es für Europäer keine solche Verwandtschaft. Die anderen stammen vom Affen ab, wir nicht.

Abbildung 1 ist eine berühmte Illustration aus einem amerikanischen polygenetischen Text von 1868, *Indigenous Races of the Earth* von Nott und Gliddon. Links sehen wir die Köpfe des Apoll vom Belvedere, eines Schwarzen und eines Schimpansen, rechts daneben die entsprechenden Schädel, von denen der erste als »griechisch« etikettiert wird. Dass das Haupt des Apoll vom Belvedere ein Schädelskelett enthält, ist erstaunlich; leider haben die Urheber der Zeichnung nicht erklärt, wie sie – ohne es zu röntgen – zu ihrer Entdeckung gelangt sind. Ihnen geht es aber um etwas anderes, nämlich zu zeigen, dass der Schwarze und der Schimpanse einander mehr ähneln als beide dem Apoll, und nicht etwa aus dem einleuchtenden Grund, das erstere beide Lebewesen sind und der andere eine Statue, sondern wegen der Ähnlichkeit ihrer Schädelknochen. Um diesen Schluss noch weiter nahezulegen, haben Nott und Gliddon die Schädelform der beiden etwas verändert und den des Schwarzen nach hinten gedreht, damit der Kiefer optisch weiter vortrat. Kein menschlicher Schädel hat jemals eine solche Form gehabt.

Die Abbildung, von der wir sprechen, ist ein bekanntes Beispiel für Pseudowissenschaft, doch es ist gut, diese obskuren Darstellungen nicht zu vergessen. Wir alle, der Schreiber dieser Zeilen inbegriffen, tragen mit uns unser Päckchen von alten Vorstellungen und Vorurteilen, die unser Urteil verzerren können, vor allem, wenn wir sie uns nicht bewusst machen.

Nott und Gliddon waren zwei Schwindler, aber das heißt nicht, dass die Alternativen zum Polygenismus viel aufgeklärter gewe-

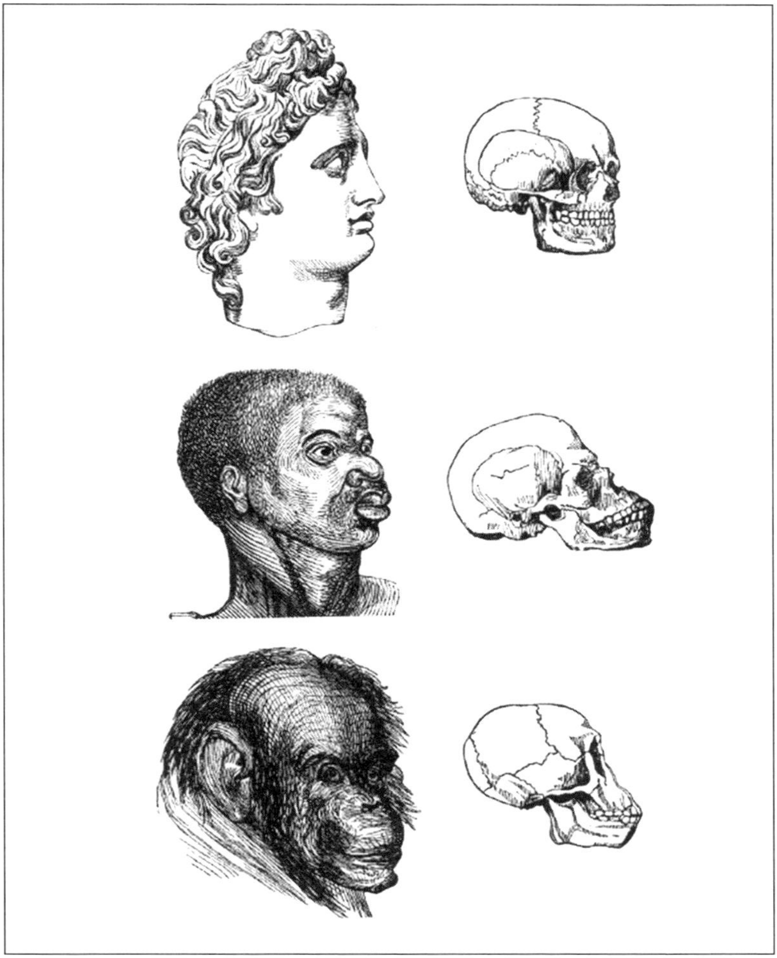

Abbildung 1 Eine Illustration aus J.C. Nott und G.R. Gliddon, *Indigenous Races of the Earth*, Philadelphia 1868

sen wären. In der Bibel heißt es, dass alle Menschen von Adam und Eva abstammen, und das war ein Problem für die Vertreter des Polygenismus. Sie versuchten, es zu lösen, indem sie sich vorstellten, es habe mehrere Adams gegeben, doch das führte nicht sehr weit und brachte sie in Konflikt mit strengeren Auslegungen der Bibel. Aber auch die Anhänger der alternativen Hypothese, des Monogenismus, hatten eine harte Nuss zu knacken: Irgendwie mussten sie erklären, wie es gekommen war, dass von denselben Stammeltern – Adam und Eva – Rassen abstammten, die soviel minderwertiger waren als die weiße. Das Problem wurde gewöhnlich mit der Annahme gelöst, dass die Menschheit degeneriert sei, besonders die Schwarzen, doch auch, in nicht geringem Maße, die Gelben. Blumenbach, auf den wir noch zurückkommen werden, vermutete eine zweiseitige Degeneration, deren Extreme die Afrikaner und die Mongolen darstellten, mit den wundersamerweise nicht betroffenen Europäern in der Mitte. Die Ursache dieser Generation wurde im Klima gesucht, was am Ende auch einen vorsichtigen Optimismus rechtfertigte: Stephen Jay Gould berichtet davon, wie Samuel Stanhope Smith, Präsident dessen, was dermaleinst die Princeton University werden sollte, prophezeite, die Schwarzen würden, dem harten Klima von New Jersey ausgesetzt, früher oder später weiß werden.

Was uns die Fossilien sagen

Immerhin, wenigstens hierüber bestehen heute keine Zweifel mehr, gibt es auf Terra nur eine einzige Menschenart. Aber das ist nicht immer schon so gewesen. Fossile Funde berichten uns von einer Vielfalt ausgestorbener Menschenarten. Wir sind so daran gewöhnt, zur einzigen Menschenspezies zu gehören, dass wir darüber nicht länger nachdenken – doch dass es so gekommen ist, ist die Ausnahme in der Evolutionsgeschichte, und nicht die Regel. Es gibt gute Gründe zu der Annahme, dass vor etwa 50 Millionen

Jahren immerhin vier oder fünf unterschiedliche Menschenarten unterwegs waren.

Doch der Reihe nach: Wir müssen uns stets vor Augen halten, dass der Begriff der Spezies zwangsläufig vage wird, wenn wir von unvollständigen Fossilien sprechen, die zudem über das riesige Gebiet des alten Kontinents, was hier Afrika und Eurasien bedeutet, verstreut sind und einen Zeitraum von einigen Millionen Jahren umfassen. In vielen Fällen stehen den Paläontologen nur winzige Knochenreste, zuweilen nur einzelne Zähne, zur Verfügung. Deshalb sind die Bezeichnungen für diese Funde einigermaßen willkürlich und können sich auch (was in der Tat öfter geschieht) bei der Entdeckung neuer Fossilien ändern. Und nicht immer ist es einfach zu sagen, ob ein neuer Fund eine neue Spezies darstellt oder eher die Variante einer bekannten Art. Einige Bestimmungen sind jedoch weithin akzeptiert; ich habe sie in Tabelle 1 zusammengestellt.

Wer	**Wo**	**Wann**	**Körpergröße**	**Gehirnvolumen**
Australopithecus afarensis	Ostafrika	vor 3,9–3,0 Millionen Jahren	1,50 m	430 ccm
Australopithecus africanus	Südafrika	vor 3,5–2,3 Millionen Jahren	1,50 m	420–500 ccm
Australopithecus boisei	Ostafrika	vor 2,1–1,2 Millionen Jahren	1,40 m	530 ccm
Australopithecus robustus	Südafrika	vor 2,6–1,2 Millionen Jahren	1,30 m	550–600 ccm
Homo habilis	Ostafrika	vor 2,4–1,5 Millionen Jahren	1,30 m	800 ccm

Wer	Wo	Wann	Körpergröße	Gehirnvolumen
Homo ergaster	Ostafrika	vor 1,9–1,2 Millionen Jahren	1,85 m	750–1250 ccm
Homo georgicus	Kaukasus	vor 1,8 Millionen Jahren	1,50 m	800 ccm
Homo antecessor	Spanien	vor 1,2 Millionen Jahren	1,60–1,80 m	1000–1150 ccm
Homo heidelbergensis	Europa, Asien	vor 600 000–250 000 Jahren	1,70 m	1200 ccm
Homo naledi	Südafrika	vor 335 000–236 000 Jahren	1,50 m	560 ccm
Homo neanderthalensis	Europa, Westasien	vor 250 000 – 30 000 Jahren	1,70 m	bis 1600 ccm
Homo denisova	Sibirien	vor 55 000 Jahren	?	?
Homo floresiensis	Indonesien	bis vor 18 000 Jahren	1,00 m	420 ccm
Homo sapiens	Afrika, dann überall in der Welt	seit 100 000 Jahren	1,60 – 1,90 m	1000–1500 ccm

Tabelle 1 Die wichtigsten als Fossilien dokumentierten Menschenarten. Weitere Arten werden vermutet, und die Daten sind aufgrund der unklaren Definition der Arten und der Zuordnung einzelner Fossilien zu verschiedenen Arten nicht immer eindeutig. Besonders schwierig ist die Einordnung des Neandertalers: Wenn wir ihn als *Homo neanderthalensis* bezeichnen, bedeutet das, dass wir ihn als eine eigene Art betrachten; wenn wir ihn aber *Homo sapiens neanderthalensis* nennen, heißt das, dass wir in ihm eine Unterart des *Homo sapiens* sehen; in diesem Falle wären wir selbst *Homo sapiens sapiens*. Ich habe wegen ihrer Kürze die erstere Bezeichnung gewählt, fühle mich aber nicht berufen zu sagen, welche der beiden Thesen richtig ist.

Die ältesten Fossilien, die wir irgendwie in unsere Genealogie einordnen können und die zu verschiedenen Arten von *Australopithecus* gehören, darunter die berühmte Lucy, finden sich konzentriert in einem Gürtel, der parallel zur Ostküste Afrikas verläuft, von Äthiopien bis Südafrika. Diese Fossilien gehören zu schwanzlosen Wesen, die sich auf den hinteren Gliedmaßen fortbewegten und deren Gebiss bereits menschliche Eigenschaften aufwies. Sie lebten vor etwa 4 bis 2 Millionen Jahren. Ich erspare meinen Lesern hier die komplizierte und für mich zu keinem Ergebnis führende Diskussion darüber, was ein menschliches Wesen ist und für welchen Zeitpunkt man diesen Begriff zuerst benutzen kann. Da gibt es unterschiedliche Definitionen.

Je nach Geschmack können wir anfangen, von Menschen zu reden, sobald der Schwanz verschwindet, oder wenn aus den Skeletten ersichtlich ist, dass wir es endgültig aufgegeben haben, auf allen Vieren zu laufen, oder von dem Zeitpunkt an, als sich bei den Skeletten bearbeitete Steine befinden, oder wann wir offenkundig in der Lage waren, das Feuer zu bewahren und zu entzünden. Für andere wiederum ist es die Sprache, die die Grenze zwischen Menschen und Nicht-Menschen bezeichnet: ein ziemlich schlechtes Kriterium, scheint mir, weil wir einfach nicht feststellen können, ob und wie unsere fernen Vorfahren gesprochen haben. Kurz, wir verfügen nicht über die notwendigen Daten, um eine Theorie gegenüber anderen zu bevorzugen.

Jedenfalls stammen selbst die ältesten Reste, die übereinstimmend der Gattung zu geordnet werden, der wir angehören, der Gattung *Homo,* sämtlich aus Afrika und lassen sich auf einen Zeitraum von vor etwa 1,5 bis 2 Millionen Jahren datieren. Der älteste Vertreter der Gattung Homo, *Homo habilis*, ist in Ostafrika nachgewiesen, für die Zeit von kurz vor 2 Millionen Jahren bis etwa 1,5 Millionen Jahren. Wenn wir einem *Homo habilis* zufällig heute begegneten, fänden wir es in vielfacher Hinsicht schwer, in ihm einen Menschen zu erkennen. Er war etwa 1,30 m groß, wog wahrscheinlich unter 40 Kilo, hatte ein sehr breites Gesicht und eine sehr niedrige Stirn, ein im Verhältnis zu uns viel breiteres Becken und schmale Schultern. Doch *Homo habilis* machte etwas, das kein Schimpanse kann.

Schimpansen haben begrenzte geistige Fähigkeiten: Sie sind nicht in der Lage, ihre Aktivitäten so weitgehend zu planen, dass sie Werkzeuge benutzen, um Werkzeuge herzustellen. In Experimenten hat man ihnen eine Banane angeboten, die immer höher über ihnen aufgehängt wurde. Wenn sie die Banane nicht mehr mit Sprüngen erreichen können, auf dem Boden aber ein Stock liegt, nehmen die Schimpansen den Stock und schlagen damit gegen die Banane, bis sie hinunterfällt. Und wenn es keinen Stock gibt, sondern nur einen starken Ast, an dem noch zu viel Laub ist, um ihn so, wie er ist, zu gebrauchen, begreifen die Schimpansen, dass sie den Ast von seinen Zweigen säubern müssen, damit sie ihn benutzen können, um gegen die Banane zu schlagen. Dann wird es aber schwieriger: Im folgenden Experiment sind die Zweige zu groß, als dass sie mit den Händen abgebrochen werden könnten, doch auf dem Boden liegt ein Stein, den die Schimpansen zu Hilfe nehmen könnten. Und siehe da: Das ist für sie zu kompliziert. Der Stein ist gut sichtbar, doch die Affen begreifen nicht, wie sie ihn benutzen könnten. Im besten Falle nehmen sie ihn auf dem Höhepunkt ihrer Frustration, nachdem sie vergeblich versucht haben, die Zweige mit den Händen abzureißen, und werfen damit auf die Banane. Ihr Denken reicht nicht weit genug; offenbar ist es zu kompliziert für sie, ein Werkzeug (einen handhabbaren Stock) mithilfe eines anderen Werkzeugs (dem Stein) herzustellen.

Homo habilis dagegen stellte steinerne Schneiden her, indem er mit anderen Steinen gegen Steine schlug. Es gibt nur wenige Fossilien von *Homo habilis*, weshalb wir glauben, dass diese Menschengruppe nicht weit verbreitet war. Vor Kurzem hat man allerdings in Georgien, im Kaukasus, die Reste von ähnlichen Kreaturen gefunden, ebenso von kleinem Körperwuchs und auf vor

1,8 Millionen Jahren datierbar. In Tabelle 1 ist dieser Mensch als *Homo georgicus* aufgeführt. Also gab es schon in einem sehr frühen Stadium der Menschheitsgeschichte, als wir noch sehr klein waren und unser Gehirn nur ein geringes Volumen besaß, einige, die sich bereits weit von der afrikanischen Urheimat entfernt hatten. Doch es sind erst die Erben von *Homo habilis*, die als Erste die halbe Welt besiedelt haben.

Vor etwa 2 Millionen Jahren wird es auf der Erde kühler und trockener. Im Norden Afrikas entstehen Wüsten, und die Wälder der von *Homo* bewohnten Zonen gehen zurück. In den Regionen am Rand der Wälder wurden die Überreste von *Homo ergaster* gefunden und damit die ältesten Skelette, die denen moderner Menschen gleichen. Das Becken von *Homo ergaster* ist kleiner geworden, was ihm erlaubt, leichter auf zwei Beinen zu laufen. Diese Veränderung hat zwei wichtige Folgen: Einerseits dehnen sich die Lungen nach oben aus, wodurch die Schultern breiter werden und der Brustkorb seine moderne Form annimmt. Andererseits erschwert ein so enges Becken die Geburt, und dies wird noch schwieriger dadurch, dass *ergaster* nicht nur größer ist als seine Vorgänger, sondern auch einen verhältnismäßig größeren Schädel hat. Diese Problematik hatte etwas zur Folge, das die Evolution des Menschen besonders stark beeinflusst haben muss. Kleine Schimpansen werden mit einem gut ausgebildeten Schädel geboren, in dem sich bereits ein entwickeltes Gehirn befindet. Weibliche *ergaster* dagegen bringen unreife Junge zur Welt, die nicht ohne den Schutz ihrer Eltern überleben könnten. Von nun an bildet sich ein dauerhaftes Verhältnis zwischen Kindern und Eltern heraus. Es entstehen emotionale Bindungen, die die Gruppe stärken und den Austausch großer Mengen von Informationen erlauben. Das Gebären unfertigen Nachwuchses, das ein Nachteil hätte sein können im Verhältnis zu anderen Spezies, deren Junge praktisch schon von Geburt an selbstständig sind, erweist sich als großartiger Faktor der Evolution, weil es enge familiäre Bindungen erzwingt und so die Grundlagen schafft für die intensive Weitergabe kultureller Errungenschaften, die typisch ist für unsere Spezies.

Die Phase, in der die modernen anatomischen Charakteristiken des Menschen zuerst auftreten, ist recht komplex, und nicht alle Paläontologen sind sich darüber einig, welche Schädel welcher Spezies zuzuordnen sind. Vor allem sind die Grenzen zwischen *Homo ergaster*, wie wir ihn genannt haben, und *Homo erectus* fließend, sodass manchen Experten zufolge *ergaster* die afrikanische Varietät von *erectus* und keine eigene Art ist. (In Tabelle 1 ist festgehalten, dass in der Tat viele anatomische Besonderheiten beider sich überschneiden.) Wir wollen hier nicht weiter ins Detail gehen: So wie viele Paläontologen werden wir als *Homo erectus* nur die in Asien, insbesondere auf Java und in China, gefundenen Individuen bezeichnen (die auch als Java- oder Peking-Mensch bekannt sind). Was uns hier interessiert, ist die Tatsache, dass sich vor nur geringfügig weniger als 2 Millionen Jahren eine Menschenart bereits bis nach Ostasien ausgebreitet hat. *Homo erectus* oder einem seiner Vorfahren hat man die erste große Ausbreitung der Menschheit zugeschrieben. Wir wissen nur wenig darüber, wie die Urmenschen, die Afrika verlassen haben, das schafften, denn nicht überall auf dem Weg von Äthiopien zum Kaukasus und nach China hat man Gebeine gefunden. Ian Tattersall glaubt, *erectus* habe sich kaum von *Homo ergaster* unterschieden. Vielleicht hat er Afrika nicht nur über den Sinai und Palästina verlassen, sondern ist auch direkt vom Horn von Afrika nach Arabien gewandert, da beide Landschaften damals noch nicht vom Meer getrennt waren. Die Technologien, über die *erectus* verfügte, waren nicht besonders ausgefeilt, aber es ist erwiesen, dass er das Feuer bewahren und möglicherweise auch entzünden konnte.

Und Europa? Die ältesten hier gefundenen Fossilien werden auf vor etwa 800 000 Jahren datiert. Sie werden als *Homo antecessor* klassifiziert, ähneln *Homo ergaster*, kommen aus Spanien und stellen vermutlich eine aus Nordafrika stammende Gruppe dar, die in der Gegend von Gibraltar übergesetzt, doch ausgestorben ist, ohne sich weiter auf der iberischen Halbinsel auszubreiten. Wenn dem so ist, waren andere die ersten wahren Europäer: Diejenigen, die seit etwa 780 000 Jahren Fossilien in Griechenland, Frankreich, Deutschland und England hinterlassen haben, auch in Ceprano bei Rom. Sie waren über den Vorderen Orient aus Afrika gekommen und hatten einiges (manche Forscher sagen: viel) mit dem asiatischen *erectus* gemein und werden als *Homo heidelbergensis* klassifiziert. Diese Menschengruppen oder eine davon sind die Vorfahren eines der bekanntesten Urmenschen: des Neandertalers*.

Viel ist über die Neandertaler geschrieben worden, nicht nur von Wissenschaftlern, sondern auch von Schriftstellern, die sie mal als gewalttätige Horden dargestellt haben, mal als sanfte und friedfertige Wesen, die sich nicht gegen ihre aggressiveren Widersacher zu verteidigen wussten – uns zum Beispiel. Sicher ist, dass die Neandertaler bis vor 30 000 oder 40 000 Jahren in Europa und Westasien die typischen Vertreter der Gattung *Homo* waren, bis sie nach der Ankunft anatomisch moderner Menschen in Europa ziemlich plötzlich verschwanden. In den etwa 300 000 Jahren ihrer Existenz unterlag das Klima in Europa und Westasien einem periodischen Wechsel: Eiszeiten, während derer sich die Eiskappen der Pole ausbreiteten und die Temperaturen sanken, um in den Zwischeneiszeiten wieder zu steigen. Im Verhältnis zu ihren schlankeren Vorfahren, den *heidelbergensis*, verfügten die Neandertaler über eine robustere Natur, die an kaltes Klima gut angepasst war, dank kurzer Beine und breiter Nasen. Sie hatten auch eine große Hirnschale, die Platz bot für ebenso große Gehirne wie der moderne Menschenschädel, manchmal sogar für etwas größere. Welche Gedanken diese Gehirne beherbergten und wie sie sich die Welt vorstellten, ist schwer zu sagen. Einige Jahre lang dachten die Anthropologen, dass Neandertaler nicht hätten sprechen können, doch diese Vorstellung ist widerlegt worden durch die genauere Untersuchung ihres Zungenbeins, eines Knochens, durch dessen Öffnung man auf die Form des Kehlkopfs schließen kann, und das sich nicht von unserem unterscheidet. Noch nicht wirklich geklärt ist die Frage, ob die Neandertaler ihre Toten beisetzten. Bei einigen Skeletten hat man Muschelschalen und Blütenpollen gefunden, was an eine Art Totenkult denken lässt: Grabbeigaben von Blumen oder als wertvoll betrachteten Objekten. Doch es ist in vielen Fällen schwer zu sagen, ob ein Leichnam wirklich begraben wurde oder ob sich nicht ganz einfach Gestein und Abfälle über ihm angehäuft haben.

Manche Forscher sind der Ansicht, dass es solche entwickelteren kulturellen Zeugnisse nur bei Neandertaler-Populationen gegeben habe, die bereits in Kontakt mit Gruppen jener anatomisch moderner Menschen standen, die in Europa als Cro-Magnon-Menschen* bezeichnet werden, nach dem Ort in Frankreich, wo zuerst ihre Gebeine identifiziert worden sind. Diese Vermutung gilt jedoch als weitgehend widerlegt.

Wer Italien für die Heimat von Eleganz und Stil hält, wird sich nicht wundern zu lesen, dass die italienischen Neandertaler ihren Körper schmückten: An Fossilien von Vögeln, die man in der Grotte von Fumane im Veneto gefunden hat, hat man Spuren beobachtet, die darauf hinweisen, dass Federn absichtsvoll entfernt wurden. Auch hat man in einer Reihe von Neandertaler-Fundorten Pigmentspuren gefunden. Und dann kam im Februar 2018 die Nachricht, dass die ältesten bildlichen Darstellungen nicht von uns, sondern von Neandertaler-Künstlern stammen. Es handelt sich um treppenförmige Zeichen, das Negativprofil einer Hand, Ansammlungen kleiner Kreise und andere schwer entzifferbare geometrische Figuren, die man in der Grotte von La Pasiega in Spanien gefunden hat. Man nimmt an, dass sie vor 64 000 Jahren gemalt worden sind, also zu einer Zeit, als es hier noch keine Menschen wie uns gab. An dieser Datierung – solche Datierungen sind immer schwierig und können irrtümlich sein – sind allerdings Zweifel laut geworden; wir werden sehen.

Wie dem auch sei, es gibt zunehmend Anhaltspunkte dafür, dass die Neandertaler, die Ernst Haeckel im 19. Jahrhundert noch *Homo stupidus,* also »dummer Mensch« nennen wollte, sehr wohl zu symbolischen Handlungen in der Lage waren und demnach über komplexes Denken verfügten. Vielleicht bedeutet das nicht, dass sie dieselben intellektuellen Fähigkeiten hatten wie wir (was vor allem, weitgehend ungehört, ein Paläontologe verkündet, der die Ehre der Neandertaler hochhält, nämlich João Zilhão vom ICREA-Institut in Barcelona), doch mit Sicherheit befreit sie das von dem schlechten Ruf, den sie lange hatten. Alles in allem ist es wahrscheinlich, dass die Neandertaler *auch* Dinge von den Cro-Magnon abgeguckt haben, aber es wäre irrig, alles komplexere Verhalten, dessen Spuren wir in den Neandertaler-Fundorten finden, auf diese Kontakte zurückzuführen. Gesichert ist, dass die anatomisch modernen Menschen vor etwa 45 000 Jahren in Europa ankommen und dass sie über den Vorderen Orient hierher gelangt sind. Nach verhältnismäßig kurzer Zeit gibt es nur noch sie, während die Neandertaler verschwinden. Anatomisch moderne Menschen haben sich schnell über die ganze Welt verbreitet: Für Ostasien ist ihre Anwesenheit seit 65 000 Jahren bezeugt, für Australien seit 45 000 Jahren, für Nord- und Südamerika ein wenig später und als Letztes für die Inseln Ozeaniens. Wir werden darauf noch zurückkommen.

Die Fossilien erzählen uns also, dass verschiedene Menschenarten aufeinander gefolgt sind, dass sich im Laufe der Zeit das Gehirnvolumen vergrößert hat und parallel dazu sich ihre intellektuellen Fähigkeiten erweitert haben, wie auch ihre Werkzeuge bezeugen, die immer raffinierter werden, während die soziale Organisation immer komplexer wird. Doch die Evolution der Menschheit folgt keiner geraden Linie. Es hat verschiedene Auswanderungswellen aus Afrika gegeben, und es gibt Fossilien von

Menschenarten, die sich in mancherlei Hinsicht von uns unterscheiden und sich fast überall in der Alten Welt finden – Menschenarten, die sich entwickelt haben und dann anscheinend ohne Nachfahren verschwunden sind. Wir haben kein erschöpfendes Bild von all dem und werden es vielleicht auch nie haben, denn die Funde, die uns zur Verfügung stehen, sind zu wenige, auch wenn mit der Zeit immer neue auftauchen. Jedenfalls können wir diesen komplizierten Prozess nur in seinen großen Linien rekonstruieren. Doch es steht fest, dass die Erde vor etwa 100 000 Jahren von untereinander unterschiedlichen Menschenarten besiedelt war. In Afrika und im Vorderen Orient finden sich Skelette wie unsere, die wir unserer Art, *Homo sapiens*, zuordnen können. In Europa und Teilen Westasiens lebten Neandertaler, in Asien der *Homo erectus*. Vor 18 000 Jahren gab es – das ist erst kürzlich entdeckt worden – auf der Insel Flores in Indonesien Menschen von kleiner Statur, die Flores-Menschen oder *Homo floresiensis* genannt werden. Die jüngste Entdeckung stammt aus Sibirien, aus der Denisova-Grotte, in der auch Gebeine von Neandertalern gefunden wurden. Im trocken-kalten Klima Sibiriens bleibt DNA vergleichsweise lange erhalten: So hat man aus einem winzigen Knochenfragment vom dritten Glied eines kleinen Fingers ausgezeichnet erhaltene DNA erhalten. Dadurch konnte festgestellt werden, dass dieser Finger weder einer von uns (die DNA sagt uns auch, dass es sich um den Finger einer Frau handelte) noch einer Neandertalerin gehörte. Der Denisova-Mensch* ist die älteste Menschenart, die nicht aufgrund ihrer Anatomie, sondern genetisch bestimmt worden ist. (Es ist auch schwer vorstellbar, wie dies anatomisch anhand eines Handknöchelchens und vielleicht einiger Zähne möglich gewesen wäre.) Manche glauben, dass es sich bei den Denisova-Menschen um eine westliche Gruppe von *Homo erectus* handelt. Dies lässt sich derzeit jedoch nicht erhärten, da wir vom Denisova-Menschen zwar die DNA, aber kein Skelett haben, während wir von *Homo erectus* einigermaßen komplette Skelette besitzen, aber keine

DNA, weil die sich in dem warmen Klima, in dem er lebte, nicht erhalten hat.

Wenn wir ernsthaft darüber nachdenken, hat die Evolution uns eine ganze Reihe moralischer Probleme erspart: Es wäre nämlich nicht einfach zu entscheiden, ob eine uns ähnliche aber doch von uns unterschiedene Menschenart dieselben Rechte haben sollte wie wir oder ob für sie nur die Bestimmungen des Tierschutzes gelten sollten. Heute dagegen kann niemand ehrlicherweise einen von uns für den Angehörigen einer anderen Art halten. Das Problem heute besteht darin zu verstehen, wie verschieden wir untereinander sind und was diese Unterschiede bedeuten. Diese Frage ist so alt wie die Menschheit, wie wir im folgenden Kapitel erfahren werden.

Der Satz in Anführungszeichen, der die »one-drop rule« kommentiert, stammt aus: M. Grant, *Passing of the Great Race or The Racial Basis of European History*, Neuauflage Manchester 1970. Dies ist ein Text von 1916, in dem es um Vorkehrungen gegen die drohende Auslöschung der weißen Amerikaner durch die Einwanderung geht. Es ist bemerkenswert, dass dieselbe Sorge genau ein Jahrhundert später Italien und Deutschland und das übrige Europa umtreibt. Aber das ist wohl der Lauf der Welt.

Über die Vorurteile, deren Produzenten und Opfer zugleich wir alle sind, lesen wir bei C. Fine, *A Mind of its Own: How your Brain Distorts and Deceives*, Thriplow 2006.

Die deutsche Übersetzung von Arthur de Gobineaus zuerst zwischen 1853 und 1855 auf Französisch erschienenen Buchs *Versuch über die Ungleichheit der Menschenracen* ist 1912 in Stuttgart erschienen.

The Mismeasure of Man (New York 1981) von Stephen Jay Gould, ist auf Deutsch unter dem Titel *Der falsch vermessene Mensch,* Basel u. a. 1983, erschienen. Ich habe die Anekdote über Samuel Stanhope Smith auf S. 39 der amerikanischen Ausgabe gefunden.

Die Studie über die Fruchtbarkeit der hawaiianischen Ehen findet sich in: C.S. Chung, M.P. Mi, N.E. Morton, *Genetics of Interracial Crosses in Hawaii,* 1967.

Für einige Anekdoten habe ich mich bei einem Artikel von Brent Staples bedient: »Why race isn't as black and white as we think«, der am 31. Oktober 2005 in der *New York Times* erschienen ist.

In *Extinct Humans* von Ian Tattersall und Jeffrey Schwartz, New Haven, 2001, fndet sich eine ausführliche und gut illustrierte Beschreibung der verschiedenen durch Fossilien dokumentierten Menschenarten. Für eine andere Sichtweise verweise ich auf das 14. Kapitel von J.H. Relethford, *The human species*, 6th edition, Boston 2005.

Artikel über die allerersten künstlerischen Ausdrucksformen der Neandertaler sind: D.L. Hoffmann et al., »U-Th dating of carbonate crusts reveals Neandertal origin of Iberian cave art«, in: *Science* 2018, S. 359: 912-915, sowie D.L. Hoffmann et al.: »Symbolic use of marine shells and mineral pigments by Iberian Neandertals 115.000 years ago«, in: *ScienceAdvances* 4, 2018, S. eaar5255.

Diese Forschungsergebnisse sind von praktisch allen Medien aufgenommen worden, etwa: http://www.bbc.com/news/science-environment-43115488. Darüber, wie die Neandertaler sich mit Adlerfedern geschmückt haben, schreiben: M. Peresani, I. Fiore, M. Gala, M. Romandini, A. Tagliacozzo, »Late Neandertals and the intentional removal of feathers as evidenced from bird bone taphonomy at Fumane Cave 44 ky B.P., Italy«, in: *Proceedings of the National Academy of Science USA* 108, 2011, S. 3888-3893.

Eine großartige Website, auf der sich viele Informationen über die ausgestorbenen Menschenarten finden, Bilder von Schädeln und Rekonstruktionen, ist die der BBC: http://www.bbc.co.uk/sn/preistoric_life/human/human_evolution/. Eine andere ausgezeichnete Website ist die von Nova, dem wissenschaftlichen Programm des öffentlichen Fernsehprogramms der USA (http://www.pbs.org/wgbh/nova/neanderthals/). Dort können wir die Schädel von Neandertalern und Cro-Magnon-Menschen miteinander vergleichen und einiges über die DNA dieser Urmenschen erfahren.

An der Rekonstruktion des Aussehens ausgestorbener Menschenarten arbeiten mit den wissenschaftlichen Methoden der Polizei drei großartige Künstler: Adrie und Alfons Kennis sowie Élisabeth Daynès. Ein Besuch ihrer Website (http://www.kenniskennis.com/site/Home/ und http://www.daynes.com/en/gallery-reconstructions-paleoanthropology.html) ist eine Erfahrung, die man nicht missen möchte, und ich übertreibe da nicht.

Über den Flores-Menschen gibt es einen ausgezeichneten Wikipedia-Eintrag. Wer damit noch nicht zufrieden ist und etwas Spezielleres sucht, sei verwiesen auf: M. Miraz.n Lahr, R. Foley, »Human evolution writ small«, in: *Nature* 431, 2005, S. 1043-1044.

Auch zum Denisova-Menschen gibt es einen ausgezeichneten deutschsprachigen Wikipedia-Artikel. Und für Spezialisten gibt es den Artikel:

D. Reich et al., »Genetic history of an archaic hominin group from Denisova Cave in Siberia«, in: *Nature* 468, 2010, S. 1053-1060.

Das Beispiel für die begrenzten kognitiven Fähigkeiten von Schimpansen habe ich dem Buch von Danilo Mainardi, *L'animale culturale* (Mailand 1975) entnommen.

Zu den moralischen Problemen, die sich ergäben, wenn wir gleichzeitig mit anderen Menschenarten lebten, empfehle ich sehr: L. Slobodkin, *Complexity and Simplicity in Games of the Intellect,* Cambridge, Mass., 1992, worin wirklich von allem die Rede ist, und deshalb auch von diesem Thema.

Schon immer haben die Neandertaler die Phantasie der Drehbuchschreiber von Filmen angeregt. Unter den literarischen Texten empfehle ich: H.G. Wells, »The grisly folk« (in: *Complete Short Stories*, P London 2001).Von dem Finnen Björn Kurtén, der Paläontologe war, bevor er Romane schrieb, gibt es den schönen Roman *Der Tanz des Tigers*, München 1986, von William Golding gibt es *Die Erben*, Frankfurt a.M. 1964, und von Alberto Oliverio *Neanderthal*, Mailand 1993.

Was das Kino betrifft, gibt es *The Neanderthal Man* von E.A. Dupont (die Ankündigung wirbt mit dem Slogan »Halb Mensch, halb Bestie«). Der Schwarz-Weiß-Film von 1953 ist außerordentlich kitschig und daher sehr unterhaltend. Die Szene, in der sich der Wissenschaftler vor den Augen seiner entsetzten Katze das Serum spritzt und sich in einen sehr stark behaarten Neandertaler verwandelt, hat sich zweifellos die Strafe einer Fortsetzung auf YouTube verdient: https://www.youtube.com/watch?v=Eop8a_ZvFls.

3. Kapitel

Von der Schöpfung zum Humangenomprojekt

Worin wir im Schweinsgalopp durch die Geschichte der Evolutionsbiologie und Genetik eilen

Die ältesten Mythen

Die Untersuchung menschlicher Fossilien beginnt erst im 19. Jahrhundert mit der Entdeckung der ersten Schädel einer Menschenart, des Neandertalers, in Gibraltar, im belgischen Engis und dann auch im Neandertal bei Düsseldorf, von dem er seinen Namen hat. Doch die Frage »Wer sind wir und woher kommen wir?« ist so alt wie die Menschheit.

Beginnen wir also mit dem Anfang. Am Anfang ist die Schöpfung. Jahrhundert über Jahrhundert sehen die Menschen um sich und stellen fest, dass die Erde von einer Unzahl unterschiedlicher Arten und von unzähligen Individuen jeder Art bevölkert ist; und sie fragen sich, woher sie kommen und was überhaupt der Ursprung des Lebens ist. Aber es ist nicht einfach, gute Antworten zu finden. Gewiss, es gibt Demokrit, Lukrez, Aristoteles und andere, die versuchen, das Universum auf materialistische Weise zu erklären.

Es sind brillante Köpfe, doch verfügen sie über nur wenige Kenntnisse – sie kommen nicht weit. Deshalb sind durch die Jahrtausende für alle, oder beinahe alle, Menschen das Universum und die Organismen, die es besiedeln, das Ergebnis eines göttlichen Schöpfungsakts: Die Natur lässt sich nicht ohne übernatürliche Ursachen erklären. Und der Mensch hat in der Natur eine sehr privilegierte Stellung.

Am Ende des 17. Jahrhunderts beginnen Botaniker und Zoologen, die Verwandtschaften und Unterschiede zwischen Lebewesen genauer zu beschreiben.

Und manche, wie John Locke oder Gottfried Wilhelm Leibniz, glauben an ein Kontinuum, das unbelebte Gestalten mit den einfachsten Lebensformen verbindet, diese mit komplexeren und diese wiederum – möglicherweise – mit noch unbekannten Lebensformen mit größeren intellektuellen und sinnlichen Fähigkeiten als den unseren. Das ist die *Anima mundi*, die Weltseele, die große Kette der Wesen. Damit befinden wir uns erst am Eingang zum Zeitalter der Wissenschaft, doch man gewöhnt sich bereits an den Gedanken, dass die unterschiedlichen Arten – wir selbst eingeschlossen – miteinander verwandt sind, allerdings auf eine alles andere als klare Weise.

Unterdessen kommen die ersten Fossilien ans Licht: die von Mammuts, Höhlenbären und Säbelzahntigern. Diese Entdeckungen führen zu neuen Fragen: Gewiss, diese ähneln den Tieren von heute, aber nur ein wenig, nicht ganz und gar. Wie und warum sind sie verschwunden? Und was haben sie mit den Tieren von heute zu tun, denen sie doch sehr gleichen? Im Jahre 1785 stellt James Hutton der Versammlung der Royal Society in Edinburgh seine Einheitstheorie vor: Dieselben Phänomene, die in der Vergangenheit die fossile Biodiversität hervorgebracht haben – hätte er geschrieben, wenn er über unser wissenschaftliches Wörterbuch verfügt hätte – sind in der Gegenwart noch immer aktiv und erklären die heutige Biodiversität. Anders gesagt: Das Auftreten und Verschwinden der fossilen Lebewesen gehorcht denselben Kräften (besser konnte Hutton das nicht definieren), die auch noch auf die heutigen Arten einwirken und immer neue Unterschiede produzieren.

Hutton hatte keine sehr genauen Vorstellungen und konnte sie auch nicht haben. Doch sein Beitrag ist fundamental, weil er auf eine Untersuchungsmethode verweist: Wir können nicht in der Zeit reisen, um zu erfahren, was den ausgestorbenen Arten zugestoßen ist, aber wir können etwas über sie erfahren, indem wir beobachten, wie die heutigen Spezies variieren und was diese Variationen verursacht. Der nächste Schritt ist das Verdienst von Georges Buffon, der im Zeitalter der Aufklärung entdeckte, dass Gesteinsschichten ein unterschiedliches Alter haben und damit die Grundlage für die Altersbestimmung der Fossilien legte, die sich in ihnen befinden. Buffon gelangt zu dem Schluss, dass die Erde mindestens 100 000 Jahre alt sein muss (heute wissen wir, dass es etwa 5 Milliarden Jahre sind) und lässt sich auch durch die empörten Reaktionen nicht davon abbringen, das könne doch nur eine Übertreibung sein, weil die Bibel von 6000 Jahren spricht. Und er entwickelt den Gedanken einer fortwährenden Veränderung der Lebewesen im Laufe der Zeit. So schreibt er: »Es ist vielleicht nicht unmöglich, dass [...] alle Tiere der Neuen Welt einst dieselben wie die der Alten waren und von ihnen abstammen; man könnte sagen, dass sie, nachdem sie durch gewaltige Meere oder unwirtliche Landmassen voneinander getrennt worden sind, mit der Zeit den Wirkungen eines [...] Klimas ausgesetzt waren und nach einer gewissen Periode durch diesen Einfluss sich verändert haben.«

Die Arten verändern sich

Der Gedanke der Veränderung ist fundamental. Bis zu Hutton und Buffon hatte noch niemand in Zweifel gezogen, dass alle Kreaturen der Welt gleichzeitig so aufgetaucht sind, wie wir sie um uns erblicken und wie sie in den Grabungen der Paläontologen ans Licht kommen. Im Extremfall konnten sie aussterben, aber alle waren seit der Schöpfung da. Doch nun beginnt man zu denken, dass es anders gewesen sein könnte, dass es im Laufe der Jahrhunderte, im Wechsel von der Alten zur Neuen Welt, wie Buffon sagt, zu Veränderungen gekommen ist. Im Unterschied zu Hutton ist Buffon Anhänger einer Katastrophentheorie: Er stellt sich vor, dass dereinst andere Kräfte am Werk waren als die, die wir heute kennen, und zwar extreme Kräfte: weltweite Fluten, mehr als nur eine einzige Sintflut. Trotz der Begrenztheit seiner Theorie legt Buffon die Grundlagen für etwas Neues, denn wenige Jahre später taucht die Rede von einer Evolution auf.

Einen letzten grundlegenden Schritt voran bringt uns Jean-Baptiste Lamarck, dessen trauriges Schicksal es sein wird, dass in den Schulbüchern stets an ihn als jemand erinnert wird, der unrecht hatte, während Darwin recht hatte. In Wahrheit sind die Dinge etwas weniger offensichtlich. Darwin hatte zweifellos mehr recht als Lamarck, doch Lamarck war sein wichtiger Vorläufer, auch wenn er einigen Irrtümern erlegen ist. In der Tat glaubte Lamarck wie übrigens auch Buffon, dass Leben fortwährend aus lebloser Materie entsteht – aus schmutziger Wäsche im Keller entstehen Mäuse und dergleichen. Er irrte sich, denn das Leben, so wie wir es kennen, ist vor mehreren Jahrmilliarden entstanden, die schmutzige Wäsche bringt nichts hervor, und die Mäuse hat ihre Mama im Keller zurückgelassen. Doch Lamarck war der Erste, der den Gedanken äußerte, dass ähnliche Organismen auf gemeinsame Vorfahren zurückgehen, sich aber verändert haben, und dass es die Umwelt ist, die den Wandel von einfachen zu immer komplexeren Formen vorantreibt. Und hierin hatte er einfach recht, Darwin hat das auch immer anerkannt. Lamarck war allerdings über die Art und Weise im Irrtum, wie die Umwelt die Evolution vorantreibt: Er glaubte, die Organismen änderten sich im Laufe ihres Lebens, um sich an die Umweltbedingungen anzupassen, indem sie kräftiger, größer oder schneller würden, und gäben diese erworbenen Eigenschaften dann an ihre Nachkommen weiter. Dies wird die Theorie des Gebrauchs und Nichtgebrauchs von Organen genannt. Lamarck hat sie gar nicht erfunden (zuvor hatte schon Darwins Großvater Erasmus davon gesprochen), und sie funktioniert nicht. Das typische Beispiel dafür ist der Hals der

Giraffe, der sich infolge der Anstrengung irgendwelcher Giraffen-Vorfahren, die höheren Blätter an den Bäumen zu erreichen, verlängert haben soll, was dann dauerhaft weitervererbt worden sei. Es ist allgemein bekannt, dass es so nicht war, während nur wenige wissen, dass Lamarck hier eigentlich nur eine Idee von Erasmus Darwin aufgenommen hat. Alles in allem hätte es Charles Darwin ohne den so schlecht beleumundeten Lamarck, ohne dessen Studien, die in Wahrheit gar nicht nur seine waren, und ohne seine Giraffen viel schwerer gehabt.

Darwins Evolution

Vor Darwin kam dann noch Thomas Robert Malthus mit seinem Kampf ums Überleben oder »Kampf ums Dasein«, wie es im Deutschen meist heißt. Bevölkerungen haben, so Malthus, mehr oder weniger konstante Größen, doch in jeder Generation werden weit mehr Individuen geboren als nötig wäre, um ihre Eltern zu ersetzen. Deshalb sind viele von ihnen dazu verdammt unterzugehen, bevor sie sich reproduzieren konnten. Auf diese Weise wählt die Natur einige Glückliche aus der viel größeren Zahl der Individuen aus, die sich in einem heftigen Wettbewerb befinden. Für Darwin blieb das ein bestechender Gedanke. Während seiner Reisen sammelte er eine beeindruckende Zahl von Beobachtungen zu vielen Tier- und Pflanzenarten. Auch stellte er fest, dass die Nahrungsressourcen knapp sind und deshalb die Populationen nicht dadurch wachsen, dass mehr Individuen geboren werden, sondern dadurch, dass mehr Individuen es schaffen, bis zu dem Alter zu überleben, in dem sie sich reproduzieren können. Aus seiner Malthus-Lektüre schloss Darwin, dass die Evolution vor allem von der Mortalität* abhängt, was am offensichtlichsten wird bei traumatischen Ereignissen wie Hungersnöten und Epidemien. Von sich aus fügt Darwin dem hinzu, dass diese Mortalität sich nicht zufällig in einer Spezies verteilt, weil nicht alle Individuen mit den gleichen Voraussetzungen in den Wettbewerb eintreten. Es gibt Individuen mit Eigenschaften, die sie unter den gegebenen Umweltbedingungen begünstigen und die dadurch bessere Überlebenschancen und mehr Nachkommen haben werden. Diese Nachkommen haben dieselben Eigenschaften wie ihre Eltern, und so verbreiten sich diese Eigenschaften innerhalb der Spezies. Das ist die natürliche Selektion*.

Diese vergleicht Darwin mit etwas scheinbar ganz anderem, das er künstliche Selektion* nennt. Aufgrund der natürlichen Variabilität* gibt es bei Haustieren manche Hunde oder Pferde mit besonderen Eigenschaften; sie sind zum Beispiel schneller oder kräftiger. Die Züchter kreuzen unter ihnen nur diese Individuen, lassen die anderen beiseite, und nach wenigen Generationen sind diese Eigenschaften deutlich verstärkt. Dasselbe geschieht auch in der Landwirtschaft bei der Selektion von Pflanzenvarietäten, die widerstandsfähiger gegen Parasiten oder reicher an Zucker sind. Die natürliche Selektion, schließt Darwin, bewirkt in längeren Zeiträumen dasselbe, was die Züchter mit ihrem kontrollierten Kreuzen in kurzer Zeit erreichen: Durch die zunehmende Aussonderung oder die reduzierte Fortpflanzungsmöglichkeit der weniger Angepassten ändern sich mit der Zeit die Eigenschaften der Arten, und sie passen sich besser an ihren Lebensraum an.

Die Anpassung an die Umwelt* ist eines der beiden Schlüsselkonzepte der Evolution. Zu dem anderen Grundkonzept, den Veränderungen bei der Abstammung von denselben Eltern, war, wie wir gesehen haben, bereits Lamarck gelangt, und Darwin fasst es in einem berühmten Brief an den Naturforscher Leonard Jenyns wie folgt zusammen: »Der allgemeine Schluss, zu dem ich nach und nach, ausgehend von der entgegengesetzten Überzeugung, gelangt bin, ist der, dass Arten veränderlich sind und ähnliche Arten sämtlich von gemeinsamen Vorfahren abstammen.« Es besteht kein Zweifel daran, dass auch mehr als anderthalb Jahrhunderte nach der Veröffentlichung von Darwins Hauptwerk *Die Entste-*

hung der Arten im Jahre 1859 die Darwinsche Evolutionstheorie die Grundlage der modernen Biologie darstellt und der wichtigste Beitrag der Biologie zur Kultur der Welt ist (»nichts hat in der Biologie ohne die Evolution einen Sinn«, formulierte Theodosius Dobzhansky, einer der großen Genetiker des 20. Jahrhunderts). Wir möchten noch einmal Darwin zitieren, um dies zusammenzufassen:

Es fesselt uns außerordentlich, ein Hügelgewirr, das mit vielen Pflanzen vieler Arten bekleidet ist, wo die Vögel in den Büschen singen, mannigfache Kerbtiere herumschwirren und Würmer durch die feuchte Erde kriechen, zu betrachten und darüber nachzudenken, daß diese kunstvoll gebauten Formen, die so verschieden voneinander sind und auf so verwickelte Weise voneinander abhängen, alle durch Gesetze hervorgebracht worden sind, die um uns her wirken. Diese Gesetze sind, im weitesten Sinne genommen, das Wachstum mit der Zeugung, die Vererbung, die sich aus der Zeugung beinahe von selbst ergiebt, die Veränderlichkeit durch die unmittelbare und mittelbare Wirkung der Lebensbedingungen und den Gebrauch und Nichtgebrauch, ein Prozentsatz der Vermehrung, der so hoch ist, daß er zum Kampf ums Dasein und infolgedessen zur Naturauslese führt, die das Auseinandergehen der Merkmale und das Aussterben der weniger vervollkommneten Formen im Gefolge hat. So folgt das höchste Ergebnis, das wir uns denken können, die Hervorbringung der höheren Tiere, unmittelbar aus dem Kampf in der Natur, aus Hungersnot und Tod. Es liegt Erhabenheit in dieser Annahme, daß das Leben mit seinen verschiedenen Kräften vom Schöpfer ursprünglich nur einigen oder einer Form eingehaucht sei, und daß, während dieser Planet nach den festen Gesetzen der Schwerkraft sich gedreht hat, aus einem so einfachen Anfang unendlich viele Formen von hoher Schönheit und Wunderbarkeit sich entwickelt haben und noch entwickeln.

Natürlich wusste Darwin nicht alles. Vor allem wusste er nichts von der Genetik – und konnte es auch nicht wissen. Wenn er von Variabilität spricht, spricht er vage, lamarckianisch, von Gebrauch und Nichtgebrauch, was bedeutet, dass ihm ein grundlegender Aspekt der Vererbung entgangen war (aber auch, wie wenig dogmatisch sein Denken war). Die Regeln der Weitergabe des Erbguts, die Vererbungsgesetze, hat Gregor Mendel in Mähren fast zur selben Zeit entdeckt, doch Darwin wusste nichts davon. Es gibt zahlreiche – vermutlich falsche – Geschichten von Manuskripten, die Mendel an Darwin geschickt haben soll und die nach seinem Tode ungeöffnet aufgefunden wurden. Tatsächlich bekam Darwin im Jahr um die tausend Briefe und schrieb ebenso viele, und vielleicht hat er nicht alles, was ihm zugesandt wurde, gelesen. Wenn Mendel wirklich, wie es heißt, Darwin seinen Artikel geschickt und dieser ihn nicht gelesen hat, war dies für beide bedauerlich: für Darwin, dem bis zu seinem Tod eine zentrale Klammer seiner Theorie fehlte, nämlich das genaue Verständnis davon, nach welchen Regeln Erbeigenschaften über Generationen weitergegeben werden, und für Mendel, dessen Entdeckungen unbemerkt blieben, bis Anfang des 20. Jahrhunderts drei verschiedene Forscher sie gleichzeitig wiederentdeckten.

Die Verbindung der Darwinschen Evolutionstheorie mit der modernen Genetik nennen wir heute Synthetische Theorie oder Neodarwinismus*. Trotz einiger anfänglich ablehnenden und abwehrenden Reaktionen (berühmt ist vor allem die des Dubliner Naturforschers Samuel Haughton, demzufolge alles Neue bei Darwin falsch, und alles Richtige alt war) hatten Darwins Gedanken einen schnellen und umfassenden Erfolg. Allerdings wird auch heute noch weiter gegen den Evolutionismus polemisiert. In *Der Ursprung der Arten* kommt der Mensch nur selten vor, doch die Vorstellung, unsere Spezies sei nach denselben Naturgesetzen entstanden, die auch zur Evolution aller anderen Arten geführt haben, ist offenbar schwer verdaulich, und sie war es gleich von Anfang an. Auch heute noch versuchen alle möglichen fundamentalistischen Sekten, die Idee der Evolution in Büchern und Websites zu diskreditieren. Dabei handelt es sich vor allem um protestantische Gruppen in den USA, aber auch die islamische Welt meint es damit ziemlich ernst. Bei den Katholiken haben sich gewisse Kreise in der Polemik gegen einige von Johannes Paul II. verfasste kluge und ausgeglichene Textseiten zu einer antidarwinistischen Kampagne zusammengetan, die ihren bisherigen Höhepunkt in einem einflussreichen Artikel fand, den der Wiener Kardinal Christoph Schönborn in der *New York Times* unterbringen konnte – einem äußerst arroganten Artikel, in dem er behauptet, dass diejenigen, die in der biologischen Welt nicht das göttliche Design sähen, ihre Intelligenz abgegeben hätten und schlechte Wissenschaftler seien. Trotz solcher Ausfälle lässt sich nicht leugnen, dass der Neodarwinismus ein voller Erfolg war. Niemand, und wohl nicht einmal der Wiener Bischof, wundert sich darüber, dass die Apotheken Jahr für Jahr einen anderen Grippeimpfstoff anbieten; doch die Mechanismen, nach denen das Influenza-Virus* sich entwickelt und die uns zwingen, immer neue Impfstoffe zu entwickeln, sind genau die, die Darwin – der allerdings noch nichts von Viren wusste – beschrieben hat. Kurz, Evolution hat es immer schon gegeben, und sie wirkt noch immer weiter; dank Darwin und seinen Vorläufern haben wir begriffen, wie sie funktioniert, und heute gibt es keine nichtdarwinistische Biologie mehr. Die antievolutionistischen Polemiken, die erstaunlicherweise – wenngleich glücklicherweise nur vorübergehend – in den Lehrplänen der Oberschulen etwa in Italien ihren Niederschlag gefunden haben, kommen aus der Ecke des extremen religiösen Fundamentalismus, und sie haben nichts mit der Wissenschaft zu tun, auch wenn sie versuchen, ihrem dogmatischen Anspruch ein wissenschaftliches Mäntelchen umzuhängen.

Um die Bedeutung der Genetik zu begreifen, ist es sinnvoll, noch einmal auf die Giraffen zurückzukommen. Wir können Experimente anstellen, um festzustellen, ob »Gebrauch oder Nichtgebrauch« sich vererben, wie Lamarck behauptete. Diese Experimente zeigen, dass dem nicht so ist, und wir müssen sie auch nicht an Giraffen anstellen, die ziemlich platzraubend sind und viel fressen. Es reicht auch, auf Mäuse zurückzugreifen, ihnen den Schwanz abzuschneiden und sie sich reproduzieren zu lassen. Auch nach zwanzig Generationen, werden die Mäuse weiter mit einem Schwanz geboren, auch wenn er ihnen zu nichts nützt. In gewissem Sinne, sagt Steve Jones, führen die Juden schon seit Jahrtausenden ein solches Experiment durch, in dem sie die Beschneidung der Söhne durchführen, was jedoch noch nie zur Geburt bereits beschnittener Kinder geführt hat.

Wie der Hals der Giraffe wachsen konnte, hat Darwin intuitiv erfasst, und neuere genetische und molekularbiologische Untersuchungen haben dies bestätigt. Eigentlich, sagt Darwin, gibt es Variabilität schon immer, und sie entsteht nicht durch Gebrauch oder Nichtgebrauch eines bestimmten Organs. Indem sie sich bemühen, an die obersten Zweige der Bäume zu gelangen, können Giraffen allenfalls ihren eigenen Hals lang machen, aber nicht den ihrer Nachkommen verlängern. Die Variabilität ist schon vorher da: Giraffen werden mit unterschiedlich langen Hälsen geboren, heute genauso wie in der Vergangenheit. Und diese Variabilität wird vererbt: Giraffen mit einem langen Hals bringen gewöhnlich Giraffen mit langen Hälsen hervor, die mit verhältnismäßig kurzen Hälsen Nachkommen mit kurzen Hälsen. Erstere haben einen leichten Vorteil, weil sie, wenn alle Blätter an den niedrigen Ästen bereits abgefressen sind, auch an die gelangen, die etwas höher wachsen. Diesen Giraffen steht also dank ihrer ererbten Eigenschaft – dem langen Hals – eine Umweltressource in größerem Maße zur Verfügung als anderen. Die Umwelt, erklärt uns Darwin, *schafft* keine Variabilität, doch sie *wählt* die Eigenschaften *aus*, die zu einem gegebenen Zeitpunkt für die Individuen günstiger sind. Wenn nur die an die Umwelt besser angepassten Giraffen – das heißt, die mit dem durchschnittlich längeren Hals – sich reproduzieren können und wenn die Giraffen mit den kürzeren Hälsen im Überlebenskampf verlieren, werden die Giraffen mit jeder neuen

Generation etwas vorteilhaftere Hälse haben, während die weniger angepassten Hälse allmählich verschwinden. Dies ist nichts mehr und nichts weniger als die natürliche Selektion.

Gegenüber der Lamarckschen Theorie hat die Darwins freilich einen Nachteil: Die Vererbung erworbener Eigenschaften ist immerhin eine – wenn auch falsche – Erklärung sowohl für den Ursprung der Variabilität als auch für die gelungene Anpassung an die Umwelt. In Darwins Theorie, die die Anpassung korrekt erklärt, bleibt der Ursprung der Variabilität im Dunkeln. Darüber sollte jemand anderes, nämlich der Augustinermönch Gregor Mendel, forschen, und die Bedeutung seiner Entdeckung hat wenigstens nach seinem Tod Anerkennung gefunden.

Mendels Vererbungslehre

Die von Mendel entdeckten genetischen Gesetze beschreiben, wie Vererbung funktioniert. In den 40er Jahren des 20. Jahrhunderts gelang dann auch der Nachweis, dass das Molekül*, das diese Regeln enthält, die DNA ist. Es findet sich viel verschiedene Materie in unseren Zellen, viele Typen von Molekülen: kleine und große Moleküle wie Zucker und Fette, Proteine – und die Nukleinsäuren, also RNA und DNA. Eines dieser Moleküle muss die Erbinformation enthalten, aber Mendel konnte es nicht kennen. Erst Avery, McLeod und McCarthy konnten nachweisen, dass die Erbeigenschaften des Lungenentzündungsbakteriums in der DNA der Zellen enthalten sind: Bakterien* mit unterschiedlicher DNA vererben bei den Mäusen, in die sie injiziert werden, ihren Nachkommen auch verschiedene Formen von Lungenentzündung. Im Laufe weniger Jahre bestätigten weitere Experimente, dass die DNA nicht nur für das biologische Erbe dieser besonderen Bakterien, sondern für das aller Lebewesen verantwortlich ist.

Doch woher kommt nun die genetische Variabilität, wenn die Umwelt nur aus ihr auswählen kann und dabei einen Teil des

Erbes eliminiert? Müsste sie sich nach Jahrmilliarden natürlicher Selektion nicht vollkommen erschöpft haben? Lamarck hat keine Antwort darauf gefunden, Darwin hat sie nur in großen Linien erahnt, und Mendel hat sie auch nicht gewusst. Erst seit dem 20. Jahrhundert wissen wir, dass die Antwort in der Art und Weise besteht, wie sich die DNA vor jeder Zellteilung* repliziert, wobei aus einer Zelle mit einer bestimmten DNA zwei Zellen mit einem identischen DNA-Inhalt entstehen. Dasselbe geschieht in den Reproduktionsorganen bei der Entstehung von Eizellen und Spermatozoen, aus deren Verschmelzung die befruchtete Eizelle hervorgeht, und aus der wiederum ein neues Individuum. 1956 schließlich entdecken Watson und Crick, dass die DNA die Form einer Doppelhelix hat, und beschreiben den Mechanismus ihrer Replikation*. Jedes Mal, wenn eine Zelle sich reproduziert – sei es eine gewöhnliche Zelle unseres Körpers oder eine dieser hochspezialisierten Zellen, die das Leben eines neuen Organismus begründen –, wird ihre DNA sorgfältig kopiert; deshalb ist die DNA eines Kindes die exakte Kopie der halben mütterlichen und der halben väterlichen DNA.

Genau genommen ist es eine *mehr oder weniger* exakte Kopie. In Wirklichkeit ist der Kopiermechanismus der DNA zwar sehr genau, aber nicht unfehlbar. Immer wieder einmal kommt es in einer Region der DNA – in welcher, lässt sich nicht vorhersehen – zu einem kleinen Fehler. Diese Fehler nennen wir Mutationen*. Nach der Mutation ist ein winziger Abschnitt der DNA anders; einige Individuen werden ihn von ihren Eltern so vererbt bekommen, andere wiederum werden eine unveränderte DNA als Erbe empfangen: Es entstehen Unterschiede, die wir genetischen Polymorphismus oder eben Variabilität nennen. Die verschiedenen Varianten desselben Gens, die wir Allele* nennen, sind in unterschiedlicher Häufigkeit in den verschiedenen Populationen vorhanden: Sie sind das Material, mit dem die Evolution arbeitet.

Die natürliche Selektion oder einfach der Zufall führen zum Verschwinden mancher Allele, doch die Mutation schafft immer neue, und deshalb erschöpft sich die Variabilität nie.

Aber sind Mutationen nun gut oder schlecht? Das kommt darauf an. Viele Mutationen bewirken weder etwas Gutes noch etwas Schlechtes, weil ein großer Teil unserer DNA, drei Viertel dessen, was wir zusammengenommen als unser Genom* bezeichnen, einfach in den Zellen vorhanden ist, ohne etwas zu tun. Darauf werden wir noch zurückkommen. Zunächst einmal halten wir aber fest, dass bei den Menschen wie bei den anderen Säugetieren das übrige Viertel von größter Relevanz ist, weil es die Anleitungen zur Produktion der Eiweiße enthält und somit alle unsere Erbeigenschaften bestimmt. Mutationen verändern zufällig die in der DNA enthaltene Botschaft; das dadurch verändert produzierte Protein kann fehlerhaft sein und Ursache einer Erbkrankheit werden. Mukoviszidose, Muskeldystrophie und weitere noch komplexere Krankheiten, darunter viele Krebsarten, sind die Folgen von Mutationen, die irgendeine Funktion des Organismus stören. In anderen Fällen sind die Folgen gering.

Es gibt Menschen mit den Blutgruppen A, B, 0 und AB, und ihnen geht es meistens gut. Die unterschiedlichen Blutgruppen werden in unterschiedlichen Kombinationen durch drei Allele determiniert, die wir IA, IB und I0 nennen; so haben beispielsweise die Blutgruppe AB Menschen, die von einem Elternteil das Allel IA und vom anderen IB geerbt haben, während die Blutgruppe 0 diejenigen haben, deren beide Elternteile bereits diese Blutgruppe hatten. Jedes dieser drei Allele ist das Ergebnis von Mutationen, die sich vor vielen tausend Jahren ereignet haben; sie sind in unserer Spezies erhalten geblieben und haben sich von Kindern zu Kindeskindern und so weiter vererbt, weil sie nicht weiter schaden.

Und schließlich gibt es noch einen Anteil von Mutationen, die ihren Trägern einen Vorteil bringen und sich deshalb tendenziell durch natürliche Selektion ausbreiten.

Zu Beginn des 20. Jahrhunderts, als die Mendelschen Gesetze wiederentdeckt wurden, lag es nicht auf der Hand, sie mit der Idee der Evolution zusammenzubringen. Die Mendelsche Genetik beschreibt die Vererbung als Ergebnis der Weitergabe einzelner Einheiten, der Gene, von denen jedes für eine bestimmte biologische Funktion zuständig ist: Die Gene bestimmen, ob wir die Blutgruppe A, B, 0 oder AB haben; jeder von uns hat Allele für eine normale Blutgerinnung oder ist hämophil, also Bluter, und so weiter. Die Evolutionsforscher untersuchten vor allem die Anatomie der Organismen, in der die Eigenschaften kontinuierlich variieren, in denen also die Veränderung innerhalb eines Zeitintervalls einen bestimmten Wert erreichen kann: Der Flügel eines Vogels kann 8 cm, 8,1 cm, 8,2 cm etc. lang sein. Wie ist es möglich, dass diese kontinuierliche Variabilität von der Weitergabe von Genen abhängt, die diskontinuierlich wirkt? Es war nicht einfach, die Antwort auf diese Frage zu finden. Es waren schließlich die großen Theoretiker des 20. Jahrhunderts, denen das gelungen ist; wir können diese Antwort so zusammenfassen: Die kontinuierliche Variabilität resultiert aus dem Zusammenspiel zahlreicher Gene, deren Ausdruck durch die Umwelt beeinflusst wird. Auch heute begreifen wir noch nicht alle Aspekte dieser Interaktionen, und es wird noch mancher Arbeit bedürfen, um sie gründlich zu verstehen. Doch immerhin konnte Theodosius Dobzhansky 1937 ein Buch in den Druck geben, das den Titel *Genetics and the Origin of Species* trug, ein Buch, das Generationen von Biologen in großem Maße beeinflusst hat. Seitdem, seit der sogenannten modernen Synthese, sind Genetik und Evolution nicht mehr voneinander zu trennen.

Der genetische Code

Um 1960 legten die Studien von Gobind Khorana und Marshall Nirenberg den genetischen Code* offen. Wir können uns die

DNA wie eine lange Kette vorstellen, in der sich in einer Fülle von Variationen eine nach der anderen vier Komponenten – das sind in diesem Falle Basen* – wiederholen, die wir mit den Buchstaben A, C, G und T bezeichnen (Adenin, Cytosin, Guanin und Thymin). Variabilität oder Polymorphismus bedeuten, dass jemand in einem bestimmten Abschnitt* der DNA ein T und jemand anderes ein C hat, weil es sich um zwei verschiedene Allele handelt, das mit T und das mit C. Wenn wir die Genome der beiden Menschen miteinander vergleichen, finden wir durchschnittlich Unterschiede von einer Base pro tausend, während die anderen 999 identisch sind.

Ich weiß nicht, ob er selbst als Erster die Idee hatte, doch jedenfalls ist Francis Crick der Erste, der definiert hat, was er selbstironisch (Wissenschaft kennt keine Dogmen) das »Zentraldogma« der Biologie nennen wollte: Die DNA produziert die Proteine und nicht umgekehrt. Doch wie stellt sie das an? Das ist kein banales Problem. Auch die Proteine sind, wie die DNA, lange Ketten, die allerdings aus 20 verschiedenen Komponenten bestehen, den Aminosäuren*, während es in der DNA nur vier unterschiedliche Basen gibt. Um 20 verschiedene Dinge, nämlich die 20 Aminosäuren, mit einem Alphabet aus vier Buchstaben – den vier Basen der DNA – bezeichnen zu können, begriffen Khorana und Nirenberg, reichen Wörter, die aus nur einem Buchstaben bestehen (das wären maximal 4) nicht aus, auch nicht aus zwei Buchstaben gebildete (das wären maximal 16); vielmehr brauchen wir wenigstens drei Buchstaben. In einer langen Versuchsreihe gelang es ihnen zu entdecken, welche Aminosäuren von jeder der 64 möglichen Kombinationen der drei DNA-Basen dargestellt werden. Ihre Untersuchungen haben gezeigt, wie die in der DNA enthaltenen und über Generationen weitergegebenen Erbinformationen im Inneren der Zellen umgesetzt werden, um Proteine zu erzeugen, deren Aminosäuren-Sequenz* in der Basen-Sequenz der DNA hinterlegt ist. Das Auftreten einer Mutation verändert die DNA-Sequenz, schafft ein neues Allel und wirkt sich auf die entsprechende Proteinsequenz aus, indem es sie ebenfalls verändert. Die DNA-Sequenz enthält also die Befehle, dank denen nach einem komplett entschlüsselten und im Wesentlichen bei allen Lebewesen identischen Code die Proteine Gestalt annehmen, aus denen sich unsere Zellen zusammensetzen und die bestimmen, wie wir aussehen. Diese Befehle interagieren auf eine alles andere als simple Weise mit der Umwelt, von der wir Sauerstoff, unsere Nahrung, Anregungen und Kultur beziehen. Was wir sind, sind wir zum Teil, weil wir unsere eigene DNA haben (und nicht die von jemand anderem), zum Teil aber auch durch die Umwelt, in der diese DNA ihre Proteine produziert hat und weiter produziert, das heißt, in der sie sich ausdrückt.

In den letzten Jahrzehnten hat es eine explosionsartige Entwicklung von Techniken und von Wissen in der Genetik gegeben. Die Sequenz der DNA zu lesen war zunächst eine teure, komplizierte und langwierige Angelegenheit; heute ist sie schnell, preiswert und effizient. Von 1990 an hat ein vor allem amerikanisches und britisches Konsortium von Universitäten und privaten Forschungseinrichtungen damit begonnen, die komplette Sequenz des menschlichen Genoms auszulesen, und im Juni 2000 verkündeten der amerikanische Präsident Bill Clinton und der britische Premierminister Tony Blair in einer gemeinsamen Pressekonferenz (etwas vorschnell – es gab noch Fehler in der ersten veröffentlichten Sequenz) die Vollendung des Projekts. In einer jahrelangen Anstrengung wurden Milliarden DNA-Basen gelesen, so viele, wie die DNA einer unserer Körperzellen enthält. In einer solchen Folge von A, C, G und T sind die Informationen enthalten, die das genetische Projekt eines jeden von uns enthalten. Dazu gibt es allerdings noch viel zu tun. Statt einer einzigen haben wir heute Abertausende vollständige Sequenzen, von denen viele öffentlich gemacht worden sind, also im Netz den Wissenschaftlern zur Verfügung stehen. Wir haben sie gelesen, wir verstehen ihre einzelnen Wörter – das heißt, die Gene – und das ist bereits ein guter Ausgangspunkt für die Entwicklung neuer Methoden, um Krankheiten zu diagnostizieren, sie zu heilen und ihnen vorzubeugen. Doch noch begreifen wir nicht die Syntax des Genoms, also wie unsere Gene sich untereinander absprechen, wie sie angeregt und wieder abgeschaltet werden, und wie sie Botschaften aus der Außenwelt verarbeiten. Bevor wir diese Syntax verstanden haben, werden wir leider auch nicht verstehen, was die genetischen Grundlagen für unsere wichtigsten Unterschiede sind, zum Beispiel warum jemand unter hohem Blutdruck leidet und jemand anderes nicht, warum unter denselben Umständen jemand an Krebs erkrankt und jemand anderes nicht, warum unsere intellektuellen Fähigkeiten mit dem Alter nachlassen und warum dies bei den einen früher beginnt als bei den anderen. Darauf kommen wir im 8. Kapitel noch einmal zu sprechen.

Inzwischen haben sich auch unsere Fähigkeiten vervielfacht, die DNA-Sequenz zu interpretieren, das heißt, zu bestimmen, in welchen DNA-Abschnitten welche Proteine codiert sind. Bei der Analyse des menschlichen Genoms und dessen anderer Spezies, vom Huhn bis zum Reis, von der Fruchtfliege bis zum Schimpansen, wurde überraschenderweise entdeckt, dass ein Gutteil der DNA (drei Viertel, haben wir vorhin gesagt) eigentlich nichts codiert. Der Mensch besitzt sehr viele Gene, etwa 22000, und jedes produziert zumindest ein eigenes Protein (viele produzieren sogar zahlreiche, aber das spielt hier keine Rolle). Aber alle diese aktiven Gene nehmen nur ungefähr ein Viertel des Genoms ein, und wir wissen nicht genau, wozu die übrigen drei Viertel da sind, auch wenn es dazu viele Hypothesen und einige gute Daten gibt. Es ist oft darüber diskutiert worden, und es wird auch weiter darüber diskutiert, warum die Evolution in den Zellen der komplexeren Organismen so viel DNA übriggelassen hat, die keine Eiweiße produziert und auf den ersten Blick zu nichts nütze ist. Manche nehmen an, dass diese DNA dort stehengeblieben ist, weil sie nicht schadet und es deshalb keinen Grund für die Evolution gibt, sie zu beseitigen; andere wieder glauben, dass sie, da sie nun einmal da sind, vielleicht doch die eine oder andere Funktion haben, möglicherweise sogar Funktionen, die wir noch nicht verstehen.

Für unser Buch ist interessant, dass die nichtcodierende DNA* nicht der natürlichen Selektion unterliegt. Die Mutationen, die sie betreffen, verändern keinerlei Protein, bewirken also weder Gutes noch Schlechtes, und werden deshalb problemlos an die Nachkommen weitergegeben. Dadurch, also dank dieser Mutationen, bleibt in unserer DNA die Spur ältester Ereignisse erhalten, die wir heute zu identifizieren lernen. Wenn zum Beispiel eine bestimmte Mutation vor 20000 Jahren stattgefunden und zur Bildung eines neuen Allels bei einem Menschen geführt hat, der in Asien lebte und dessen Nachkommen sich über die Beringstraße nach Nordamerika und von dort aus weiter nach Südamerika ausgebreitet haben, werden wir dieses Allel bei einigen Asiaten und bei vielen indigenen Amerikanern finden, im Norden wie im Süden. Ausgehend von der Verteilung dieser Allele auf die geographischen Regionen, in denen sie heute vorkommen, und davon, wie weit sie dort verbreitet sind, ist es uns gelungen, die wichtigsten Wanderungen zu rekonstruieren, die zur Verbreitung unserer Spezies (und vieler anderer) auf dem Planeten geführt haben. Deshalb werden wir im Folgenden dieses Buchs diesen Allelen und den Mutationen, die zu ihnen geführt haben – Mutationen, die wir neutral nennen, weil sie weder gute noch schlechte Folgen haben – große Aufmerksamkeit widmen.

DNA, Umwelt und menschliche Diversität

Jetzt aber wollen wir uns mit der menschlichen Diversität befassen. Da wir inzwischen verstanden haben, dass es für jedes Gen viele Allele geben kann, können wir sagen, dass die genetische Vielfalt der Menschen das Produkt aller dieser Allele ist. Doch um besser zu verstehen, was dies bedeutet, müssen wir noch einmal einen Schritt zurück tun zu den von Mendel entdeckten Vererbungsgesetzen. Die Gene, deren Funktionsweise Mendel verstanden hatte und die Avery und seine Mitarbeiter:innen in der DNA lokalisiert haben, sind in jedem von uns gegenwärtig, in jeder einzelnen unserer Zellen, und zwar in zwei Kopien, einer mütterlichen und einer väterlichen Ursprungs. Da nun alle unsere Zellen von der befruchteten Eizelle abstammen, enthalten sie sämtlich dieselbe DNA, die sehr getreu kopiert worden ist, wenn wir einmal von gelegentlichen Mutationen absehen.

Unser Genom, die Gesamtheit unserer DNA, enthält mehr als 6 Milliarden Basen, also über 3 Milliarden von jedem der beiden Elternteile. Um möglichen Verwirrungen vorzubeugen, nennen wir dasjenige Genom diploid*, das in einer doppelten Kopie vorliegt, also das der meisten Zellen, und haploid das, das nur in einer einfachen Kopie in den Eizellen und den Spermatozoen vor der Befruchtung vorhanden ist. In den Zellen der höher entwickelten Organismen gibt es nicht nur eine DNA-Kette, sondern eine ganze Anzahl davon, die wir als Chromosomen* bezeichnen. Wir Menschen haben 46 davon, 23 mütterlichen und 23 väterlichen Ursprungs, und auch hier können wir deshalb von einem haploiden Chromosomensatz (den 23 Chromosomen einer nichtbefruchteten Eizelle oder einer Spermatozoe) und einem diploiden Chromosomensatz reden (den 46 Chromosomen einer befruchteten Eizelle und allen weiteren aus dieser hervorgegangenen Zellen, aus denen unser Organismus besteht). Unsere 22 000 Gene verteilen sich auf 23 Chromosomen, die wir von unserer Mutter, und 23, die wir von unserem Vater geerbt haben; daher besitzen wir von jedem Gen zwei Ausfertigungen: eine mütterliche und eine väterliche. Aber Achtung, einige Chromosomen sind besonders wichtig. Zwei davon, das X- und das Y-Chromosom, werden Geschlechtschromosomen* genannt, weil sie unser jeweiliges Geschlecht bestimmen. Frauen haben zwei X-Chromosomen und geben eins davon an jedes ihrer Kinder weiter, gleich ob sie Mädchen oder Jungen sind. Männer haben ein X- und ein Y-Chromosom und können daher ihren Nachkommen das eine oder das andere vererben: Wenn es ein X ist, wird das Kind ein Mädchen, wenn es ein Y ist, ein Junge. Folglich hängt das Geschlecht eines Kindes, das auf die Welt kommt, allein vom Vater und nicht von der Mutter ab. Das erinnert uns doch an die Frauen, die von ihren Männern, etwa dem Schah von Persien, verstoßen wurden, weil sie ihrem Gemahl nicht den heißersehnten männlichen Erben schenkten! Nein, Blödsinn: Schuld ist, wenn man überhaupt von Schuld reden kann, der Ehemann, auch wenn er der Schah von Persien ist.

Insgesamt hängt die menschliche Vielfalt, die Summe der Unterschiede unter den Mitgliedern unserer Spezies, nur teilweise von den genetischen Unterschieden ab. Teilweise geht sie auch auf Faktoren zurück, die wir in Ermangelung eines besseren Worts Umwelteinflüsse oder kulturelle Einflüsse nennen können: darauf, was wir essen oder gegessen haben, wie viel wir unseren Körper bewegen oder bewegt haben, wie warm es ist oder wie warm es war, als wir klein waren.

Es ist nicht immer einfach zu unterscheiden zwischen dem, was auf unsere Gene zurückgeht, und dem, was Umwelt und Kultur bewirken. In vielen Fällen ist Letzteres sogar offensichtlicher als Ersteres. Wir kleiden uns auf verschiedene Weise, tragen die Haare lang oder kurz und laufen in Schuhen oder mit nackten Füßen herum. Ein Typ ohne Schuhe im Bus springt mehr ins Auge als der Träger einer genetischen Anomalie, doch es reicht, wenn er Schuhe anzieht, damit er wieder gleich ist wie alle anderen. Entsprechend geht es einer Frau ohne Kopftuch in Teheran. Es ist klar, dass solche Unterschiede die Art und Weise beeinflussen, wie wir uns verhalten; sie haben aber nichts mit unserer Biologie zu tun, und wir dürfen sie nicht in Betracht ziehen, wenn wir von Rassen sprechen.

Tatsache ist allerdings, dass die Umwelt auch auf eine subtilere Weise mit den Genen interagiert. Denken wir etwa an unser Gewicht. Natürlich hat das etwas mit unseren Genen zu tun: Schlanke Eltern haben im Allgemeinen schlanke Kinder, und dicke Eltern haben mit größerer Wahrscheinlichkeit dicke Kinder. Aber wie viele meiner 80 Kilo sind in den Genen eingeschrieben, die ich von Mutter und Vater geerbt habe, und wie viele stammen von den vielen Spaghetti der letzten zwanzig Jahre? Und wie viel von meiner Intelligenz – um auf ein höchst kontroverses Thema zu kommen, auf das wir noch einmal zurückkommen werden – habe ich einfach, weil sie seit meiner Geburt in meinen Genen angelegt war und zuvor in den Genen von Mutter und Vater, und wie viel davon habe ich durch Lernen und Üben entwickelt?

Darüber lässt sich endlos streiten, und darüber hat man auch endlos gestritten. Ich finde, dass eine Antwort darauf unmöglich ist, weil die Frage so falsch gestellt ist. Wir sind ebenso wenig die *Summe* der Einflüsse von Natur und Umwelt wie irgendein anderes Lebewesen. Die Wirkung der Gene von denen der Umwelt zu unterscheiden ist nur in wenigen Fällen leicht und im Allgemeinen schwierig. Unsere Blutgruppe ist A, B, AB oder 0, ganz unabhängig davon, wie unser Speiseplan war oder wie viel wir gelernt haben: Diese Eigenschaft hängt ausschließlich davon ab, wie sich die Allele eines unserer Gene in der Eizelle zusammengefügt haben, von der wir kommen. Hautfarbe, Statur, Gewicht, Einfühlungsvermögen und Intelligenz (was immer das Wort bedeuten mag) sind dagegen nicht das Produkt eines einzelnen Gens, sondern vieler, und werden vor allem durch die Sonneneinstrahlung, durch das, was wir essen, und das, was wir lesen, beeinflusst, davon, mit welchen Menschen wir uns treffen und wie viel Sport wir treiben.

Wir müssen also ein anderes Verständnis von unseren Genen entwickeln: als Erbfaktoren, die *die Grenzen* dessen darstellen, was wir sein können. Diese Grenzen sind ziemlich weit gefasst; wo wir uns innerhalb ihrer ansiedeln, hängt von den unterschiedlichen Umständen ab, unter denen wir aufgewachsen sind und leben. Wir haben nicht alle dieselben Grenzen und wir werden nicht alle, auch wenn wir eifrig üben, den Nobelpreis oder die Tour de France gewinnen; bei guter Ernährung werden wir allerdings gewöhnlich größer – das können wir beobachten, wenn wir uns mit unseren Großeltern vergleichen. Doch niemand von uns wird drei Meter groß werden, weil das Gene erfordern würde, die wir nicht besitzen (die Giraffen, wie wir gesehen haben, dagegen sehr wohl). Ebenso haben manche Menschen genetische Voraussetzungen dafür, länger zu leben als andere, zum Beispiel, weil ihr Kreislauf weniger darunter leidet, wenn sie zu viele fette Speisen verzehren. Wenn wir aber darauf achten, was wir essen, und uns genug bewegen, verlängert sich die mittlere Lebenserwartung, und wir hoffen, sie noch weiter zu verlängern; doch gibt es, im Unterschied zu dem, was man neuerdings hört, biologische Grenzen der Langlebigkeit, und Unsterblichkeit ist ganz klar außer unserer Reichweite.

Wenn wir ein anderes Beispiel nehmen, können wir mit Übung und Training zuerst 50 Kilometer, dann sogar 100 Kilometer mit dem Rad zurücklegen, und manche, wie die Radprofis, schaffen sogar mehrere hundert Kilometer am Tag, doch unsere Maschinerie von Muskeln, Knochen und Gelenken, die in unseren Genen codiert ist, erlaubt uns nicht, mehr als durchschnittlich 90 Kilometer täglich zu radeln. Auf dem (von der monströsen Masse des Blödsinns, der dazu publiziert wird, bedrohten) Gebiet der Intelligenz sind unsere Fähigkeiten, zu rechnen und zu denken, groß, aber nicht unbegrenzt; mit etwas Übung können wir sie erweitern, mehr im Gedächtnis behalten und schneller kalkulieren – doch das geht nur bis zu einem gewissen Punkt. Mit etwas Übung können wir zwar schneller laufen oder tolle Punktzahlen bei Intelligenztests erreichen, doch es wird uns nie gelingen, unsere Zellen dazu zu bewegen, Chlorophyll herzustellen oder Penicillin zu produzieren, wenn wir es brauchen. Wir haben angeborene Grenzen; unsere menschlichen Gene ermöglichen vieles, aber so etwas nicht.

Wir sind, was wir sind, weil die Gene, die aus einer langen Reihe von Vorfahren auf uns gekommen sind – zuletzt von Mutter und Vater – sich auch in der Umwelt ausgedrückt haben, in der wir aufgewachsen sind und in der wir leben.

Um zu verstehen, ob es Rassen gibt – das heißt, deutliche genetische Unterschiede zwischen Menschengruppen – müssen wir den Einfluss der Umwelt beiseitelassen. Deshalb sollten wir nicht von Eigenschaften wie unserem Gewicht ausgehen, unserer Sprintgeschwindigkeit oder, was noch schlechter wäre, unseren intellektuellen Fähigkeiten, weil Gewicht, Schnelligkeit und die Fähigkeit, psychologische Tests zu bestehen, auf eine noch immer schwer verständliche Weise zwar auch von unseren Genen, aber ebenso auch von der Umwelt bestimmt sind, sowie von der Art, wie Umwelteinflüsse und unsere Gene miteinander verwoben sind. Um allmählich zu verstehen, ob und inwiefern die Unterschiede zwischen uns und den anderen um uns herum in den Genen festgeschrieben sind, müssen wir Gene befragen, deren Wirkung wir gut kennen. Und bevor wir damit beginnen, müssen wir uns einmal gründlich darüber verständigen, was wir unter Rasse verstehen.

Viele der in diesem Kapitel und den folgenden zitierten wissenschaftlichen Artikel kann man von den Websites der Zeitschriften, in denen sie erschienen sind, gratis herunterladen. Natürlich sind sie auf Englisch.

Eine ausgezeichnete Suchmaschine, mit der sich Artikel finden lassen, wenn man einen Schlüsselbegriff oder einen Autorennamen eingibt, ist: Medline: https://www.ncbi.nlm.nih.gov/pubmed. Ein Großteil der Artikel des Autors lassen sich von der Website www.guidobarbujani.it. herunterladen.

Als Geschichte des biologischen und evolutionstheoretischen Denkens zu empfehlen ist: E. Mayr, *Die Entwicklung der biologischen Gedankenwelt: Vielfalt, Evolution und Vererbung,* Berlin 1984.

Über die große Kette der Wesen informiert sehr gut der gleichnamige Wikipedia-Artikel.

Das Darwin-Zitat in Anführungszeichen ist der letzte Absatz von *Der Ursprung der Arten* in der im Projekt Gutenberg abrufbaren Übersetzung von Richard Böhme.

Die Bemerkungen von Haughton berichtet Darwin selbst in seiner Autobiographie: Charles Darwin, *Mein Leben*, zuletzt Frankfurt 2008

Zur Geschichte der Evolutionstheorie kann man etwa das 1. Kapitel lesen von: Mark Ridley, *Evoluton*, Neuausgabe, New York 1993. Ich persönlich empfehle wärmstens: Telmo Pievani, *La teoria dell'evoluzione,* Bologna 2006.

Denjenigen, die sich besonders für die Evolution des Giraffenhalses interessieren, empfehle ich: S. Gould, »The tallest tale«, in: *Natural History* 105, 1996, S. 18-27, auch wenn Carla Castellacci, der ich dafür danke, mich auf einen Artikel hingewiesen hat von: R.E. Simmons, L. Scheepers (1996), »Winning by a neck: Sexual selection in the evolution of Giraffe«, in: *American Naturalist*, 148, 1996, S. 772-786, der eine ganz andere Evolutionsgeschichte vorschlägt.

Die Botschaft von Johannes Paul II. an die Accademia Pontificia delle Scienze vom 22. Oktober 1996 findet sich auf dieser Website: http://fbertoldi.free.fr/culturanuova/accademia/GP2_evoluzione.php. Sie wurde wiederveröffentlicht in *Quarterly Review of Biology* 72 von Dezember 1997, S. 381-406, zusammen mit den Kommentaren von vier Wissenschaftlern (allzu kritisch kommt mir der von Richard Dawkins vor), und wurde noch einmal aufgenommen von Stephen Jay Gould, in einem Essay mit dem Titel »Non overlapping magisteria«, in *Natural History* 106, 1997, S. 16-22.

Der Brief des Wiener Erzbischofs Christoph Schönborn über die Evolution ist in der *New York Times* vom 7. Juli 2005 erschienen.

Die Beobachtung von Steve Jones darüber, dass tausende Jahre der Beschneidung nicht zur Evolution erworbener Eigenschaften geführt haben, habe ich gefunden in Adam Rutherfords wunderbarem Buch *Eine kurze Geschichte von jedem, der jemals gelebt hat: Was unsere Gene über uns verraten*, Reinbek 2018, in dem es um viele interessante Dinge geht, wie etwa die Gene der ersten Europäer und das Humangenomprojekt.

Die Möglichkeit, das menschliche Leben unbegrenzt zu verlängern, wird von Edoardo Boncinelli und Galeazzo Sciarretta diskutiert, in: *Verso l'immortalità: la scienza e il sogno di vincere il tempo*, Mailand 2005. Für eine entgegengesetzte und gut belegte Ansicht lohnt sich der sehr wissenschaftliche und sehr klare Artikel von John Maynard Smith et al., »The evolution of non-infectious and degenerative disease«, in: *Evolution of Health and Disease*, hg. von Stephen Stearns, Oxford 1999, S. 267-272.

Es gibt zahlreiche gute Einführungen in die Genetik, aber es lohnt sich nur, sie zu kaufen, wenn man Lust hat, sie wirklich zu studieren. Ein guter, wenn auch nicht mehr ganz junger Text über die menschliche Diversität ist immer noch: Richard Lewontin, *Human Diversity*, Boston 1987. Doch es lohnt sich, sich auch mit dem bereits erwähnten Buch von Jay Gould zu befassen: *Der falsch vermessene Mensch*, Frankfurt 1988, in dem es um Versuche geht, dem Rassismus einen wissenschaftlichen Anstrich zu geben. Dasselbe gilt für *Uomini per caso* von Olga Rickards und Gianfranco Biondi, Rom 2001, und Luca Cavalli-Sforza, *Gene, Völker und Sprachen. Die biologischen Grundlagen unserer Zivilisation*, München 1999.

4. Kapitel

Wovon wir reden, wenn wir von Rassen reden

Worin wir überlegen, was eine Rasse sein soll

Stamm

1990 habe ich einige Tage in einem Elmolo genannten Außenposten im Norden von Kenia verbracht. Das Lager bestand aus einem Metallgitter um eine staubige Fläche herum, in deren Mitte ein Rohr mit einem Wasserhahn aufragte. Das war alles. Wenn man etwas anderes benötigte – etwas zu essen, frische Getränke und eine Toilette –, musste man sich an die *Lodge* wenden, ein touristisches Zentrum in ein oder zwei Kilometer Entfernung. Als sei das nicht genug, war es auch nicht so einfach, in die Lodge zu gelangen; zuvor musste man nämlich das Misstrauen des Torwächters überwinden, eines mit einem einen Meter langen Säbel ausgerüsteten Angehörigen der Volksgruppe der Turkana mit lauter Federn auf dem Kopf, von denen ich nicht wusste, ob er sie sich selbst ausgesucht hatte oder ob Touristen sie ihm geschenkt hatten. Beim ersten Mal legte sich der furchterregende Krieger quer vor das Tor und versperrte uns den Zugang. Wir diskutierten ein wenig mit ihm, ohne dass er Platz machte. Dann begriff er, dass wir uns in einer Sprache unterhielten, die nicht Englisch war, und fragte uns, zu welchem Stamm wir gehörten. Wir antworteten »Italiener«, und von einem Augenblick auf den anderen hatten wir Zugang zur Lodge und ihren Toiletten. Die Italiener sind ein Stamm, den die Turkana kennen.

Offenbar ist es eine weit verbreitete Tendenz, unseresgleichen – insbesondere, wenn sie uns nicht allzu gleich vorkommen – irgendwie zu etikettieren. Tatsächlich beschäftigen nur wenige Themen so sehr die kollektiven Vorstellungen und geben zu so vielen Fragen Anlass wie unsere Herkunft und unsere Unterschiede. Das gilt für die Turkana ebenso wie für weiße Menschen. Auf der Website der *New York Times* konnten die Leser über Jahre hinweg in einem Forum über den Ursprung des Menschen ihre Ansichten öffentlich machen und die der anderen kommentierten. Darin erschienen tausende Kommentare, zig davon an einem Tag, und die meisten davon sprachen von Rassen. Genauer gesagt sprachen sie von allem Möglichen: vom Humangenomprojekt und von der genauen Bedeutung des Wortes »indigen«, von der Bibel als Quelle astrophysikalischer Erkenntnisse und davon, dass Magic Johnson HIV-positiv sei, vom jüdisch-christlichen Ethos und davon, dass die Christen doch diejenigen seien, die die Juden auszurotten versucht hätten, von Darwin, vom Papst, vom *Homo erectus* und von Hitler und Stalin – in einem Gewirr wie dem Kampf Laokoons mit den Schlangen, in dessen Zentrum aber stets die alte Frage stand: Gibt es Menschenrassen oder nicht? Stimmt es, dass die Menschheit in Gruppen zerfällt, die sich deutlich voneinander unterscheiden, durch ihre physische Statur, ihre Hautfarbe, ihre Schädelform und vielleicht auch ihre Intelligenz und ihre mehr oder weniger hohe Moral, einfach weil sie unterschiedlicher Herkunft sind? Oder ist es bei all dieser Verschiedenheit sehr, sehr problematisch zu meinen, man könne Menschen etikettieren und mit Gewissheit verschiedenen Rassengruppen zuordnen – ja, soviel wir wissen, sogar unmöglich? Und sollten wir das deshalb nicht lieber bleiben lassen?

Die Antworten in dem Forum waren äußerst unterschiedlich. Manche Zuschriften arbeiteten mit wissenschaftlichen Belegen und zeugten von gesundem Menschenverstand, doch leider finden sich auf solchen Websites – den würdigen Nachfolgern der

Eisenbahnabteile als Orte unkontrollierten Ausdrucks jeglicher Meinung und jeglichen Vorurteils – vor allem abstruse Ideen, und Autodidakten toben sich dort aus. Ein Leser, der sich Jayjay47 nannte, schloss aus, dass Rassen als abgeschlossene Einheiten betrachtet werden könnten, weil sie doch miteinander in Kontakt träten und miteinander interagierten. Ein anderer, Leszekcnn, mochte nicht glauben, dass die Maori wirklich eine Rasse seien. Goodoldjucifer wischte die Frage beiseite mit einem solipsistischen: »Die Wirklichkeit ist eine gute Ausgangshypothese, doch es gibt keinen Beweis, dass sie existiert«. Yaguei dagegen sah voraus, dass durch die Vermischung der Rassen ein kultureller Kommunismus entstehen würde. Und so ähnlich war alles.

Darüber könnte man lächeln, jedenfalls, sobald man den Schwindel überwunden hat, den eine solch babylonische Meinungsverwirrung hervorruft. Aber versuchen Sie doch einmal, mit Ihren Freunden über Rassen zu reden: Schon bald werden Sie von demselben Strudel verschlungen werden. Die Positionen spitzen sich schnell zu, und bald wird es persönlich (»du bist ja ein richtiger Faschist«, »das ist doch total kommunistisch«) und nur der massive Einsatz von Ironie kann – bisweilen – verhindern, dass die Diskussion völlig aus den Fugen gerät. Da ist wenig zu machen, und am Ende müssen wir Leszekcnn (wieder er; er ist sehr aktiv in dem Forum) recht geben, wenn er erklärt, dass die Diskussion über Rassen uns dazu zwingt, uns ziemlich einschneidende Fragen zu uns selbst zu stellen, Fragen, die wir vielleicht lieber nicht gestellt hätten. Doch wenn es so ist, wenn die Fragen wirklich so wesentlich sind, ist der Versuch wohl der Mühe wert, sie zu beantworten.

Genau genommen finden wir eine ähnliche und ähnlich erbittert geführte Debatte auch in den Zeilen der wichtigsten wissenschaftlichen Zeitschriften. Luca Cavalli-Sforza, einer der bedeutendsten unter den Wissenschaftlern, die sich mit der menschlichen Diversität beschäftigt haben, hält das Studium rassischer Klassifikationen für eine »überflüssige Bemühung«. Esteban Gonzales-Burchard und andere Wissenschaftler der Gruppe um Neil Reisch antworteten darauf mit einem Artikel, der 2003 im *New England Journal of Medicine*, der wichtigsten Medizinzeitschrift in Amerika, erschien; darin räumen sie zwar ein, dass in der Tat bedauernswerte Formen sozialer Diskriminierung die Folge rassistischer Einstellungen seien; sie könnten aber nicht die Augen davor schließen, dass das Konzept der Rasse solide biologische Grundlagen habe und vor allem unverzichtbar sei, um ernsthaft Genetik betreiben zu können. Wenn wir darauf verzichteten, verzichteten wir auch auf die Hoffnung, Fortschritte machen zu können bei der Erforschung von Krankheiten und den Genen, die sie verursachen, denn jede Rasse habe ihren eigenen Genkomplex und ein wohldefiniertes Risiko, bestimmte Krankheiten zu entwickeln. In derselben Ausgabe derselben Zeitschrift äußern Richard Cooper, Jay Kaufman und Ryk Ward dagegen die Überzeugung, dass Rassenetiketten bei der Erforschung von Krankheiten kontraproduktiv seien, weil unsere Spezies sich nun einmal nicht in klar unterscheidbare Gruppen einteilen lasse, von denen jede ihre spezifischen Genvarianten und ihre typischen Krankheiten habe; wir seien in der Tat verschieden, doch unsere genetische Variabilität sei kontinuierlich verteilt, ohne klare Grenzen zwischen einer Gruppe und einer anderen, und deshalb sei es besser, damit aufzuhören, uns diese Gruppen nach dem Muster der Rassenklassifikationen des 19. Jahrhunderts vorzustellen. Und der öffentliche amerikanische Fernsehsender PBS strahlte eine Dokumentation mit dem Titel *Rasse, die Macht einer Illusion* aus. Im Folgejahr jedoch titelte Vincent Sarich, ein einflussreicher Evolutionsforscher, einen Essay mit: *Rasse: Die Wirklichkeit der Unterschiede zwischen den Menschen*. Wie man sieht, gibt es unter den Wissenschaftlern wie unter den anderen interessierten Menschen sehr unterschiedliche Ansichten. Dabei vermischen sich zwei verschiedene Fragen. Die erste ist die, ob es Menschengruppen gibt, die so verschieden sind, dass sie vernünftigerweise als Rassen bezeichnet werden können, und die zweite ist die, ob es – *angenommen, es gibt Rassen* – gesellschaftlich akzeptabel ist, sie bei ihren Namen zu nennen.

Was ist eine Rasse?

Aber was ist nun eine Rasse? In der Biologie wird der Begriff traditionell benutzt, um unterscheidbare Gruppen von Individuen innerhalb einer Spezies zu definieren. Die Spezies Mensch umfasst uns alle, das bezweifelt niemand, auch wenn es, wie wir gesehen haben, in der Vergangenheit solche Zweifel gegeben hat. Heute jedoch wird niemand etwas anderes behaupten, als dass es nur eine einzige menschliche Spezies gibt. Niemand, der einigermaßen bei Trost ist, wird ernsthaft einen Menschen mit einem Schimpansen verwechseln. Die Verständnisschwierigkeiten beginnen, sobald wir uns darüber verständigen sollen, was innerhalb der Spezies eine biologisch unterscheidbare Gruppe von Individuen sein soll.

Ich will vermeiden, alle Definitionen von Rasse aufzuzählen; es sind viele, und viele unterscheiden sich nur in Nuancen. Ich folge lieber Ernst Mayr, einem der großen Evolutionsbiologen des 20. Jahrhunderts. Mayr unterscheidet zwischen Spezies, bei denen die Eigenschaften der Individuen sich im geographischen Raum schrittweise unterscheiden, und Spezies, bei denen es klare biologische Unterschiede zwischen Gruppen gibt, die durch Grenzen voneinander getrennt sind. Wenn dies der Fall ist, wenn es also biologische Abgrenzungen gibt, werden die getrennten Einheiten als Unterarten* oder Rassen bestimmt. Mit dieser Definition hebt Mayr drei wichtige Aspekte des Problems hervor. Zunächst, dass es Rassen geben kann oder auch nicht. Der zweite Aspekt ist die räumliche Dimension: Jede Rasse gehört, zumindest anfänglich, zu einem bestimmten geographischen Raum. Der dritte besteht im Vorhandensein von Abgrenzungen: Wenn wir Gruppen von Individuen bestimmte Namen geben, sie also etikettieren wollen,

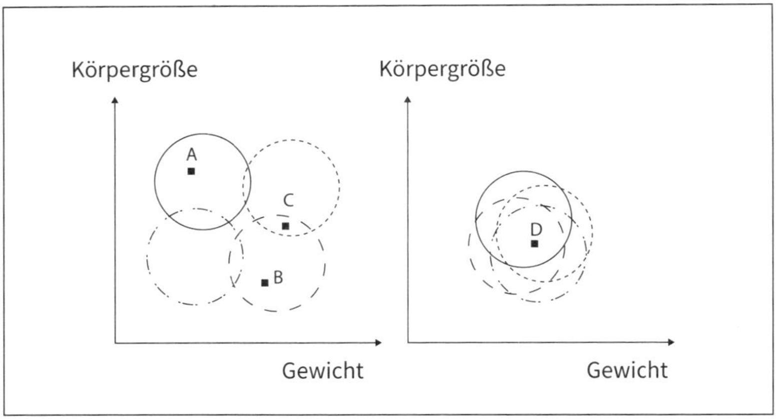

Abbildung 2 Zwei schematische Darstellungen der Biodiversität innerhalb einer Spezies.
Links ist die Spezies in gut unterscheidbare Gruppen eingeteilt. Der größte Teil der Individuen besitzt Eigenschaften, die es erlauben, sie zweifelsfrei einer einzigen Gruppe zuzuordnen: A zu der mit der durchgezogenen Linie begrenzten Gruppe, B zu der mit der gestrichelten Linie. Lediglich die Zuordnung von C ist unsicher (sie könnte zu der Gruppe mit der gestrichelten oder zu der mit der gepunkteten Linie gehören). Rechts finden wir eine Spezies, deren Gruppen sich biologisch nicht unterscheiden lassen: Die Eigenschaften des Individuums D sind mit der Zugehörigkeit zu mehreren Gruppen (in diesem Beispiel sogar mit allen) vereinbar.
Aus: G. Barbujani, »Human races: classifying people vs. understanding diversity«, in: *Current Genomics* 6, 2005, S. 215-226.

ist es erforderlich, dass jede Gruppe gut von den anderen zu unterscheiden ist; ohne Abgrenzungen gibt es keine Rassen.

Nehmen wir ein Beispiel. Abbildung 2 stellen wir uns als eine zweidimensionale Darstellung – in Form eines Koordinatensystems – zweier biologischer Eigenschaften vor, sagen wir, der Körpergröße und des Gewichts. Wir könnten und sollten sogar viele andere Eigenschaften berücksichtigen: Schädelform etwa, Blutgruppe oder Augenfarbe. Doch dafür müssten wir sie drei-, vier- oder noch mehr mehrdimensional darstellen, was auf dem zweidimensionalen Blatt Papier nicht geht. Also machen wir es wie in der Wissenschaft üblich: Indem wir ein komplexes Problem auf ein einfacheres reduzieren und dabei versuchen, seine wesentlichen Aspekte nicht aus dem Blick zu verlieren. Jedes Individuum wird nach Körpergröße und Gewicht als ein Punkt in dem Koordinatensystem auftauchen. A, B und C sind drei Individuen einer Spezies, die in vier verschiedene Gruppen unterteilt ist. Es ist einfach, die Individuen den Gruppen zuzuordnen; nur bei solchen wie C, die dort angesiedelt sind, wo die Gruppen sich überschneiden, bleiben Zweifel. Bei einer solchen Spezies ist es legitim, von Rassen zu sprechen, weil Körpergröße und Gewicht der Individuen es tatsächlich erlauben, vier Hauptgruppen zu unterscheiden, und viele Individuen gehören offenkundig zu der einen oder anderen Gruppe.

Auf der anderen Seite der Abbildung finden wir eine andere Situation vor. Wir haben hier immer noch vier Gruppen, doch sie sind weitgehend deckungsgleich, und jede Gruppe geht in die benachbarten über. Das heißt, dass Körpergröße und Gewicht meist nicht ausreichen werden, um zu bestimmen, zu welcher Gruppe ein Individuum gehört: D kann zu allen vieren gehören, und nur Individuen von extremer Körpergröße und ungewöhnlichem Gewicht können mit Sicherheit einer einzigen Gruppe zugeordnet werden. Bei einer solchen Spezies ist es unsinnig, von Rassen zu sprechen, weil Körpergröße und Gewicht der Individuen, aus denen die Spezies besteht, gleichmäßig verteilt sind. Die Gruppen in der Grafik können trotzdem gerechtfertigt sein; sie können etwa Menschen zusammenfassen, die eine Sprache sprechen, einer Religion angehören oder derselben ethnischen Gruppe* angehören, aber sie bilden keine besondere biologische Einheit.

Ist also unsere Spezies eine wie auf der linken Seite der Abbildung, das heißt, besteht sie aus Rassen und ist durch objektiv erkennbare biologische Abgrenzungen eingeteilt, oder entspricht sie dem Schema auf der rechten Seite? Auf den ersten Blick scheint das Problem nicht schwer zu lösen zu sein. Wir müssen doch nur um uns blicken! Jeder wird sofort den Unterschied etwa zwischen einem durchschnittlichen Schweden und einem durchschnittlichen Senegalesen wahrnehmen. Wenn wir fünfzig Schweden und fünfzig Senegalesen zusammenbringen, wird jeder sie nach der Farbe ihrer Haut, ihrer Haare, ihrer Augen auseinandersortieren können. Gut. Diese Art des Vorgehens wird in ihrer verfeinerten Form »typologischer Ansatz« genannt und ist die klassische Methode der Anthropologie des 19. Jahrhunderts. Man definiert einen Idealtyp, der charakteristisch für eine bestimmte Population oder Rasse sein soll, und dann rechnet man alle dazu, die diesem Ideal ähneln.

Der Nachteil des typologischen Ansatzes ist, dass er nicht weit trägt. Schweden und Senegalesen wohnen gewöhnlich jeweils in Schweden oder in Senegal. Zwischen ihnen gibt es keine Grenzlinie, vielmehr liegen tausende Kilometer zwischen ihnen, in denen Millionen von Menschen leben. Um festzustellen, ob es biologische Grenzen gibt – das heißt Linien, entlang deren deutlich biologische Unterschiede auftreten –, muss man benachbarte Populationen miteinander vergleichen. Und da liegt der Hase im Pfeffer. Machen wir es uns also nicht zu einfach und stellen stattdessen aus einer afrikanischen und einer europäischen Gruppe hundert Personen zusammen, die aus allen möglichen Orten zwischen Westafrika und Nordeuropa stammen: Mauretanier, Marokkaner, Andalusier, Katalanen, Sarden, Tessiner, Bayern, Thüringer, Niedersachsen, Dänen und so weiter. In solch einem Fall ist es sehr schwer, sich darauf zu einigen, welches die Grundtypen sind und wer zu welchem Typ gehört. Jeder von uns, der mit demselben Problem konfrontiert wird, also die hundert Individuen in wenige homogene und gut voneinander unterscheidbare Gruppen einteilen soll, wird zu unterschiedlichen Ergebnissen kommen. Dies ist in Experimenten bestätigt worden.

Der typologische Ansatz zeigt also Schwächen, und zwar aus zwei Gründen: weil es nicht nur Weiße und Schwarze gibt, sondern auch viele Farben dazwischen, und weil es unmöglich ist, dass wir uns wegen des Aussehens darauf einigen werden, wer wem ähnelt. Wenn wir die großen Menschengruppen voneinander unterscheiden wollen, brauchen wir eine präzisere und weniger suggestive Methode, und diese darf sich nicht auf das äußere Aussehen stützen, sondern muss wohldefinierte biologische Besonderheiten zur Grundlage machen. Zum Beispiel die DNA. Das war vor 20 Jahren noch schwierig, doch heute ist es möglich. Wenn die Klassifikation nach Rassen sich auf wirkliche biologische Unterschiede stützen kann und wenn man die Rassenunterschiede nutzen will, um Krankheitsrisiken vorherzusehen, muss dreierlei möglich sein: (1) sich auf eine Liste der menschlichen Rassen zu einigen; (2) jede Rasse geographisch einzugrenzen und (3) nachzuweisen, dass jede dieser Rassen durch spezifische Genvarianten bestimmt ist, die es bei den anderen Rassen nicht gibt oder dort wenigstens selten sind.

Die Rassen der anderen

Wenn es so schwer ist, über Menschen zu diskutieren, können wir ja weiter ausholen, wobei wir davon profitieren, dass wir nicht allein im Universum sind. Es gibt noch Millionen anderer Arten, tierische und pflanzliche. Haben diese Spezies innere Strukturen und lassen sie sich gewöhnlich in Rassen einteilen oder nicht? Wir denken dabei sogleich an Rassepferde und Rassehunde. Ein Dobermann hat ein glattes kurzhaariges Fell, ein Afghanischer Windhund ein langhaariges; Doggen sind groß und Pekinesen klein, und so weiter. Folglich hat bei den Hunden derjenige, der zu einer bestimmten Rasse gehört, etwas mit den anderen Angehörigen seiner Rasse gemein (alle Doggen sind groß) und ist biologisch klar abgegrenzt von den Eigenschaften der anderen Rassen (Doggen sind groß und Pekinesen sind klein); die Mayrsche Definition funktioniert. Leider bringt uns auch der Vergleich mit den Hunden (oder den Pferden oder etwa Obstsorten wie Golden Delicious und Renette) nicht viel weiter, denn diese aus künstlicher Züchtung hervorgegangenen Rassen sind alles andere als natürlich. Es handelt sich um Gruppen von Individuen, die seit langer Zeit schon nicht mehr frei wählen konnten, mit wem sie sich reproduzierten. Um Hunde mit besonders langhaarigem Fell zu erzielen, haben die Menschen über viele Generationen hinweg langhaarige Hunde gekreuzt, und mit jeder neuen Generation ist die mittlere Länge der Fellhaare etwas gewachsen, genauso, wie es – allerdings aufgrund natürlicher Ursachen – mit dem Hals der Giraffe geschehen ist. Genauso wird es gemacht, um schnellere oder robustere Pferde zu züchten oder Äpfel, die größer sind oder schöner aussehen. Beim Hund, beim Pferd und bei anderen domestizierten oder gezüchteten Arten hat der Mensch künstliche Rassenunterschiede geschaffen, und er hält sie aufrecht, indem er verhindert, dass sich das Vollblutpferd mit dem Pony mischt.

Im Grunde genommen aber hilft uns der Vergleich mit den Zuchtrassen, etwas anderes zu verstehen. Wie wir gerade gesagt haben, sind Rassehunde und -pferde Tiere, deren Genealogie eine lange Serie von Kreuzungen desselben Typs umfasst. Solche Kreuzungen unter Blutsverwandten haben sehr wohl bewirkt, dass bestimmte Eigenschaften zum gemeinsamen Erbe aller Angehörigen der Rasse geworden sind: lange oder kurze Beine, robuster oder schlanker Körperbau und so weiter. Bei Arten, in denen es Rassen gibt, muss es auf natürliche Weise zu dem gekommen sein, was bei Hunden und Pferden die Menschen bewirken. Anders gesagt: Bei Arten, in denen es Rassen gibt, muss ein evolutiver Faktor dazu geführt haben, dass Gruppen von Individuen in ihnen voneinander getrennt wurden, sodass die eine Rasse sich unabhängig von den anderen weiterentwickelt hat. Infolge dieser reproduktiven Isolation* sind die Angehörigen einer Rasse umso näher untereinander verwandt, je weniger sie es mit den Angehörigen der anderen Rassen sind – so wie es in manchen Familien bestimmte Formen der Nase oder Augenfarben gibt, die sich von den Nasen und Augen anderer Familien unterscheiden.

Also ist unsere biologische Diversität die Folge unserer genealogischen Geschichte. Eineiige Zwillinge sind so gut wie identisch, Eltern und ihre Kinder ähneln einander, weil sie 50 % ihrer Gene, Großeltern und Enkel, weil sie immer noch 25 % davon gemein haben. Was die weitläufigere Verwandtschaft betrifft, so werden wir in unserem Heimatdorf häufig Personen treffen, die uns irgendwie ähneln, was uns seltener passieren wird, wenn wir uns weiter fortbegeben, und so gut wie gar nicht, wenn wir wirklich weit fortgereist sind. Auch diese Ähnlichkeiten sind das Ergebnis unserer Genealogie: Mit den Mitgliedern unserer Herkunftsgemeinde sind wir verhältnismäßig eng verwandt, weniger eng dagegen mit Menschen aus anderen Populationen und gewöhnlich umso weniger, je weiter entfernt diese Populationen leben. Wenn wir sagen, zwei Lebewesen ähneln sich genetisch, heißt das also oft (nicht immer) auch, dass beide ziemlich rezente gemeinsame Vorfahren haben, also solche, die erst vor wenigen Generationen gelebt haben; wenn wir dagegen sagen, dass sie sich nicht ähneln, bedeutet das, dass diese gemeinsamen Vorfahren weniger rezent sind; aber auch Lebewesen, die sich anscheinend überhaupt nicht ähnlich sehen, wie wir und das Virus, das uns einen Schnupfen beschert, übersetzen nach demselben Code die in ihrer DNA enthaltene Information in Proteine und damit Informationen von einem gemeinsamen Vorfahren, den auch sie haben – einem Lebewesen, das wir uns nur schwer vorstellen können, das aber vor etwa vier Milliarden Jahren gelebt haben muss.

Aber sehen wir uns doch einmal an, wie sich bei anderen Arten die Diversität verteilt. Ich will drei Beispiele geben: den Geparden, eine Krustazee namens *Euphausia superba*, die gemeinhin unter der Bezeichnung Krill bekannt ist, und die Pyrenäenschnecke *Cepaea nemoralis*. Geparden ähneln sich untereinander sehr. In einer ersten Studie aus den 1980er Jahren fanden O'Brien und Mitarbeiter:innen heraus, dass ihre Geparden 47 von 59 Genen gemeinsam hatten und nur in zwei Genen unterschiedliche Allele – folglich besaßen sie nur eine sehr geringe Variabilität. Dieselbe Forschergruppe publizierte 2015 das komplette Genom eines namibischen Geparden mit dem exotischen Namen Chewbaaka; sie war zu dem Ergebnis gelangt, dass die von Mutter und Vater ererbten Gene zu 95 % identisch waren. Zum Vergleich: Bei der Hauskatze sind 24 % der Chromosomenkopien identisch, und beim Gorilla, einer wegen seiner geringen verbliebenen Variabilität des Erbguts notorisch gefährdeten Art, sind es 78 %. Geparden sind also alle eng miteinander verwandt. Das ist keineswegs eine Besonderheit von Katzenartigen: Außer der eben genannten Hauskatze sind auch Leoparden und Löwen untereinander viel verschiedener. Die Experten für die Erhaltung der Tierwelt sagen uns, dass diese Situation nur mit der Annahme zu erklären ist, dass die Geparden vor ein paar tausend Jahren beinahe ausgestorben waren. Es können nur wenige überlebt haben, die sich dann wieder vermehrten, indem sich Geschwister kreuzten, wobei sie über Generationen hinweg immer die gleichen DNA-Abschnitte austauschten. Daher ist es keine Metapher, wenn wir sagen, sie gehörten alle zur selben Familie, sondern eine ziemlich genaue Beschreibung ihrer genetischen (Nicht-)Diversität.

Dass es beim Menschen nicht so aussieht wie bei den Geparden, haben wir von der ersten Seite an gesagt; allerdings sind wir keineswegs die variantenreichste Spezies. Bei der Fruchtfliege finden wir deutlich größere Unterschiede, und ebenfalls bei den Schimpansen, das heißt, bei der uns am nächsten stehenden Art. Doch es gibt keinen Zweifel daran, dass unter den 7 Milliarden Menschen nicht solch enge genetische Beziehungen bestehen wie zwischen den Geparden. Und was wäre, wenn wir wie der Krill wären? Krill ist ein kleines Krebstier von großer kommerzieller Bedeutung, weil das Plankton, von dem sich viele Meerestiere, darunter Wale, ernähren, zu einem großen Teil aus Krill besteht. In den Krillpopulationen der Antarktis findet sich eine große genetische Variabilität. Von vielen untersuchten Genen gibt es in verschiedenen Individuen unterschiedliche Varianten: verschiedene Allele. Doch selbst wenn man tausende Kilometer voneinander entfernte Populationen untersucht, sind diese Allele mit derselben Häufigkeit vertreten. Jede Population hat dieselbe Zusammensetzung wie alle anderen, und zwar so deutlich, dass man von einer einzigen Population im gesamten antarktischen Ozean spricht. Das heißt: Krill ist genetisch vielfältig, doch in seiner Variabilität lassen sich keine Rassen erkennen. Das ist der auf der rechten Hälfte von Abbildung 2 beschriebene Fall.

Es gibt aber auch Arten, deren Diversität der auf der linken Seite von Abbildung 2 beschriebenen Situation entspricht, zum Beispiel die Pyrenäenschnecke. Auch die Pyrenäenschnecken sind genetisch unterschiedlich, doch anders als beim Krill gibt es deutliche geographische Differenzen, je nach Gebirgstal. Wenn ein Experte die Allele nur weniger Gene einer Schnecke untersucht, kann er mit großer Präzision sagen, aus welchem Tal sie kommt. Bei der Pyrenäenschnecke gibt es also eine große genetische Variabilität, wie beim Krill, doch anders als beim Krill gibt es hier gut unterscheidbare Rassen, eine für jedes Tal.

Rassen entstehen, wenn Populationen isoliert bleiben

Wir sind also anders als die Geparden, aber wir könnten dem Krill ähneln oder den Pyrenäenschnecken oder irgendetwas dazwischen. Während wir darauf warten, das genauer herauszufinden, können wir aber schon einmal ein anderes Charakteristikum der beiden Spezies genauer betrachten. Krill ist viel unterwegs, getrieben von den Meeresströmungen. Man hat ausgerechnet, dass eine dieser kleinen Krustazeen im Laufe ihres reproduktiven

Lebens locker um die gesamte Antarktis herumkommt, sich also so gut wie überall reproduzieren kann. Ihre große Mobilität bietet ihr viele Möglichkeiten, sich mit Partnern ganz anderer Herkunft zu paaren. Schnecken bewegen sich dagegen, das weiß jedes Kind, recht langsam und nicht sehr weit fort. Sie wechseln nur mit Mühe ihren Standort, und – als sei das noch nicht genug – in den Pyrenäen halten die Berge sie auf Abstand voneinander, isoliert von anderen Populationen. Unter diesen Umständen kreuzen sich diese Schnecken nur mit den Angehörigen ihrer eigenen Gruppe, und ihre Kinder paaren sich untereinander. Das heißt, diese Schnecken befinden sich natürlicherweise in einer ähnlichen Situation wie Rassehunde, während die natürlichen Gegebenheiten beim Krill umgekehrt sind: keine Barrieren, viel Mobilität. Isolation und Mobilität sind also die beiden Faktoren, die mit entgegengesetzten Wirkungen bestimmen, ob eine Spezies in Rassen zerfällt oder nicht. Isolation kann geographischen oder klimatischen Faktoren oder Eingriffen des Menschen geschuldet sein. Mobilität kann von den Eigenschaften der Spezies selbst abhängen, von dem Fehlen von Barrieren innerhalb des Gebiets, in dem die Spezies lebt, oder von äußeren Faktoren wie im Fall des Krills den Meeresströmungen. Isolation begünstigt die Entstehung unterschiedlicher Rassen (und auf lange Sicht die neuer Arten), und das Gegenteil ist bei Mobilität und dem Genaustausch zwischen Populationen der Fall.

Für den Augenblick können wir hier innehalten, bevor wir etwas besser verstehen lernen, wie unsere genetische Vielfalt zustande kommt. Doch was wir bereits gesagt haben, erlaubt uns, etwas genauer zu bestimmen, was eine Rasse ist. Unter der Bedingung wechselseitiger Isolation beginnen zwei Populationen derselben Spezies, immer mehr Unterschiede zu akkumulieren. Mutationen, zu denen es in der einen kommt, sind andere als die in der anderen. Wenn es keinen Austausch gibt, wenn sich Individuen der beiden Populationen nicht mehr begegnen (weil sie durch einen

Meeresarm oder eine Gebirgskette getrennt sind), werden beide Populationen nach einer Weile unterschiedliche Allele haben oder dieselben Allele mit unterschiedlicher Häufigkeit. Es bilden sich so zwei genetisch unterschiedliche Gruppen heraus, das heißt – nach der Definition, an die wir uns halten –, zwei unterschiedliche Rassen. Wenn die Isolation noch länger dauert, wachsen auch die Unterschiede zwischen den Rassen, bis zu dem Punkt, an dem sie unterschiedliche Arten sind. Sobald es so weit gekommen ist, können zwei Mitglieder beider Gruppen, wenn sie einander begegnen, sich nicht mehr so reproduzieren, dass sie fruchtbare Nachkommen haben; sie sind dann wie Pferd und Esel. In einigen Jahrhunderten werden wir in den Pyrenäen, wenn es so weitergeht wie in der Vergangenheit, viele verschiedene Schneckenarten haben. Rasse ist also ein Zwischenstadium bei der Entstehung einer neuen Art, und wenn wir untersuchen, ob eine Spezies Rassen enthält, untersuchen wir auch, ob ihre Angehörigen auf lange Sicht eine neue Art begründen werden.

Zurück zu uns selbst, nachdem wir einigermaßen verstanden haben, was eine Rasse ist. Sind wir wie die Spezies auf der rechten Seite von Abbildung 2 oder wie die auf der linken Seite, das heißt wie der Krill oder wie die Pyrenäenschnecke? Und wenn wir wie die Pyrenäenschnecke sind, wie viele Rassen gibt es innerhalb der Spezies Mensch? Wir werden sehen, dass eine Antwort auf diese scheinbar einfachen Fragen nicht so leicht zu finden ist, trotz inzwischen jahrhundertelanger Bemühungen.

Der Titel dieses Kapitels knüpft an eine Erzählung von Raymond Carver an.

Das Forum der *New York Times* zu dem Ursprung der Menschheit existiert nicht mehr, und das ist schade, weil es erlaubte, sich eine Vorstellung davon zu machen, in welchem Ton die Debatte geführt wurde (leidenschaftlich) und auf welchem Niveau (niedrig und oft noch niedriger). Ohne Vergleiche ziehen zu wollen: Eine bescheidene italienische Version findet sich im Anhang eines Interviews, das ich gegeben habe und das am 28. Januar 2018 in der Online-Ausgabe von *Fatto Quotidiano* erschienen ist: https://www.ilfattoquotidiano.it/2018/01/28/razzismo-genetista-la-razza-bianca-senza-immigrazione-gli-europei-avrebbero-la-pelle-scura/4118255/.

Eine sehr breite Darstellung des Konzepts von Rasse und seines wechselvollen Schicksals findet sich auf Wikipedia: http://en.wikipedia.org/wiki/Races.

Das *New England Journal of Medicine* hat im März 2003, ein Editorial und zwei Artikel über »Rasse« veröffentlicht, die sehr unterschiedliche Einstellungen offenbaren. Die Artikel, die ich zitiert habe, sind: R.S. Cooper, J.S. Kaufman, R. Ward, »Race and genomics«, in; *New England Journal of Medicine* 348, 2003, S. 1166-1170, und E. Gonzalez-Burchard et al.,»The importance of race and ethnic background in biomedical research and clinical practice«, in: *New England Journal of Medicine* 348, 2003, S. 1170-1175.

Das Programm *Race: The Power of an Illusion* wurde 2003 vom amerikanischen Sender PBS ausgestrahlt.

Das Buch *Race: The Reality of Human Differences*, von Vincent Sarich und Frank Miele ist 2004 in Boulder, Col. erschienen.

Ernst Mayrs *Systematics and the Origin of Species*, New York 1947(3), dem ich die Definition von Rasse entnommen habe, ist ein Klassiker. Fast alle Texte zur biologischen Anthropologie, die vor 1960 erschienen sind, enthalten Definitionen für Rasse; die neueren jedoch setzen den Begriff in Anführungszeichen, und in den neuesten ist er ganz verschwunden. Er findet sich aber wieder auf S. 534 von E. Vogel, A.G. Motulsky, *Human Genetics: Problems and Approaches*, Berlin–Heidelberg–New York 1986 und auf S. 348 von Fiorenzo Facchini, *Evoluzione, uomo e ambiente*, Turin 1988.

Eine experimentalpsychologische Untersuchung darüber, wie unterschiedliche Amerikaner dieselben Individuen verschiedenen Rassen zuordnen, ist: L.A. Zebrowitz, J.M. Montepare, H.K. Lee, »They don't all look alike: individuated impressions of other racial groups«, in: *Journal of Personal and Social Psychology* 65, 1993, S. 85-101.

Die Arbeiten der Gruppe um Stephen O'Brien über die genetische Variabilität von Geparden finden sich in: S.J. O'Brien et al., »East African cheetahs: Evidence for two population bottlenecks?«, in: *Proceedings of the National Academy of Sciences USA* 84, 1987, S. 508-511, sowie P. Dobrynin et al., »Genomic legacy of the African cheetah, Acinonyx jubatus«, in: *Genome Biology* 16, 2015, S. 277. Über den Krill kann man nachlesen bei: S.E. Fevolden, R. Schneppenheim, »Genetic homogeneity of krill (Euphausia superba Dana) in the Southern Ocean«, in: *Polar Biology* 9, 1989, S. 533-539, und neuerdings bei E. Bortolotto et al., »Gone with the currents: lack of genetic differentiation at the circum-continental scale in the Antarctic krill Euphausia superba«, in: *BMC Genetics* 12, 2011, S. 32.

Um die genetischen Unterschiede bei Pyrenäenschnecken geht es bei: H. Ochman, J.S. Jones, R.K. Selander, »Molecular effects in Cepaea«, in: *Proceedings of the National Academy of Sciences USA* 80, 1983, S. 4189-4193.

Der Vergleich zwischen der genetischen Variabilität in unserer Spezies und bei den Schimpansen findet sich bei H. Kaessmann et al., »Great ape DNA sequences reveal a reduced diversity and an expansion in humans«, in: *Nature Genetics* 27, 2001, S.155-156, und neuerdings in einer Untersuchung, an der auch ich mitgearbeitet habe: M. de Manuel et al., »Chimpanzee genomic diversity reveals ancient admixture with bonobos«, in: *Science* 354, 2016, S. 77-481.

Zu den Genomen von Hunden s. A.H. Freedman et al., »Demographically-based evaluation of genomic regions under selection in domestic dogs«, in: *PLoS Genetics* 12, 2016, e1005851.

5. Kapitel

Menschenkataloge

Worin wir feststellen, dass es nicht nur einen Katalog der Menschenrassen gibt, sondern viele, sogar sehr viele

Als wir mit dem Fernbus in dem birmanischen Städtchen Kalaw ankamen, bemerkte mein kanadischer Freund Dov Soberman, dass gerade ein Fußballspiel im Gang war, und schlug vor, es anzusehen. Sobald wir auf den Stufen für die Zuschauer anlangten, achtete niemand mehr auf das Spiel. Das Publikum bestand aus wenigstens hundert Personen, und alle, bisweilen auch die Spieler und der Schiedsrichter, guckten zu uns herüber. Es fielen mehrere Tore, ohne dass dies auf besonderes Interesse gestoßen wäre, und ich glaube noch heute, dass sogar die Torwarte sich ein Vergnügen daraus machten, ab und an zu uns herüberzuschielen. Die zwei Fremden – die von wer weiß woher kamen – mit ihren bleichen Gesichtern und bunten Windjacken waren interessanter als ein banales Fußballspiel.

Die ersten Versuche

Menschen, die anders aussehen als wir, machen uns neugierig, in allen Breiten, und es ist lehrreich, ab und an Gegenstand der Neugier statt selbst neugierig zu sein. Die Wissenschaft ist eine Frucht der Neugier, und deshalb brauchen wir uns nicht zu wundern, dass viele Wissenschaftler ihre Zeit damit zugebracht haben, über die menschliche Vielfalt nachzudenken und sie zu katalogisieren. Die Anfänge dieser Studien verlieren sich im Nebel der Vergangenheit, und in Wirklichkeit wissen wir gar nicht, was das Wort »Rasse« eigentlich bedeutet. Es wird unbewiesenermaßen behauptet, das Wort komme vom italienischen *radice* (Wurzel) und sei vom Italienischen ins Französische und dann ins Deutsche und Englische gewandert. Andere führen das Wort auf das arabische *ras* zurück, was gewöhnlich »Kopf« bedeutet, manchmal aber auch »Herkunftsgeschlecht«. Über die Etymologie von »Rasse« haben zwei berühmte Philologen gestritten, Walther von Wartburg und der Italiener Gianfranco Contini. Der Erstere glaubte, das Wort komme vom lateinischen *ratio*, was auch »Ursprung« bedeutet, doch Contini konnte auf mittelalterliche Texte verweisen, in denen das französische *haraz* für Pferdezucht im Italienischen mit *razza* übersetzt war; außerdem hießen im mittelalterlichen Latein die Zuchtställe für die Pferde, die die Anjou im Königreich Sizilien eingeführt hatten, *aracie*, ein Wort, aus dem in der italienischen Volkssprache *razze* werden sollte. Ebenfalls ist es nicht leicht festzustellen, was der erste Versuch war, die Menschheit als Katalog unterschiedlicher Rassen zu beschreiben. Mit der Bibel können wir sie als Nachkommen der drei Söhne von Noah einteilen: von Sem (die Vorderasiaten), von Ham (die Afrikaner) und von Japhet (die Europäer). Oder wir betrachten vom ägyptischen Totenbuch inspirierten Grabschmuck aus der Zeit vor etwa 3100 Jahren. Unter den Toten, die darauf warten, ins Jenseits zu gelangen, entdecken Experten die typischen Züge von vier Menschengruppen, die sich als Ägypter, Vorderasiaten, Libyer und Nubier identifizieren lassen.

Auch wenn sie keine systematische Klassifikation der Menschheit vornahmen, stellen aufmerksamere Beobachter unterschiedliche Merkmale bei unterschiedlichen Völkerschaften fest. Bei der Betrachtung der Gefallenen nach der Schlacht von Pelusium, bei der das persische Heer des Kambyses die Ägypter unter Psammetich geschlagen hatte, zeigt sich Herodot erstaunt von der Zerbrechlichkeit der persischen Schädel im Vergleich zu den ägyptischen: Um erstere zu zertrümmern, habe ein einziger Steinwurf genügt, bei letzteren habe es dafür mehrere bedurft, schreibt er.

Herodot versucht sich an einer Erklärung, die heute nicht mehr überzeugt, aber doch von dem Bemühen zeugt, unsere physischen Merkmale mit Umwelteinflüssen zu verbinden: Die Ägypter rasieren sich schon von Kindheit an den Schädel, und so kann die Sonne ihren Schädel kräftigen; die Perser hingegen lassen ihren Kopf nicht nur ungeschoren, sondern setzen sich auch Filzhüte auf, und das führt dazu, so Herodot, dass sie zarte und zerbrechliche Schädelknochen haben.

Der erste ernsthafte Versuch systematischer Klassifikation nicht nur der Menschen, sondern der Organismen insgesamt geht auf Aristoteles zurück, der uns allerdings kein vollständiges Schema aller bekannten Tiere und Pflanzen hinterlassen hat, sondern nur eine Reihe allgemeiner Prinzipien. Wichtig dabei ist der Gedanke, dass man von unten anfangen soll, von den Individuen, um sie dann in Arten und diese in höheren Kategorien zusammenzufassen, um schließlich zu einer allgemeinen Gattung zu gelangen, die sie alle umschließt. Am Ende des 17. Jahrhunderts definiert der englische Gelehrte John Ray die Spezies auf der Grundlage der Gleichförmigkeit der ererbten Formen. 1684 veröffentlicht François Bernier ein Buch mit dem Titel *Nouvelle division de la terre par les différents espèces ou races qui l'habitent*, worin er die Ansicht äußert, es gebe vier menschliche Rassen. Berniers Rassenliste ist die erste, die mir bekannt ist, doch der Autor ist ein Reisender, kein Gelehrter, und versteht sich auf vielerlei. Erst mit dem *Systema naturae* des schwedischen Gelehrten Carl von Linné im 18. Jahrhundert beginnt die moderne wissenschaftliche Systematik. In den dreizehn Auflagen seines Buchs konstruiert Linné einen allgemeinen Katalog der Lebewesen, der Tiere und Pflanzen umfasst (und nicht nur diese: das Linnésche System enthält auch die Mineralien), und begründet damit eine neue Wissenschaft, die Taxonomie*.

Die Taxonomen vergleichen seit Linné die Anatomie, die Physiologie und heute auch die Gene der verschiedenen Organismen.

Auf der Grundlage dieser Vergleiche geben sie den Arten Namen und ordnen sie Gattungen zu, die wiederum zu Familien, Ordnungen, Klassen, Stämmen und schließlich zu den großen Reichen der Natur zusammengefasst werden. Die gewöhnlich benutzten wissenschaftlichen Namen bestehen aus der Gattung (die mit einem Großbuchstaben beginnt) und der Art. Wir sind *Homo sapiens*, die einzige lebende Art der Gattung *Homo*. Zusammen mit den Gorillas (*Gorilla gorilla*), den Schimpansen (*Pan troglogytes*), den Zwergschimpansen oder besser Bonobos (*Pan paniscus*) und den Orang-Utans (*Pongo pygmaeus*) bilden wir die Familie der Hominiden, die zur Ordnung der Primaten, zur Klasse der Säugetiere, zum Stamm der Chordatiere und zum Reich der Eukarioten, gehören, also zu den Organismen, deren Zellen einen Zellkern besitzen. (Im Unterschied zu dem, was wir noch in der Schule gelernt haben, gibt es offenbar drei und nicht bloß zwei Reiche der Lebewesen; die Eukarioten, die die mehrzelligen Pflanzen und Tiere umfassen, und davon getrennt die beiden Reiche der Bakterien, das der Eubakterien und das der Archaeobakterien.) Unterhalb der Art oder Spezies gibt es Unterarten oder Rassen.

Zur Zeit Linnés hat das Wort Rasse noch keine präzise Bedeutung. Buffon und in vielen Passagen auch Darwin sprechen unterschiedslos von Rasse oder Spezies, um eine Gruppe von Organismen zu bezeichnen, die sich in irgendeiner Weise von anderen unterscheiden lassen. Manche Leute benutzen damals Rasse als Synonym für Nationalität, doch es gibt bereits die Vorstellung, dass es Unterarten oder geographische Varietäten gibt, und von einem bestimmten Moment an werden diese dann Rassen genannt. Nach Bernasconi verdankt sich die klare Unterscheidung zwischen Rasse und Spezies Kant und taucht bei ihm zuerst im Jahr 1775 auf. Doch bereits in der Ausgabe seines *Systema Naturae* von 1758 ordnet Linné den Menschen bei den Primaten ein – eine Zuordnung, für die seltsamerweise vor allem Darwin beschimpft wurde, der zu dem Zeitpunkt noch nicht einmal geboren war – und schlägt eine Klassifikation der Menschheit in sechs Rassen vor, die er Varietäten nennt: die amerikanische, die europäische, die asiatische, die afrikanische, die wilde und die monströse. Letztere umfasst Fälle ererbter Missbildungen, und die vorletzte steht, auch wenn es seltsam klingt, für lobenswerte wissenschaftliche Sorgfalt. Im 18. Jahrhundert fehlt es nicht an Beschreibungen bizarrer Wesen, wovon es noch ein Echo in Italo Calvinos *Der Baron auf den Bäumen* gibt: Waldmenschen, Affenmenschen, Bärmenschen – es geht nicht ganz so weit wie bis zu den Zentauren, aber es fehlt dazu nur wenig. Linné kann nicht alle Informationen kontrollieren, die er für sein gewaltiges Werk sammelt, und folglich registriert er sorgfältig, was er liest. Die Zeit sollte ihm unrecht geben, aber unser Urteil darüber darf nicht zu streng sein, denn so funktioniert Wissenschaft. Sieht man einmal von den Wilden und den Monströsen ab, beruht seine Beschreibung der vier Hauptrassen auf der Hautfarbe: rot, gelb, schwarz und weiß. Doch sie hat auch psychologische Implikationen: Die amerikanischen Ureinwohner werden beschrieben als starrsinnig, freiheitsliebend und von Traditionen beherrscht. Die Asiaten sind trübsinnig, hinterhältig und von ihren Meinungen beherrscht. Die Afrikaner sind nachlässig, passiv, betrügerisch und von ihren Impulsen beherrscht. Die Europäer sind intelligent, zielstrebig und von Gesetzen beherrscht. Von Anfang an also bemüht sich die Rassenklassifikation um einen festen Platz in der Biologie und greift zugleich auf das Gebiet der Gruppenpsychologie über, mit der Tendenz, eine Hierarchie von Werten zu errichten, innerhalb derer die Europäer stets gut – ja, sehr gut davonkommen. Die späteren Systeme werden diese Tendenz bestätigen.

Linné teilt unsere Spezies in Varietäten entsprechend vier Kontinenten ein. Ozeanien fehlt bei ihm noch, doch der bedeutende Naturforscher Johann Friedrich Blumenbach wird auch sie berücksichtigen. Blumenbach, der sich einer recht phantasievollen Terminologie bedient – er nennt die Afrikaner Äthiopier, die

Australier Malaien und erfindet die Bestimmung »Kaukasier« für die Europäer und die Bewohner Westasiens – sieht die Welt im Wesentlichen in fünf Teile geteilt, mit einer klaren Zuordnung der Erdteile zu den Menschentypen, die dort wohnen. Diese Zuordnung ist unveränderbar: Jeder gehört von Geburt an zu einer Rasse und kann das nicht mehr ändern.

Eine kleine Abschweifung: Der Begriff »Kaukasier« hat eine seltsame Geschichte. Blumenbach benutzt im Grunde genommen ein ästhetisches Kriterium, um seine Rassen zu definieren. Ihm steht die Schädelsammlung der Göttinger Universität zur Verfügung, und es kommt ihm ganz selbstverständlich vor, dass die schönsten Schädel alle Europäern gehören, die weniger schönen den Indianern Amerikas und den Asiaten und die entschieden hässlichen den Australiern und (natürlich) den Afrikanern. Von da ist es nur ein kurzer Schritt zu der Annahme, dass die anfangs perfekte Menschheit durch aufeinanderfolgende Degenerationsprozesse nach und nach immer hässlichere Rassen habe entstehen lassen – auch wenn Blumenbach nicht, wie es seine Landsleute im 20. Jahrhundert tun werden, von höheren und niederen Rassen spricht. Und unter den schönen Europäerschädeln kommt der schönste aus Georgien, was nach Blumenbach darauf hinweisen könnte, dass die Europäer aus dem Kaukasus stammen. Es ist purer Zufall, aber in bestimmter Hinsicht hat Blumenbach vielleicht recht gehabt. Neuere genetische Studien, von denen im 9. Kapitel die Rede sein wird, geben Anlass zu der Annahme, dass zwar nicht die europäische Rasse (die es nie gegeben hat), wohl aber die Weißhäutigen tatsächlich aus dem Kaukasus gekommen sind. Sie sind vor gar nicht so langer Zeit über den Vorderen Orient in ein Europa eingewandert, wo die Hautfarbe bis dahin – jawohl! – schwarz war. Aber zurück zum Thema.

Wie wir im 3. Kapitel gesehen haben, ist *Typus* ein wichtiger Begriff in diesem Zusammenhang. Auch wenn das Klassifizieren eine aristotelische Betätigung ist, sind Blumenbach und seine

Nachfolger eigentlich Platoniker. Sie sehen in der Menschheit das Echo von einigen wenigen Idealtypen, denen die wirklichen Individuen verschieden nahekommen. Ziel der Anthropologie ist es für sie, diese Typen zu bestimmen, um so zu einer befriedigenden Beschreibung der gesamten Menschheit zu gelangen, die auf diese Weise zwangsläufig in voneinander unterschiedene Einheiten zerfällt, weil auch die Merkmale der Idealtypen unterschiedlich sind. Mit anderen Worten, es gilt als gegeben, dass die Menschheit wie auf der linken Seite von Abbildung 2 dargestellt werden kann.

Vor Blumenbach schlägt Buffon ein System von sechs Rassen vor, in dem die Lappen von den anderen Europäern unterschieden werden.

Ein paar Jahrzehnte später wird Cuvier anregen, die Zahl auf drei zu begrenzen – Weiße, Schwarze und Gelbe –, und Darwins Freund Thomas Huxley auf vier. Huxley definiert die Europäer als »xanthochroid«, das heißt blondhaarig, und schreibt die dunkleren Haare der Mittelmeeranrainer ihrer Vermischung mit Afrikanern zu. Für Huxley spielen Rassen kaum eine Rolle, denn sein Beitrag zu diesem Thema steht lediglich auf drei Seiten in einer unvollendeten Bibliographie. Doch mit dem Auftreten dieser großen Namen der vergleichenden Anatomie und der Evolutionstheorie tauchen auch die ersten methodologischen Vorbehalte auf. Es wächst das Bewusstsein, dass Rassen nicht einfach evident sind, dass man mehr als nur ein einziges Merkmal untersuchen muss, um sie kennenzulernen, und dass es eine allgemein akzeptierte Methodologie für ihre Erforschung geben muss. Angefangen mit Blumenbach wird man sich im Laufe des 19. Jahrhunderts vor allem mit der Morphologie des Schädels befassen. Es entstehen Sammlungen von Schädeln aus aller Welt, es werden Instrumente zu ihrer Vermessung entwickelt, und mit Paul Broca erreicht die Schädelforschung eine gewisse Reife, lässt den Kreationismus hinter sich und wendet sich der Evolutionstheorie zu. Broca und Francis Galton führen quantitative Methoden ein, die den Akzent von der einfachen Einteilung nach Typen zur statistischen Analyse der Merkmale in der jeweiligen Bevölkerung verschieben.

Paul Broca war vielleicht der Erste, dem ein Problem bewusst wurde, mit dem sich Rassenstudien hinfort auf Dauer herumschlagen mussten (wenn sie nicht vorzogen, es zu ignorieren). Wir haben gesagt, dass es nicht schwer ist, unterschiedliche menschliche Typen festzustellen, also etwa einen typischen Schweden von einem typischen Senegalesen zu unterscheiden. Das Problem ist, dass nicht alle Senegalesen oder Schweden dieselbe Hautfarbe und dieselbe Schädelform haben und gleichermaßen gut ihren Idealtyp vertreten. Jede Population ist variabel, niemand entspricht perfekt dem Idealtyp, und viele neigen dazu, in dem einen oder dem anderen Aspekt anderen Typen zu gleichen. Blumenbach, ein ernsthafter Gelehrter, hatte dies bereits bemerkt und in seiner Doktorarbeit geschrieben: »Die unendlich vielfältigen Formen des Menschen verschmelzen miteinander in unbemerkbaren Schattierungen«, auch wenn er dann zu dem Ergebnis kam, dass man sich doch wohl auf fünf Rassen werde einigen können. Die ersten Klassifikationen gingen von der Hautfarbe und von einigen wenigen Aspekten der Anatomie aus; bei Broca konzentriert sich die Aufmerksamkeit auf die Kraniometrie, auf die Abmessungen des Schädels, insbesondere auf das Verhältnis zwischen der Länge und der Breite der Schädel, was zu der berühmten Klassifikation nach »dolichocephal«* (langschädlig) und »brachycephal«* (kurzschädlig) führte. Doch auch hier musste man mit ein paar Berechnungen zu dem Schluss gelangen, dass es innerhalb der vorgeschlagenen Rassen erhebliche Unterschiede gab. Es gab davon sogar so viele, dass in vielen Fällen Angehörige verschiedener Rassen einander ähnlicher waren als Angehörige ihrer eigenen Rasse. Broca bemerkt dies und gibt es zu. Es gibt da offenbar ein Problem.

So viele Rassen

Mehr als ein Jahrhundert lang reagieren die Anthropologen auf diese Schwierigkeit, indem sie neue Begriffe für neue Rassen prägen. Die großen Forschungsreisen bringen die europäischen und nordamerikanischen Forscher in Kontakt mit bis dahin unbekannten Populationen, deren Merkmale oft quer zu denen der zuvor beschriebenen Rassen stehen. Wenn es unmöglich wird, allzu unterschiedliche Menschen in derselben Rasse zu vereinen, wird eine neue Rasse aus der Taufe gehoben, doch schon bald stellt sich das Problem von Neuem ein, und es wird nötig, sich eine neue Rasse auszudenken und dann noch eine. So steigt die Zahl der Rassen mit den Jahren.

Deniker zählt 1900 bereits 29, davon sechs europäische; von Eickstedt, einer der führenden Rasseforscher der Nazizeit, erreicht 1937 bereits 38. Für die Weltausstellung von 1933 bestellt das *Field Museum of Natural History* in Chicago bei der Bildhauerin Malvina Hoffmann lebensgroße Statuen, die alle Rassen der Menschheit darstellen sollen. In Begleitung der Anthropologen des Museums bricht Hoffmann, um ihre Modelle zu finden, zu einer Reise um die ganze Welt auf und realisiert schließlich 104 Figuren in Bronze und Marmor. Nach Molnar drängen sich in einigen Systemen des 20. Jahrhunderts bis zu 200 Rassen.

Dieses zahlenmäßige Wachstum muss einfach zur Verwirrung führen. Die drei Rassen Cuviers gaben viele Probleme auf, doch man kann nicht behaupten, dass sie kompliziert waren: Weiße, Schwarze und Gelbe. Wenn man die Existenz dutzender Rassen annimmt, wie Deniker und von Eickstedt, muss man sie in erheblich komplexeren Termini definieren, zum Beispiel so: »von brauner Hautfarbe, Kraushaar, mesocephal, Nase etwas breit« (das wären die Australoiden), aber was ist, wenn man unter ihnen ein Individuum mit einer übermäßig breiten Nase antrifft? Kurz, in dem Maße, wie man die menschliche Spezies in Rassen unterteilt, wird es unvermeidlich, die ganze Sache mit weiteren Kriterien neu zu organisieren. In dieser Situation taucht die Idee auf, dass nicht alle Rassen gleich gewichtig sind: Es gebe vielmehr große und kleine Rassen, wobei unter den großen Rassen drei oder vier Hauptgruppierungen zu verstehen seien (Europäer, Asiaten und Afrikaner sind immer dabei, manchmal erreichen auch die Australier diesen Status) und unter den kleinen alle anderen, die normalerweise, aber nicht immer in den großen enthalten sind.

Von Eickstedt steigert dies zu einem äußersten Niveau von hierarchischer Komplexität, indem er seine Rassen in Hauptrassen unterteilt, von denen es für ihn drei gibt, innerhalb deren es sekundäre Rassen gibt, Sonderrassen und Zwischenformen, die das Ergebnis der Hybridisation, also der Vermischung von Populationen verschiedener Rassen sind; er kommt auf insgesamt 38 solcher Unterarten. Die Mittelmeeranrainer heißen bei ihm *Homo sapiens pelagius*, die Alpenbewohner *Homo sapiens alpinus* und die Angehörigen der Khoisan-Sprachgruppe in Südwestafrika – die Buschleute und Hottentotten – werden seltsamerweise zu den Mongoloiden gezählt und erhalten den Namen *Homo sapiens hottentotus*. (Kleine Abschweifung: Wie wir letztere Gruppen nennen sollten, ist heute nicht ganz unproblematisch, denn die Gemeinschaft der Buschmänner oder – moderner – der Buschleute, kennt in ihrer eigenen Sprache keinen Namen, mit dem sie sich selbst bezeichnet. »Buschmänner« ist eine abschätzige Bezeichnung, die die europäischen Kolonisten eingeführt haben, um die Wesen zu bezeichnen, die sie für Untermenschen hielten und die umgebracht werden konnten, ohne dass dies eine Todsünde bedeutete. Das Wort »Khoisan« fasst die linguistischen Gruppen der San zusammen, das heißt, die »Buschmänner« und die Khoikhoi (also die »Hottentotten«) – zwei Sprachgruppen, die als gemeinsames Merkmal trockene, weder vokalartige noch konsonantartige Laute haben, die die Linguisten als Klicklaute bezeichnen. Doch auch »San« ist eine Bezeichnung, die abfällig gebraucht wird, und zwar so sehr, dass manche San es bevorzugen, »Buschmänner« genannt zu werden. Wir werden sie von jetzt an Khoisan nennen.)

Wenn wir nun 38 Unterarten betrachten, werden die Grenzen zwischen der einen hierarchischen Schicht und der nächsten und damit zwischen einer Rasse und der anderen uneindeutig und zuweilen kaum noch wahrnehmbar. Versuchen wir nur einmal, ein thematisches Kriterium zu finden, das uns erlaubt, die Fotos, die unseren Lebenslauf wiedergeben, auf 38 Fotoalben zu verteilen und dann ohne Weiteres das Gesuchte zu finden. Bei der Suche nach Merkmalen, die uns erlauben sollen, eine Rasse von der anderen zu unterscheiden und endlich zu einem allgemein akzeptierten Katalog zu gelangen, hat es auch einige exzentrische Ideen gegeben. Ein englischer Ethnologe, A.C. Haddon, schlug 1909 vor, von der Form der Haare auszugehen. Die Hauptrassen seien die Ulotrichi (Kraushaarigen), die in zwei Unterrassen zerfallen, eine östliche und die der Afrikaner, die Cimotrichi und die Leiotrichi (die beiden letzteren unterteilt er jeweils wieder in drei Unterrassen, je nachdem, ob ihre Kopfform brachycephal, mesocephal oder dolichocephal (kurz, mittel oder lang) ist. Da die britischen Kolonialherren sehr verblüfft darüber waren, dass es auf den Andamaneninseln kleingewachsene Menschen gab (einer von ihnen spielt auch eine wichtige Rolle in einem Abenteuer von Sherlock Holmes: *Das Zeichen der Vier*) betrachteten sie die Andamanen oft als eigene Rasse.

Zu viele Rassen

Neben diesen Versuchen, die, so bizarr sie auch wirken, sich doch von Kriterien leiten ließen, die auf die Wissenschaft zurückzuführen waren, gibt es auch Ideen, die nur wenig mit Wissenschaft zu tun haben. Wenigstens eine davon sei hier erwähnt: Ende des 19. Jahrhunderts gelangt der Anthropologe Gustav Fritsch zu dem Schluss, es gebe protomorphe oder primitive Rassen, archimorphe oder Herrenrassen und metamorphe oder gemischte Rassen. Die archimorphen Rassen – sieben negroide, sechs mongoloide und drei kaukasoide – hätten einen entwickelten Migrationsinstinkt. Ihr Nomadentum habe dazu geführt, dass sie weite Teile der Erde kolonisiert und die sesshaften Protomorphen unterworfen haben, die sich in kleinere Gebiete zurückziehen mussten. Die Tendenz der Archimorphen zur Expansion habe dazu geführt, dass die Angehörigen dieser Rassen einander begegnet seien, sich vermischt und so die mesomorphen Rassen begründet hätten. Auch unter den protomorphen Rassen gebe es eine Hierarchie, wobei die Australier den Urformen der Menschheit am meisten glichen, weil sie sich als Erste vom Stamm der Archimorphen abgespaltet hätten, gefolgt von den Papuas und den »Buschmännern«, dann von einer dritten Gruppe, die von den Negroiden, und einer vierten, die von den Mongoloiden abstammt. Zur Letzteren sollten die japanischen Ainu, die Vedda auf Sri Lanka und die südindischen Draviden gehören sowie, etwas überraschend, die Basken und die Kelten.

Wenn ich richtig gezählt habe – wobei ich die metamorphen Rassen beiseitegelassen habe – komme ich angesichts dessen, dass es bei Fritsch 13 protomorphe Rassen gibt, auf insgesamt 25 Rassen. Es ist jedoch nicht leicht, sich in einer so komplexen Klassifikation zurechtzufinden, zumal in den Arbeiten Fritschs und seines Nachfolgers Carl Heinrich Stratz sich auf einmal weitere Rassen zu den Protomorphen gesellen, so die Akka in Südostasien, die Obongo und Batua in Afrika, die Eingeborenen von Queensland in Australien, die Guang, die Senoi, die Kubu-kubu, die Hieng und die Miao-tse in Asien, die Makuk, die Ge-Stämme in Brasilien und die Feuerlandindianer in Südamerika. Zu den europäischen Protomorphen gehören nach Fritsch die Rasse der Neandertaler, die alpine Rasse, eine mysteriöse europäische Zwergrasse und – wieder einmal überraschend – die »Lappen, die in Steinhütten leben«. Zu den metamorphen, also hybriden Rassen gehören natürlich auch die Finno-Ugrier, die Berber, die Juden und auch die Äthiopier, die in Blumenbachs System noch als Prototypen der Afrikaner gegolten hatten. Fritsch und Stratz verfügen zwar offenkundig nur über ungenügende Daten, aber sie zögern nicht, sie mit viel Phantasie zu verbinden. Zum Beispiel gab es zu ihrer Zeit und gibt es bis heute keinen Beleg dafür, dass die Vertreter der sogenannten mediterranen Rasse (einer der archimorphen, also mobilen Rassen) mehr dazu neigten, sich auszubreiten und zu wandern als, sagen wir, die Feuerlandindianer, die nach Stratz protomorph und deshalb sesshaft gewesen sein müssten, aber irgendwie doch bis in den äußersten Süden Südamerikas, nach Feuerland, gelangt sind. Doch das reicht nicht, den geringsten Zweifel bei ihnen aufkommen zu lassen – oder sie ließen sich den Zweifel nicht anmerken.

Offenbar ist die Klassifikation von Rassen an diesem Punkt endgültig zu einer esoterischen Übung geworden. Schon Darwin hat das bemerkt und mit seiner typischen zurückhaltenden Ironie kommentiert: »Der Mensch ist mehr als irgendein anderes Tier untersucht worden, und doch gibt es bei den kompetenten Persönlichkeiten die denkbar größten Unterschiede bei ihren Urteilen hinsichtlich der Frage, ob die Menschen als eine einzige Rasse klassifiziert werden können oder als zwei (Virey), drei (Jacquinot), vier (Kant), fünf (Blumenbach), sechs (Buffon), sieben (Hunter), acht (Agassiz), elf (Pickering), fünfzehn (Bory de Saint-Vincent), sechzehn (Desmoulins), zweiundzwanzig (Morton), sechzig (Crawfurd) oder dreiundsechzig, nach Burke.« Wenn es unmöglich wird zu verstehen, wie viele Rassen es geben soll, wenn ohne den geringsten Beweis über Völkerwanderungen fabuliert wird, geht auch die Möglichkeit verloren, mit den verfügbaren Daten festzustellen, ob die Angehörigen der Rasse X sich von denen der Rasse Y unterscheiden oder nicht. Die gesellschaftlichen und politischen Auseinandersetzungen sind dabei erst recht nicht hilfreich. In einer Zeit, in der Nationalismen und hegemoniale Ambitionen sich ausbreiten, vermischen sich die Standpunkte der Naturforscher und Anthropologen mit denen der Linguisten, Patrioten, Historiker und Volksführer, und das Ergebnis ist ein Brei, bei dem man nicht mehr zwischen Wissenschaft und Ideologie unterscheiden kann.

Die »arische« Rasse, der nacheinander kaukasische, litauische, balkanische und skandinavische Ursprünge attestiert werden, ist dabei die umstrittenste und wird mit derselben Emphase verteidigt und bekämpft, so sehr, dass Max Müller, der einmal ein Vorkämpfer des Begriffs war, in fortgeschrittenem Alter schreibt, dass von einer arischen Rasse oder von arischem Blut zu reden ein ebenso großer Unfug sei, wie wenn ein Linguist eine Grammatik brachycephal nennte. Die Befunde sagen nichts mehr aus: Für Giuseppe Sergi sind die alten Ligurer dolikocephal und folglich Afrikaner, für Taylor und Henri d'Arbois de Jubainville jedoch brachycephal und folglich Europäer. In einer Polemik gegen das Klassifizieren von Menschen behauptet Nietzsche provozierend, dass die Griechen mongolischen Ursprungs seien, wozu er gute Unterstützung durch die anatomischen Studien des Engländers Draper findet.

Gar keine Rasse?

Ich glaube, es ist kein Zufall, dass gegen Ende des 19. Jahrhunderts ein gewisses Unbehagen an der Richtung aufkommt, die diese Forschungen genommen haben; und dieses wird (allerdings nur im Laufe eines ganzen Jahrhunderts) zu immer radikaleren Zweifeln führen, die der Titel eines 1962 erschienenen Artikels von Frank Livingstone zusammenfasst: »Über die Nichtexistenz der Menschenrassen.« Schon zuvor, während des Zweiten Weltkriegs, hatte Ashley Morgan geschrieben, dass beim Menschen die Rasse ein gesellschaftliches Konstrukt und keine biologische Tatsache ist.

Der erste ernsthafte Versuch, Licht in die Sache zu bringen, geht auf das Jahr 1961 zurück. Newman versucht den Neun-Rassen-Katalog von Garn systematisch zu verifizieren, indem er nachschaut, ob Individuen, deren morphologisch ähnliche Merkmale untersucht worden sind, sich in Gruppen zusammenfassen lassen, die ihrer Rasseneinteilung entsprechen. Das Ergebnis lautete: ja und nein. Bei drei Rassen schien das zuzutreffen (bei Ostasiaten, Indianern und Afrikanern), bei drei weiteren weniger (bei Melanesiern, Polynesiern und Mikronesiern); drei Rassen jedoch wurden als »unbegründete Abstraktionen« bezeichnet, nämlich Europäer, Inder und Australier. Newman schloss vorsichtig damit, dass neue Merkmale nötig seien, um die Rassen besser zu definieren, aber er war sich nicht dessen bewusst, dass er den Finger in eine Wunde gelegt hatte: Natürlich ist es leicht, Gruppen zu bestimmen, die ein Merkmal, etwa die Hautfarbe, gemein haben, doch wenn weitere Merkmale in Betracht gezogen werden, zum Beispiel die Schädelform oder die Form der Backenknochen, endet dasselbe Individuum in ganz anderen Rassen mit anderen Rassengenossen. Was also sollen die wirklichen Gruppen, die wahren Menschenrassen sein?

Livingstone greift diese Beobachtung auf, die Unvereinbarkeit der Variabilität unterschiedlicher Merkmale, und zieht daraus die Konsequenzen. Von einer übereinstimmenden Variabilität kann man sprechen, wenn die unterschiedlichen Merkmale korreliert sind, was bedeutet, dass wenn eines dieser Merkmale bestätigt ist, automatisch auch die übrigen Merkmale festzustellen sein müssen. Übereinstimmende Merkmale sind zum Beispiel die Länge des rechten Arms und die des linken Arms bei demselben Individuum oder die Größe der Hände oder Füße: Wer einen langen rechten Arm hat, hat auch einen langen linken. Weniger übereinstimmend sind Augen- und Haarfarbe, denn zwar sind meistens sowohl Augen- als auch Haarfarbe entweder beide hell oder beide dunkel, doch da gibt es viele Ausnahmen. Wenn wir alle in Betracht ziehen, notiert Livingstone, stellen wir fest, dass die morphologischen Merkmale der Menschen in widersprüchlicher Weise variieren: Wenn wir die mittlere Körpergröße einer Population kennen, können wir daraus weder auf eine Haarfarbe noch auf eine Blutgruppe schließen. Das heißt, entsprechend dem betrachteten Merkmal variieren die Zahl und die Definitionen der Rassen. Und natürlich sollten die künftigen Forschungen zu den Proteinen und zur DNA diese Diagnose klar bestätigen.

Kurz, unseren lieben Nächsten auf der Grundlage eines seiner Merkmale zu katalogisieren, ist einfach, doch eine Klassifikation zu finden, die allgemein – das heißt, unabhängig von den jeweils gewählten Merkmalen – gilt, ist unmöglich oder doch jedenfalls so schwierig, dass sie noch niemandem gelungen ist. Das bedeutet nicht, dass es keine biologische Variabilität gibt, sondern nur, dass diese Variabilität in anderen Termini beschrieben werden muss, also als Folge gradueller Unterschiede im geographischen Raum. Nach Livingstone und Ashley Montagu wurde es zu einem regelrechten Forschungsprogramm, die biologische Diversität des Menschen *nicht* in Rassebegriffen zu beschreiben – anders als es bis dahin üblich war –, und diese Vorgehensweise sollte sich als sehr erfolgreich erweisen.

Noch eine kleine sozusagen lokalpatriotische Randbemerkung: Im Zuge der unglückseligen Kolonialunternehmungen Italiens in Afrika hatten unsere Leute Gelegenheit zu reisen und ganz unterschiedliche Völker zu erforschen. Es war ein gedeckter Tisch. Selbst in Propagandazeitschriften der faschistischen Ära wie der berüchtigten *Difesa della razza* (Verteidigung der Rasse) zeigte sich dies nicht nur in vielen ekelhaften Artikeln, sondern auch in einigen kompetent verfassten. Die reifste Frucht dieser Schule, zu der allerdings auch einer der letzten Anhänger der Polygenese zählt, nämlich Giuseppe Sergi, ist das monumentale Werk von Renato Biasutti. Nach einer detaillierten Überprüfung der älteren Systeme schlägt Biasutti einen Katalog vor, der vier Hauptgruppen der Menschheit umfasst (äquatoriale Hauptformen, boreale Hauptformen, subäquatoriale abgeleitete Rassen, abgeleitete Rassen des pazifischen Raums und Amerikas); die werden wieder geteilt in verschiedene Äste, Stämme und Rassen, die letztlich die beachtliche Zahl von 53 erreichen. Es fehlen auch nicht die Unterrassen, und wenn möglich prähistorische Formen, die morphologisch oder geographisch einer jeden Rasse zugeordnet werden.

Biasuttis klassifikatorisches Werk offenbart einerseits ein schier endloses Wissen, das von der Archäologie bis zur Linguistik und von der klassischen Anthropologie bis zu den Anfängen der Genetik reicht. Andererseits ist ein System von 53 (oder mehr) Rassen kaum zu erhärten. Je mehr Rassen es gibt, desto subtiler werden ihre Unterschiede. Da die Merkmale sich nicht konkordant, also gleichzeitig, ändern, gibt es am Ende nur wenige Individuen, die alle nötigen Merkmale besitzen und mit hinreichender Sicherheit einer bestimmten Rasse zugeordnet werden können. Dagegen gibt es aber auch Fälle, in denen Mitglieder derselben Familie verschiedenen Rassen zugeordnet werden müssen, sodass schließlich Theodosius Dobzhansky über die Rassetypen, die nach Meinung einiger Experten in der irischen Bevölkerung vorhanden sind, witzelt: »Vorwiegend keltische, nordisch-mediterrane, baltische, dinarische und nordisch alpine, während rein nordische Typen, prädominant nordische, baltische und rein mediterrane nur mit geringer Häufigkeit angetroffen werden.«

Und nun?

Fassen wir zusammen: Gegen Ende der 60er Jahre des vergangenen Jahrhunderts ist das Konzept der Rasse sehr schlecht definiert, und jeder behauptet etwas anderes hinsichtlich der Zahl der Rassen. Zu dieser großen Konfusion haben psychologische Faktoren, politischer Druck und Mythen von nationaler Identität geführt, aber auch objektive wissenschaftliche Schwierigkeiten. Die

Abbildung 3 Eine der vielen Illustrationen aus dem frühen 20. Jahrhundert, mit denen man versuchte, die angeblichen Menschenrassen (in diesem Falle sind es 33) aufgrund ihrer physischen Erscheinung zu unterscheiden und zu kategorisieren. (*Races of People*, aus *Webster's New Illustrated Dictionary based on the Unabridged Dictionary of Noah Webster*, revised and edited by Edward T. Roe and Charles Leonard-Stuart, Publishing Company of New York 1911)

erste dieser Schwierigkeiten ist grundsätzlicher Natur und, wie wir gesehen haben, eigentlich ausweglos. Die zwei beliebtesten Merkmale in den frühesten Rassenstudien sind die Hautfarbe und die Körpergröße. Die Weltgegenden, in denen die Haut am dunkelsten ist, sind West-Mittelafrika und Neuguinea. Soll das heißen, dass ihre Einwohner derselben Rasse angehören?

Wenn dem so wäre, müssten sie sich auch in anderen Merkmalen ähneln. Doch wenn wir zur Körperform kommen, sehen wir sogleich, dass dem nicht so ist. Wenn es nach der Körperform ginge, wäre die Bevölkerung Zentralafrikas eher mit den Indianern Nord- und Südamerikas verwandt, die allerdings eine viel hellere Hautfarbe haben. Es gibt statistische Methoden, mit denen man versuchen kann, ein wenig Ordnung in solche Vergleiche zu bringen, doch sie führen nicht sehr weit.

Und dann gibt es noch eine andere Schwierigkeit, die aus diesen gesammelten Daten von den Skelettmaßen und -formen, die den Anthropologen zur Verfügung stehen, selbst hervorgeht. Wie wir schon im letzten Kapitel gesehen haben, gibt es stabile und erbliche Merkmale, im Gegensatz zu Parametern, die nach zehn Jahren schon bei denselben Individuen, bei denen wir sie gemessen haben, oder bei deren Kindern andere sein können. Und umgekehrt hinterlassen eine mehr oder weniger reichhaltige Ernährung, eine Krankheit oder Parasitenbefall sowie Unterschiede in der körperlichen Betätigung eine Spur auf Form und Größe des Schädels und des Körperskeletts, wodurch das Bild ins Wanken gerät. Der Einfluss der Umwelt kann sich sehr schnell auswirken.

Zu Beginn des 20. Jahrhunderts hat Franz Boas, der Vater der amerikanischen Anthropologie, 13 000 Köpfe von in Amerika geborenen Kindern und deren in Europa geborenen Eltern vermessen und ist zu dem Ergebnis gelangt, dass die Kinder sich im Durchschnitt untereinander mehr gleichen als ihren Eltern. Die Schädelform, schreibt Boas, ist eine formbare Eigenschaft, das heißt, sie ist – wie wir heute sagen würden – durch Gene bestimmt, deren Wirkung in erheblichem Ausmaß von der Umwelt bestimmt ist. Dasselbe gilt auch, notiert Boas, hinsichtlich der städtischen und der ländlichen Bevölkerung, die sich (jedenfalls zu Beginn des 20. Jahrhunderts) jeweils anders ernährt und sogar in wenigen Kilometern Entfernung unterschiedliche Schädelformen ausbildet. Die Boasschen Forschungsergebnisse sind vor Kurzem in Frage gestellt und neu analysiert worden, und manche Forscher sind der Meinung, dass die Sache so klar auch wieder nicht sei. Sicher aber ist, dass die Forschungen zumindest zeigen, dass unsere Kopfform nicht allein in unseren Genen geschrieben steht und dass schon eine einzige Generation, die in einer anderen Umgebung aufwächst, dafür genügt, dass die Karten neu gemischt werden.

In den 60er Jahren werden dann die Techniken entwickelt, die zu untersuchen erlauben sollen, wie die Proteine in den Bevölkerungen unterschiedlich verteilt sind, und dann auch, wie die DNA variiert. Das sind stabile und von der Umwelt nicht beeinflussbare Merkmale, also ideal dazu geeignet, herauszufinden, ob es biologische Menschenrassen gibt. Auch die statistischen Methoden werden verfeinert und erlauben den Forschern, ihre Daten auf wiederholbare Weise zu analysieren, sodass sie weniger von subjektiven Kriterien abhängig sind. 1966 publiziert Luca Cavalli-Sforza den ersten Stammbaum der menschlichen Evolution auf der Grundlage der Blutgruppen, das heißt, eine grafische Darstellung der Beziehungen zwischen acht Bevölkerungsgruppen auf allen fünf Kontinenten, abgeleitet aus der Analyse des Proteinprodukts von dreizehn Genen. Damit scheinen alle Bedingungen dafür gegeben zu sein, um die Diskussion über die Rassen von der ideologischen und willkürlichen auf eine wissenschaftliche Ebene zu stellen.

Doch in der Mitte der 60er Jahre verlor sich die Erforschung der menschlichen Diversität in einem Labyrinth von komplizierten und widersprüchlichen Theorien. In dem Augenblick, in dem es technisch möglich wurde, dass der Forscher, der die Rassenklassifikationen ernst nahm, diese mit allen Daten, über die er verfügte, auf den Prüfstand stellen konnte, fühlte er sich in die Lage des »beharrlichen Mannes« versetzt, von dem Zhuang Zhou erzählt, der in drei Jahren mit übermenschlichen Kräften erlernt, einen Drachen zu erlegen, und dann im ganzen Rest seines Lebens keine Gelegenheit findet, das Gelernte anzuwenden.

Viele historische Informationen über das Konzept von Rasse und über die Rassenklassifikationen habe ich gefunden bei: Claudine Cohen, »Les races humaines en histoire des sciences«, in: *Aux origines d'Homo sapiens*, hg. von Jean-Jacques Hublin und Anne-Marie Tillier, Paris 1991, S. 9-47, sowie bei Robert Bernasconi, *Concepts of Race in the Eighteenth Century*, Bristol 2001, und bei Claudio Fogliano, *L'ossezione della razza. Antropologia e genetica nel XX secolo*, Pisa 2005.

Über die Etymologie des Begriffs Rasse habe ich mich in einem Artikel aus dem Juli 2013 von Francesco Sabatini informiert: http://www.laricerca.loescher.it/lingua-italiana/569-razza-parola-equina.html; über seine mögliche Herkunft aus dem Arabischen habe ich in einem Artikel von Giuseppe Bedeschi gelesen: »Ma che razza di idea!«, in: *Sole 24 Ore di domenica* vom 18. Juni 2006.

Die Beobachtungen Herodots über die unterschiedlichen Zerbrechlichkeiten der ägyptischen und persischen Schädel werden in seinen *Historien*, Buch III, 12, berichtet.

Viele Informationen in diesem Kapitel gehen auf eine Textzusammenstellung zurück, die Robert Bernasconi und Tommy L. Lott herausgegeben haben: *The Idea of Race* , Indianapolis 2000.

Die Untersuchung, die nachweist, wie die helle Haut vor gar nicht langer Zeit aus dem Kaukasus nach Europa gelangte, findet sich in: E. Jones et al., »Upper Palaeolithic Genomes Reveal Deep Roots of Modern Eurasians«, in: *Nature Communications* 6, 2015, S. 8912.

Der Artikel über die Rassen von Thomas Huxley, »Anthropogenie«, ist erschienen in: *Academy* 7, 1875, S. 16-18.

Die Beschreibung von Fritschs System stammt etwas überraschenderweise von einer katholischen Website: http://www.newadvent.org/cathen/12620b.htm, doch sie wird durch den Text von Renato Biasutti bestätigt: *Razze e popoli della terra*, Turin 1958.

Über die konfusen Polemiken vom Ende des 19. Jahrhunderts lohnt es sich nachzulesen bei Andrea Orsucci, »Ariani, indogermani, stirpi mediterranee: aspetti del dibattito sulle razze europee (1870–1914)«, in: *Cromohs* 3. 1998, S. 1-9.

Der Saal des Menschen im Museum von Chicago, die große Attraktion der Weltausstellung von 1933, wurde 1968 abgebaut. Er wird auf dieser Website beschrieben: http://ucmedia1.ucxonline.berkeley.edu/new/newmain2002.html#movie38544.

Der Satz Darwins stammt aus: *Die Abstammung des Menschen und die geschlechtliche Zuchtwahl*, London 1871.

Frank Livingstone hat seinen Artikel »On the Nonexistence of Human Races« veröffentlicht in: *Current Anthropology* 3, S. 279-281, 1962.

Das Buch von Ashley Montagu, *Man's Most Dangerous Myth: The Fallacy of Race,* ist zuletzt 1997 in Lanham, MD erschienen.

Der erste Stammbaum der menschlichen Evolution nach genetischen Daten findet sich bei: Luigi Luca Cavalli-Sforza, »Population structure and human evolution«, in: *Proceedings of the Royal Society* B 164, 1966, S. 362-379, und wurde neben vielen anderen Artikeln wieder aufgenommen in dem grundlegenden Buch von Cavalli-Sforza (zusammen mit Paolo Menozzi und Alberto Piazza): *History and Geography of the Human Genes*, Princeton 1993.

Die Geschichte vom Drachentöter gibt Jorge Luis Borges wieder in: *Einhorn, Sphinx und Salamander – Handbuch der phantastischen Zoologie*, München 1964.

In diesem Kapitel habe ich es mir ein bisschen einfach gemacht: Linné war ein Kreationist, Darwin ein Evolutionist. Zweifellos ist es für ein obskurantistisches Gemüt weniger verwirrend, den Menschen ohne weitere Kommentare an die Seite der großen menschenähnlichen Affen zu stellen, wie Linné es tut, als sich, wie Darwin, einen gemeinsamen Vorfahren des einen wie des anderen vorzustellen.

Franz Boas verglich die Schädel von sieben Einwanderergruppen: Tschechen, Italienern aus Mittelitalien, Polen, Ungarn, Schotten, Sizilianern und Juden aus Mitteleuropa, in dem Buch: *Changes in the Bodily Form of Descendants of Immigrants*, New York 1912.

Die Debatte über die Forschungen von Boas und ihre Interpretation findet sich bei: C.S. Sparks, R.L. Jantz, »A Reassessment of Human Cranial Plasticity: Boas Revisited«, in: *Proceedings of the National Academy of Sciences USA* 99, 2002, S. 14636-14639, sowie bei C.C. Gravlee, R.H. Bernard, W.R. Leonard, »Heredity, Environment and Cranial Form: A Reanalysis of Boas's Immigrant Data«, in: *American Anthropologist* 105, 2003, S. 125-138. Sie wird wieder aufgenommen in dem bereits zitierten großartigen Buch von John Relethford, *The Human Species*, 6. Auflage, Boston 2005.

6. Kapitel

Was uns die Gene sagen

Worin festgestellt wird, dass es in den Genen keine Rassen gibt

Heute gibt er den Vollzeit-Philosophen und beschäftigt sich mit dem Stoizismus, doch als er noch Evolutionstheorie an der State University von New York in Stony Brook lehrte, fragte Massimo Pigliucci einmal seine Studierenden, wie man beweisen könne, dass sich im Hörsaal kein immaterielles unsichtbares Pferd befinde. Daraufhin wurden mehrere Lösungen vorgeschlagen, viele davon sehr einfallsreich. Die beste darunter scheint mir die zu sein, den Hörsaal bis zur Decke mit Wasser zu füllen; denn wenn das Wasservolumen dann geringer sei als das theoretische Volumen von Länge mal Breite mal Höhe des Raums, sei die Differenz das Volumen des unsichtbaren Pferdes. Doch leider, leider funktioniert auch dieser Trick nicht, denn das Pferd ist nicht nur unsichtbar, sondern auch immateriell, und infolgedessen gilt für es nicht das Gesetz, dass jeder Körper ein Volumen hat. Am Ende der Vorlesung waren die meisten Studenten davon überzeugt, dass es nicht auf jede Frage eine wissenschaftliche Antwort gibt. Die Wissenschaft versucht, experimentell beweisbare Lösungen zu finden, und die Existenz eines unsichtbaren immateriellen Pferds, gleich ob in einem Hörsaal oder sonst wo, lässt sich nicht wissenschaftlich beweisen, und ebenso wenig seine Inexistenz. Dasselbe gilt etwa für die Existenz oder Inexistenz der Seele.

Diese kleine Vorrede soll dazu dienen, deutlich zu machen, dass die Wissenschaft gesicherte Daten braucht, um gültige Antworten zu finden, und »gültig« bedeutet seit Galilei, dass sie von verschiedenen Forschern unabhängig voneinander erhoben werden können. Wenn es keine Daten gibt, gibt es auch keine Ergebnisse, und

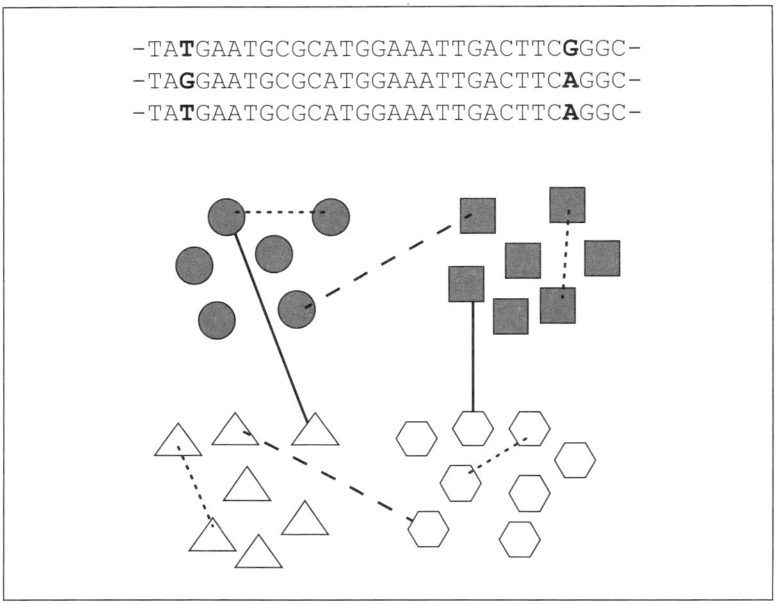

Abbildung 4 Oben sind drei mögliche Sequenzen eines DNA-Abschnittes dargestellt. Viele der drei Basen sind in allen drei Sequenzen identisch, doch zwei Basen (die fett gesetzte dritte von links und vierte von rechts) sind variabel: auf diesem DNA-Abschnitt gibt es zwei Polymorphismen. Wenn wir zählen, wie viele Basen bei zwei Individuen unterschiedlich sind, können wir ihre genetische Unterschiedlichkeit messen. Unten steht jedes Symbol für ein Individuum aus vier Populationen, das jeweils durch Kreise, Quadrate, Dreiecke und Sechsecke gekennzeichnet ist, während seine Farbe (weiß oder grau) bedeutet, dass es zwei Gruppen zugeordnet wird, Rassengruppen oder Erdteilgruppen. Die gepunkteten Linien bezeichnen Begegnungen zwischen Individuen derselben Population, die gestrichelten die zwischen Individuen unterschiedlicher Populationen und die durchgezogenen die zwischen unterschiedlichen Rassen oder Bevölkerungen unterschiedlicher Kontinente.

wenn die Daten unzuverlässig sind, sind es auch die Ergebnisse. Deshalb kann die Wissenschaft derzeit nicht die Frage beantworten, inwieweit unsere Intelligenz von unseren Genen abhängt. Sie kann es nicht, weil wir die genetischen Voraussetzungen für Intelligenz nicht genügend kennen, weil wir nicht wissen, welche und wie viele Gene unsere Intelligenzfähigkeiten beeinflussen und wie viel Lernen und Bildung dabei ausmachen (auch wenn wir natürlich schon gewisse Vorstellungen dazu haben).

Während des 18. des 19. und auch noch eines Großteils des 20. Jahrhunderts war deshalb die Frage nach der Existenz und der Definition von Rassen ein niemals genau beantwortbares Problem, eben weil es keine wirklichen Daten gab. Morphologische Messungen widersprechen einander oder lassen unterschiedliche Interpretationen zu, wie es die vielen einander widersprechenden Rassenkataloge tun, und die entsprechenden genetischen Daten waren nur wenige oder gar nicht vorhanden. Erst am Ende der 60er Jahre begann man, unser Genom hinreichend gut zu verstehen, um diese Fragen auf wissenschaftliche Weise zu stellen.

Woher denn die zuverlässigen Daten kommen? Bis vor wenigen Jahren war noch ein Tropfen Blut nötig, heute genügt es, mit einem Wattestäbchen einen Rachenabstrich vorzunehmen und so ein paar Schleimzellen einzusammeln. Blut oder Schleim werden dann im Labor behandelt, um daraus die DNA zu entnehmen. Heute gibt es neue Techniken, aber seit Jahrzehnten geht es darum, nach und nach das Teilstück zu isolieren, um das es jeweils geht (wir sollten nicht vergessen, dass das Genom sehr groß ist und dass es oft genügt, einzelne Teile davon zu untersuchen). Sobald wir den kleinen Genomabschnitt haben, um den es uns geht, wird er chemisch analysiert, wodurch wir dann die Basen auslesen können, aus denen die Sequenz besteht, die A, C, G und T, aus denen sich der DNA-Abschnitt zusammensetzt. Viele dieser Basen sind bei allen Individuen derselben Spezies identisch. Andere sind dagegen variabel, das heißt, sie können von Individuum zu Individuum unterschiedlich sein, auch in den zwei unterschiedlichen Chromosomen von uns allen: Ein Chromosom hat, sagen wir, an einer bestimmten Stelle ein A, und ein anderes Chromosom, gleich ob desselben Individuums oder eines anderen, an derselben Stelle ein G. Von hier gehen wir nun aus – von den genetischen Differenzen oder Polymorphismen*, wie sie Abbildung 4 darstellt.

*Genetische Varianten**

Es war der Harvard-Genetiker Richard Lewontin, der die statistische Methode entwickelt hat, mit der auf der Grundlage der Gene gemessen werden kann, wie weit sich Rassen voneinander unterscheiden. Die Idee ist einfach: Man vergleicht jedes Individuum mit allen anderen und zählt die Unterschiede. Wenn wir zum Beispiel von einer Mustergruppe von 100 Individuen ausgehen, wird es darum gehen, 100 mit 99 zu vergleichen, geteilt durch zwei, weil der Unterschied zwischen dem Individuum mit A und dem Individuum mit B derselbe ist wie der zwischen B und A.

Nicht alle diese Vergleiche sind gleichwertig. Wenn uns Individuen zur Verfügung stehen, die von überallher in der Welt kommen, können wir Mitglieder derselben Population oder auch Angehörige zweier Populationen miteinander vergleichen, die derselben oder unterschiedlichen Rassen angehören sollen. In Abbildung 4 sind Menschen, die derselben Population angehören, mit gepunkteten Linien verbunden (in Wirklichkeit müssen wir jeden von ihnen mit allen anderen vergleichen); die gestrichelten Linien verbinden Menschen aus verschiedenen Populationen, die derselben Rasse zugeordnet werden, und die durchgezogenen Linien verbinden Menschen unterschiedlicher Rassen. Es gibt also drei wesentliche Vergleiche und drei Zahlen, die zu berechnen wichtig ist.

Es geht darum, alle diese Unterschiede zu messen und dann einen Durchschnitt zu bestimmen. Nehmen wir einmal an, dass es zwischen zwei Personen derselben Population (gepunktete Linien) durchschnittlich 50 Unterschiede gibt und dass wir zwischen zwei Personen unterschiedlicher Populationen (gestrichelte Linien) 60 finden. Das würde bedeuten, dass es im Durchschnitt zehn Unterschiede mehr mit sich bringt, wenn Menschen unterschiedlichen Populationen angehören, als beim Vergleich der DNA zweier Angehörigen derselben Population. Und wenn sich dann 100 Unterschiede zwischen zwei Menschen unterschiedlicher Rassen (durchgezogene Linien) finden, bedeutet es eine Vermehrung um 100 - 60 = 40 Unterschiede. Auf diese Weise können wir die genetische Variabilität in drei Komponenten unterteilen, die den durchschnittlichen Unterschieden (technisch: den Varianten) zwischen zwei Individuen entsprechen: denen innerhalb derselben Population (50 % in unserem Fall), denen zwischen Populationen derselben Rasse (10 %) und schließlich dem Effekt der Variabilität zwischen unterschiedlichen Rassen (40 %).

Diese drei Zahlenreihen erlauben uns, unsere Frage auf wissenschaftliche Weise zu beantworten, denn unterschiedliche Forscher werden dieselben Resultate bekommen, wenn sie dieselben Daten mit dieser Methode analysieren. Wenn es Rassen gibt, wird die Unterschiedlichkeit zwischen den Rassen groß sein, wenn es keine gibt, wird sie gering sein. (Wir erinnern uns an die Pyrenäenschnecken: Bei dieser Spezies haben wir festgestellt, dass es große Unterschiede zwischen den einzelnen Populationen gibt, und nur geringe innerhalb der Populationen; beim Krill hingegen gibt es keine Rassen, weil die Unterschiede zwischen den Populationen gering, um nicht zu sagen, null sind, während die Variabilität zwischen den Individuen groß ist.) Aber Vorsicht: »groß« und »klein« sind ziemlich vage Begriffe. Wir sollten meinen, dass es für eine wissenschaftliche Untersuchung präziserer Definitionen bedarf. Ich möchte aber vorschlagen, dass wir uns zunächst damit zufriedengeben zu überprüfen, ob es zwischen den Menschenrassen »große« oder »kleine« Unterschiede gibt. Und wenn dann die

Dinge nicht hinreichend klar sind, werden wir versuchen, genauer zu bestimmen, wie groß oder wie klein diese Unterschiede sein dürfen.

1972 beschließt Lewontin zu analysieren, wie 17 Gene zwischen allen Menschenpopulationen variieren, die damals erforscht werden, und zwar die 17 zu diesem Zeitpunkt am besten bekannten. Außer den genetischen Daten soll ihm ein Katalog der Rassen zur Verfügung stehen, und dabei hat er, wie wir gesehen haben, die Qual der Wahl. Nachdem er sich mit den Anthropologen beraten hat, entscheidet Lewontin sich für eine Liste von sieben Rassen: Die Kaukasier (die für ihn die Europäer, aber auch die Nordafrikaner und die Vorderasiaten umfassen), die Afrikaner von südlich der Sahara, die Mongoloiden, die Ureinwohner Südostasiens (mit dunkler Haut; dazu werden auch südindische Populationen gezählt), die amerikanischen Ureinwohner, die Ozeanier und die australischen Aborigines. Nachdem er alles durchgerechnet hat, was wir bereits gesagt haben, gelangt Lewontin zu dem Ergebnis, dass bestimmte Gene variabler sind als andere, aber dass es insgesamt 85 % der gesamten menschlichen Genvariabilität in jeder der Populationen gibt. Wenn jemand unterschiedlichen Populationen derselben Rasse angehört, nimmt diese Genvariabilität noch einmal um 8 % zu, und die Zugehörigkeit zu unterschiedlichen Rassen fügt dem die übrigen 7 % zu.

Was groß oder klein sein soll, mag ja immer noch von der jeweiligen Meinung abhängen, doch trotzdem ist hier die Situation ziemlich eindeutig: 85 % ist erheblich mehr als 7 %; die Unterschiede zwischen den Rassen sind also nur ein kleiner Teil der weltweiten genetischen Diversität unserer Spezies, während es eine sehr große Variabilität innerhalb der einzelnen Populationen gibt. Lewontin endet seinen Artikel mit einem Absatz, der in den folgenden Jahren im Zentrum heftiger Polemiken stehen sollte. »Unsere Wahrnehmung, dass es große Unterschiede zwischen den menschlichen Gruppen und Untergruppen im Vergleich mit den

Unterschieden innerhalb der jeweiligen Gruppen gebe, ist eine deutlich verzerrte Wahrnehmung. Auf der Grundlage ihrer genetischen Unterschiede sind die menschlichen Rassen und Populationen bemerkenswert ähnlich, während der bei Weitem größte Teil der menschlichen Diversität in den Unterschieden zwischen Individuen besteht. Die Einteilung der Menschheit in Rassen hat keinerlei gesellschaftlichen Wert und einen deutlich destruktiven Einfluss auf die Beziehungen unter den Menschen. Da nun bewiesen ist, dass diese Einteilung keinerlei genetische oder taxonomische Bedeutung hat, gibt es keinen Grund, sie aufrechtzuerhalten.«

Teils wegen ihrer unerwarteten Ergebnisse, teils auch unter dem Eindruck dieser trockenen Ausführungen wurde Lewontins Arbeit sofort vielfach kritisiert. Es gab vier Typen dieser Kritik.

Die erste und ernsthafteste ging davon aus, dass es einen technischen Fehler bei der Berechnung der genetischen Differenzen gegeben haben könnte. Ein paar Jahre später stellt sie ein australischer Anthropologe, B.D.H. Latter, noch einmal an und berichtigt sie: Er fügt ein 18. Gen hinzu, das Lewontin noch nicht zur Verfügung stand, und findet heraus, dass der Unterschied zwischen den Rassen etwas größer ist, nämlich 9 %, und der zwischen den Populationen derselben Rasse etwas geringer, nämlich 5,5 %, während die Unterschiede innerhalb derselben Population genau dieselben bleiben, wie Lewontin sie erhoben hatte. Es gab also Irrtümer, aber keine, die das Ergebnis ernsthaft in Frage stellen konnten. Eine zweite Kritik kam von einem englischen Genetiker, Anthony Edwards. 7 % Unterschiede zwischen den Rassen sei wenig, wenn wir jeweils nur ein Gen betrachten, schreibt Edwards, doch wenn wir die vielen anderen Gene dazu addieren, wird dies uns am Ende erlauben, auf statistisch solide Weise die Rassen voneinander zu unterscheiden. Dieser Einwand hatte nicht beachtet, was Frank Livingstone schon festgestellt hatte, Edwards hingegen nicht: Die 7 % Unterschiede zwischen den Rassen sind nicht voneinander abhängig, sodass man sie alle addieren könnte, bis sie statistisch signifikant werden; sie sind nicht korreliert, weil die morphologischen Merkmale der Menschen jeweils unabhängig voneinander variieren. Was Edwards sagt, ist richtig aus der Sicht eines Statistikers, nicht aber aus der eines Biologen, und führt zu irrigen Konsequenzen. Ein dritter Einwand ist der, dass Lewontin Kommunist sei. Dazu ist nur wenig zu sagen: Lewontin ist Marxist und hat nie ein Geheimnis daraus gemacht, es ist aber nicht ersichtlich, auf welche Weise seine politischen Ideen seine Daten beeinflussen sollten, auch wenn sie natürlich ihre Interpretation beeinflussen können; also entweder beweist man, dass Lewontin die Daten gefälscht hat, oder man hört auf. Und Lewontin hatte seine Daten nicht gefälscht, denn es stimmt ja, dass Latter praktisch zu denselben Ergebnissen kam. Die vierte Kritik ist subtiler. In den 1970er Jahren war es sehr teuer und sehr schwierig, direkt mit der DNA zu arbeiten, und deshalb wurden genetische Unterschiede aus dem Vergleich von Proteinen gefolgert und nicht direkt aus dem Vergleich der jeweiligen DNA-Sequenzen selbst. Die von Lewontin untersuchten Proteine, so hieß es, gäben diese Unterschiede nicht richtig wieder. Erst wenn wir die Unterschiede zwischen Individuen, Populationen und Rassen direkt an der DNA ablesen können, könnten wir wirklich verstehen, ob die Rassenklassifikation eine, oder, wie Lewontin schreibt, »keine genetische oder taxonomische Bedeutung hat«. Bis dahin sei jede Schlussfolgerung mit Skepsis zu betrachten.

In der Zwischenzeit hatte ein weiterer bedeutender Genetiker, Masatoshi Nei, dieselben Untersuchungen von 25 Proteinen in einem Versuchsfeld von anderen Individuen durchgeführt; er nahm dabei drei Rassen an: Schwarze, Weiße und Gelbe. Trotz dieser Unterschiede hatte seine Studie die Forschungsergebnisse Lewontins bestätigt, mit etwas geringeren Varianzen zwischen Populationen, ein wenig größeren zwischen den Rassen und wieder nahe an 85 % innerhalb der Populationen (genauer: 86 % innerhalb der Populationen, 3 % zwischen den Populationen und 11 % zwischen den Rassen, gegenüber 85 %, 8 % und 6 % bei Lewontin). Doch natürlich war die Neugier darüber groß, was uns die DNA dazu sagen könnte, wenn es möglich würde, sie in großem Stil direkt zu untersuchen.

Es sollte noch 15 Jahre dauern, aber dann war diese Arbeit gemacht. Luca Cavalli-Sforza hat Daten aus 109 Regionen der DNA in 16 Populationen der fünf Kontinente gesammelt und uns zur Verfügung gestellt (Mitte der 1980er Jahre war das Konzept der Rasse schon ins Schwanken geraten, und deshalb zogen wir es vor, die Populationen nach Kontinenten einzuteilen). Arianna Magagni, eine Statistikstudentin aus Bologna, die seinerzeit bei mir ihre Doktorarbeit schrieb, hat sich mit der Analyse der Daten nach der von Lewontin vorgeschlagenen Methode befasst, mit ein paar kleinen Änderungen, die wegen der unterschiedlichen Natur der Daten notwendig wurden. 30 dieser 109 DNA-Regionen befanden sich außerhalb der Gene, das heißt, gehörten zu dem Teil der DNA, der keine Proteine codiert.

Auf diese Weise konnten wir einen Blick auch auf den Teil des Genoms werfen, den die Untersuchungen der Proteine gezwungenermaßen vernachlässigt hatten. Das Ergebnis war noch näher an den Werten Lewontins, als wir hätten annehmen dürfen: 85 %, 5 %, 10 %. Wieder einmal erwiesen sich die Unterschiede zwischen Rassen (oder in diesem Fall genauer: Kontinenten) bei der Untersuchung eines ganz verschiedenen Felds von Individuen und völlig anderen Genen, die diesmal auf dem Niveau der DNA dargestellt waren, als sehr gering; sie betragen 10 % im Verhältnis zu dem 85%-igen Anteil genetischer Diversität, den wir innerhalb jeder Population finden. Bleiben 5 % Unterschiede zwischen den Populationen desselben Kontinents. 15 Jahre nach ihrer Veröffentlichung wurde die Arbeit Lewontins bestätigt: DNA und Proteine sagen uns dasselbe. Aber was genau sagen sie uns?

Was sagt uns die DNA?

Von damals bis heute sind viele weitere Studien der DNA unterschiedlicher menschlicher Populationen angestellt worden. Alle haben mit erstaunlicher Präzision bestätigt, dass ziemlich genau 85% der genetischen Unterschiede, die es in der Menschheit gibt, im Inneren der einzelnen Populationen bestehen und dass nur etwa 10% der genetischen Merkmale verschiedene Gruppen trennen, gleich wie wir diese definieren – ob als traditionelle Rassengruppen, ob auf der Grundlage der Herkunftskontinente oder aufgrund der jeweils gesprochenen Sprachen. 2008 hat eine Forschergruppe unter Leitung von Luca Cavalli-Sforza und Marcus Feldman 650 Millionen DNA-Abschnitte von über 900 Individuen aus 51 Populationen analysiert. Hier waren die Prozentsätze der Unterschiedlichkeit 89% innerhalb der Populationen, 2% zwischen Populationen desselben Kontinents und 9% zwischen verschiedenen Kontinenten. Wie wir sehen, haben sich die verfügbaren Daten in schwindelerregendem Tempo gegenüber der Zeit Richard Lewontins vermehrt, die ja noch gar nicht so lange vergangen ist. Doch die Ergebnisse sind im Grunde genommen dieselben geblieben. Natürlich sind sie nicht identisch, aber das muss uns nicht verunsichern, denn in jeder empirischen Arbeit gibt es experimentelle Fehler, ein bestimmtes Niveau von Ungenauigkeit. Die verschiedenen Forschergruppen haben verschiedene Individuen in verschiedenen geographischen Regionen und unterschiedliche Gene untersucht, und sie konnten kaum erwarten, genau dieselben Varianzen anzutreffen. Umso mehr ist es eine Bestätigung, wenn unabhängig voneinander stattfindende Arbeiten zu Ergebnissen gelangen, die gut zusammenpassen. Die angenommenen Rassen können sieben sein (wie bei Lewontin), drei (wie bei Nei) oder wie bei uns fünf, entsprechend den Kontinenten, und die untersuchten Gene können zehn, hundert oder hunderttausende betragen, doch am Ende kommt jedes Mal heraus, dass jede menschliche Population etwa 85 % der gesamten Diversität der Menschheit enthält. Und wie auch immer wir Rassen definieren, ist der Anteil der menschlichen Diversität, den wir ihnen zuschreiben könnten, nur gering.

Doch was sagen diese Zahlen in der Praxis aus? Die einfachste Weise, dies zusammenzufassen, ist die anzunehmen, dass, wenn die Menschheit bis auf eine einzige Population aussterben müsste – sagen wir, bis auf die Einwohner des norditalienischen Forlí oder die von Nigeria –, zwar 15 % der genetischen Vielfalt der Menschheit verloren ginge, 85 % jedoch intakt bliebe. Das ist kein Grund, die mögliche Gefahr einer fast vollständigen Auslöschung der Menschheit auf die leichte Schulter zu nehmen. Im Übrigen würden in Forlí, wie wir sehen werden, in Wirklichkeit weniger als 85 % der menschlichen Vielfalt erhalten bleiben, in Nigeria dagegen mehr. Doch im Grunde genommen sagt uns diese Durchschnittszahl von 85 %, dass wir nur wenige Allele haben, die es allein auf einem Kontinent gibt, während es die weitaus meisten von ihnen überall gibt, und das heißt, dass jede unserer Populationen das weitaus meiste dessen bereithält, was die genetische Variabilität der gesamten Spezies ausmacht. Das ist so, wie wenn die Restaurants unserer Stadt 85 % der Gerichte anböten, die es in allen Restaurants der Welt gibt.

Um die Geschichte noch einmal anders zu erzählen: Wenn wir die genetische Differenz zwischen einem Italiener oder Deutschen und dem Menschen, dem er am wenigsten auf der Welt ähnelt – sagen wir, einem Eskimo oder einem Massai oder einem Maori – mit 100 % ansetzten, betrüge die mittlere Differenz zwischen uns und unserer Wohnungsnachbarin (wenn es sich nicht gerade um unsere Schwester handelt, in welchem Fall die Dinge natürlich anders aussähen) nicht etwa 20 % oder 30 %, wie viele denken, sondern 85 %. Und der Unterschied zwischen einem Deutschen oder Italiener oder einem anderen Europäer betrüge im Durchschnitt 90 %, das heißt, diese 85 % zuzüglich der 5 % Unterschiede zwischen verschiedenen Populationen. Das heißt: Menschen, die aus anderen Gegenden kommen, sind *im Allgemeinen* genetisch etwas weiter von uns entfernt als die Mitglieder unserer Heimatgemeinde, aber nur ein wenig; um 5 % verschiedener von uns sind sie, wenn sie von anderswo auf unserem Kontinent kommen, und um 15 %, wenn sie von einem anderen Kontinent stammen. Und von diesen Durchschnittswerten gibt es viele Abweichungen. Wenn wir diesen letzten Wert, die 15 %, mit Werten vergleichen, die bei anderen Säugetieren gemessen worden sind, stellen wir fest, dass ebenso geringe Differenzen zwischen einzelnen Gruppen bisher nur beim Kaffernbüffel und beim Wasserbock, einer afrikanischen Antilope, beobachtet worden sind. Wenn wir zu Arten kommen, die über größere Territorien verstreut leben, wie dem amerikanischen Kojoten, dem Gnu, der Grant-Gazelle oder dem afrikanischen Elefanten, finden wir sehr viel größere Unterschiede zwischen den Populationen; beim Grauwolf sind sie sogar größer als 80 %.

Eine Untersuchung aus dem Jahr 2009 illustriert sehr gut, was diese Prozentzahlen bedeuten. Der erste Mensch, dessen Genom vollständig ausgelesen worden ist, ist James Watson, der zusammen mit Francis Crick und Rosalind Franklin die Doppelhelix-Struktur der DNA entdeckt hat. Nur wenig später veröffentlichte ein anderer berühmter Genetiker, Craig Venter, die Sequenz seines eigenen Genoms; es sollte »die menschliche Referenzsequenz« sein, womit er deutlich machte, dass er keine Probleme mit seinem Selbstbewusstsein hat. Ein koreanischer Genetiker, Seong-Jin Kim, hat dann die Genome von Watson und Venter mit seinem eigenen verglichen. Zur Verdeutlichung: Watson und Venter sehen ganz und gar europäisch aus, während Kim sogleich als Asiat erkenntlich ist. Der Fall, um den es hier geht, ist ein Extremfall, nicht die Regel, sondern eine Ausnahme; doch solange es solche Ausnahmen gibt, heißt das: Wenn die DNA eines Menschen irgendetwas Sinnvolles aussagt, ist dies jedenfalls nicht, dass es irgendwie vernünftig ist, dies mit Rassenkategorien zu verbinden. Kurz, es stellte sich heraus, dass die drei 1 254 000 variable DNA-Positionen gemeinsam hatten, das heißt, Positionen, die bei der gesamten Menschheit von unterschiedlichen Basen besetzt sein können, bei ihren drei Genomen jedoch von derselben Base. Jeder von ihnen zeigte dann jedoch DNA-Varianten, die bei den beiden anderen nicht vorkamen: Kim zeigte 1 132 000, Watson 1 036 000, und bei Venter waren es etwas weniger, lediglich 878 000. Besonders interessant ist aber, wie viel jeweils zwei dieser Genome gemein hatten. Und dabei stellte sich heraus, dass Venter und Watson weniger Varianten gemeinsam haben (nämlich 461 000), als beide mit Kim teilen (481 000 beziehungsweise 1 036 000). Kurz, der Asiate Kim steht *genetisch in der Mitte* zwischen den beiden Amerikanern europäischer Herkunft. Obacht: Es geht hier nicht um kleine DNA-Stückchen – auch wenn es viele davon geben mag –, die hier und da aus unseren Zellen gefischt werden können, sondern um vollständige Genome. Wenn wir diese drei Personen nun aber nach der Ähnlichkeit der DNA ihrer Zellen ordnen wollten, wäre die wahrscheinlichste Lösung, Kim mit Watson zusammenzubringen und Venter außen vor zu lassen. Am unwahrscheinlichsten wäre es aber, die beiden europäisch Aussehenden zusammenzubringen und den Asiaten außen vor zu lassen.

Das sei ein Einzelfall, hieß es; gewöhnlich aber stelle sich bei Vergleichen von anderen drei Genomen heraus, dass die aus demselben Erdteil doch ähnlicher wären. Doch allein die Tatsache, dass es solche – gar nicht seltenen – anderen Fälle gibt, zeigt, wie unsinnig es ist, in der Epoche der Genomanalyse weiter von Rassen zu sprechen. Alle Populationen sind sehr variabel, aber 80 % bis 90 % ihrer Gene repräsentieren die globale Diversität der Menschheit. Daher gibt es in jeder Population Menschen, deren Gene sich, wie die von Watson und Venter, mehr voneinander unterscheiden als von Menschen aus ganz anderen Erdteilen.

Unterscheiden, was unterscheidbar ist

Unter den vielen Einwänden, die gegen Lewontins Studie vorgebracht wurden und sie am Ende doch bestätigten, verdient die von Anthony Edwards besondere Aufmerksamkeit, denn sie ist statistisch solide. Also, wir haben gezeigt, dass es zwischen Rassen oder Kontinenten kleine genetische Unterschiede gibt. Diese Unterschiede sind aber nicht gleich null, und deshalb könnten sie eine Bedeutung haben. Wenn wir bei einem Roulettespiel wüssten, dass zwar 85 % der Würfe zu zufälligen Ergebnissen führen, doch dass bei 15 % der Würfe die Kugel mit Sicherheit auf rot zu stehen kommt, würden wir alles auf rot setzen. Das heißt: Diese 15 % Unterschied zwischen Rassen oder Populationen könnten sehr wichtig sein, und es ist vielleicht gar nicht sicher, ob sie uns nicht erlauben – auch wenn es sich um eine kleine Zahl handelt – zwischen Angehörigen unterschiedlicher Rassen zu unterscheiden. Wenn etwa diese 15 % bedeuteten, dass wir in vielen Genen mehr oder weniger gleich sind, aber alle Afrikaner die Blutgruppe A haben, alle Europäer die Gruppe B und alle Asiaten die Gruppe 0, wären die 15 % ganz entscheidend, denn in dem Fall würden wir selbstverständlich drei Rassen perfekt definieren können.

Dies ist eine gute Beobachtung, denn sie ist vernünftig und lässt sich im Experiment verifizieren. Stellen wir uns vor, uns stünden die Daten von ganz vielen Genen sehr vieler Individuen zur Verfügung. Wenn wir nun den Herkunftskontinent dieser Individuen nicht kennten und versuchten, ihn mithilfe der DNA herauszubekommen, wie oft würde uns das gelingen? Wenn uns diese Überlegung irgendwie bekannt vorkommt, so liegt das daran, dass wir sie schon einmal angestellt haben, nämlich bei den Pyrenäenschnecken. Ein Experte kann sie aufgrund der Allele ihrer DNA jeweils dem Tal zuordnen, aus dem sie kommen, weil jedes Tal seine eigene Schneckenrasse hat. Wenn es gelänge, dasselbe mit der menschlichen DNA zu machen, wäre die Idee von Menschenrassen dadurch bestätigt.

2002 haben wir zusammen mit Kolleg:innen aus englischen, deutschen und amerikanischen Universitäten ein Datenarchiv für 4000 Individuen aus 32 Populationen aufgebaut. Bei diesen Individuen haben wir 21 DNA-Abschnitte untersucht, die Alu-Sequenzen genannt werden (wir wollen uns nicht zu lange damit beschäftigen, was die sind und was sie machen, obwohl sie irgendetwas machen werden), und 14 weitere DNA-Abschnitte, die die Besonderheit haben, dass sie sich auf dem Y-Chromosom befinden und demnach nur von Vätern auf ihre Söhne übertragen werden. Chiara Romualdi, eine weitere kluge Statistikexpertin, die seinerzeit bei mir promoviert hat und inzwischen Biostatistik an der Universität von Padua lehrt, hat gezeigt, mit welchen Methoden wir mit welcher Zuverlässigkeit die Herkunft eines Individuums aufgrund seines Genoms feststellen können. Diese Methoden heißen interessanterweise »diskriminierende« (im Sinne von »unterscheidende«) Analysen. Praktisch heißt das, dass man sich jeweils eines der Individuen vornimmt, für einen Moment seine Herkunft vergisst und dann versucht, es durch den Vergleich seiner DNA mit der aller anderen Individuen (deren Herkunft wir im Augenblick auch vergessen haben) dem wahrscheinlichsten Kontinent zuzuordnen. Am Ende wird gezählt, wie viele Individuen auf diese Weise dem richtigen Kontinent zugeordnet worden sind und wie viele nicht. Um das zu tun, gibt es zahlreiche verschiedene statistische Methoden, die im Prinzip valide sein könnten. Chiara Romualdi hat ziemlich schwankende Werte gefunden, je nach den benutzten Daten und unterschiedlichen Zählmethoden: In manchen Fällen wurden 73 % der Individuen ihrem richtigen Herkunftskontinent zugeordnet, doch eine Methode der unterscheidenden Analyse, die eigentlich nicht schlechter aussah als die anderen, sah nur 17 % der Individuen richtig zugeordnet. In vielen Fällen erlaubt das Y-Chromosom größere Präzision – was uns nicht wundern muss, denn fast alle Gesellschaften in unserer Spezies sind patrilokal, das heißt, bei der Eheschließung folgt gewöhnlich die Frau dem Mann an seinen Herkunftsort. Das heißt, dass die DNA des Y-Chromosoms in der Regel weniger reist als die anderen DNA-Abschnitte, die sowohl vom Vater als auch von der Mutter vererbt werden. Da das Y-Chromosom stärker an die Herkunftsorte gebunden ist, weist seine DNA größere Unterschiede zwischen den Kontinenten auf.

Mit verbesserten Methoden landen jetzt aber 70% von uns auf dem richtigen Kontinent und 30% auf dem falschen, was das bestätigt, was wir eingangs gesagt haben: Es gibt genetische Unterschiede zwischen Afrikanern, Europäern, Asiaten und so weiter, doch diese Unterschiede sind verschwommen, und deshalb gibt es keine klaren genetischen Zuordnungen zu einem Herkunftskontinent. Interessant ist es zu beobachten, welche Art von Irrtümern vorkommen, also in welchen Fällen die DNA eines von uns den falschen Herkunftskontinent nahelegt. Dafür legt man eine Tabelle an, auf der die wirklichen Herkunftskontinente mit den Kontinenten verglichen werden, denen die unterschiedlichen Individuen zugewiesen werden. Wenn wir die Alu-Sequenzen betrachten, die immerhin mehr als 10% des menschlichen Genoms ausmachen, zeigt die Tabelle, dass viele Afrikaner – mehr als die Hälfte – als Europäer durchgehen, während fast alle amerikanischen Ureinwohner in Asien landen. Was die Alu-Sequenzen betrifft, sieht es fast so aus, als gebe es eigentlich nur drei menschliche Hauptgruppen: Afrikaner und Europäer zusammengenommen, Asiaten und Uramerikaner ebenfalls zusammen, und von beiden unterschieden die diversen Ozeanier.

Sehr schön, aber wenn wir uns die Vergleichstabelle mit dem Y-Chromosom angucken, ist alles anders. Die Afrikaner haben ihr eigenes Y-Chromosom; die Europäer, die ihre ganz eigenen Alu-Sequenzen hatten, sind dagegen darin zur Hälfte Afrikaner und zur Hälfte Asiaten. Sofern sie ein asiatisches Y-Chromosom besitzen, haben sie es mit einigen Amerikanern und allen Ozeaniern gemeinsam. Ein europäisches oder ozeanisches Y-Chromosom kommt nicht vor, während die indigenen Amerikaner, die hinsichtlich ihrer Alu-Sequenzen einfach nur eine Gruppe von Asiaten zu sein schienen, ihr ganz eigenes Y-Chromosom besitzen, das sich von allen anderen unterscheidet. Livingstone hatte recht: Die menschliche Diversität ändert sich von Abschnitt zu Abschnitt des Genoms.

Endlos viele Menschengruppen

Das ist zunächst scheinbar ein ganz schönes Durcheinander. In solchen Fällen sucht man nach anderen Daten, um die Sache besser zu verstehen. Man untersucht noch weitere Gene, bei größeren Stichproben, und stellt dieselbe Frage erneut: Was sind die Hauptgruppen der Menschheit, wenn wir unseren Computer bitten, uns nach unserer DNA zu klassifizieren? Die Antwort hat man auf viele Weisen gesucht und sie jedes Mal erhalten, nur war jede dieser Antworten leider eine andere. Wie wir gerade gesehen haben, kamen wir bei unseren Nachforschungen auf drei menschliche Großgruppen, wenn wir die Alu-Sequenzen betrachteten, und ebenso auf drei Gruppen, allerdings andere, wenn wir uns das Y-Chromosom vornahmen. Die Gruppe um David Goldstein, einen kalifornischen Genetiker, der sich damals in London aufhielt, hat sich wiederum das X-Chromosom vorgenommen, dass die Frauen in zwei Ausfertigungen besitzen, die Männer aber nur in einer, und hat dabei vier menschliche Hauptgruppen ausgemacht: die Asiaten, die Südafrikaner, die Ostafrikaner und die Bewohner von Neuguinea. Noah Rosenberg hat viele DNA-Abschnitte untersucht und dabei sechs Gruppen festgestellt: Afrika, Europa samt Westasien, Ostasien, Ozeanien, Amerika und – überraschenderweise – die Kalasha im Norden Pakistans, die genetisch eine ganz eigene Gruppe seien. Diese beiden Arbeiten basieren auf einer etwas anderen statistischen Technik als ihre Vorgänger, die allerdings ein Problem hat: Man muss im Vorhinein entscheiden, wie viele Gruppen (Rassen) es geben soll. Dann stellt der Computer diese Zahl von Gruppen zusammen, indem er die genetisch ähnlichsten Menschen zusammenfasst, und am Ende kontrolliert er, ob man nicht bei zwei, drei, vier und mehr Gruppen zu einem besseren Ergebnis käme. Das kommt einem ziemlich einfach vor, doch jede dieser Analysen bedeutet viel Arbeit. Noah Rosenberg hat bei sechs Gruppen aufgehört. David Serre und Svante Pääbo, die in Leipzig arbeiten, haben die Analyse nachvollzogen und herausgefunden, dass die Ergebnisse etwas präziser werden, wenn man die Menschheit in sieben Gruppen einteilt, und noch präziser, wenn man acht Gruppen annimmt, und so weiter. Irgendwann haben auch Serre und Pääbo aufgehört, denn jedes Mal, wenn man eine weitere Gruppe hinzufügte, wurde das Ergebnis genauer. So kamen sie zu dem Schluss, dass die beste Einteilung diejenige ist, in der jedes Individuum seine eigene Gruppe ist, das heißt, jeder Mensch eine eigene Rasse darstellt.

Also wer hat nun unrecht oder recht? Die DNA zu untersuchen sollte uns doch helfen, eine Reihe von unvermeidlichen Uneindeutigkeiten hinsichtlich der anatomischen Merkmale einzugrenzen, und doch wissen wir immer noch nicht, ob es nun drei, sechs oder, wie Serre und Pääbo glauben, praktisch unbegrenzt viele Menschengruppen gibt, was so viel heißt, als dass es gar keine gibt. Wenn es unterscheidbare Menschengruppen gibt, wenn es irgendeinen genetischen Grund gibt, von Rassen zu reden, muss es irgendwann doch wenigstens möglich sein zu sagen, wie viele es sind. Wo haben wir geirrt, und wer hat sich geirrt?

Wenn wir darüber nachdenken, könnte uns auffallen, dass wir uns in derselben Situation befinden wie die Gelehrten des 19. Jahrhunderts. Anhand einiger Merkmale – der Hautfarbe, der Schädelform, der Art der Haare – gelang es ihnen, die Menschen auf eine irgendwie nachvollziehbare Weise einzuteilen; dann aber schwand die Gewissheit über diese Gruppen, und neue ergaben sich, wenn man irgendein anderes Merkmal betrachtete. Genauso ist es, wenn hier das Y-Chromosom bestimmte Einteilungen nahelegt, die aber nicht dieselben sind wie die, die die Alu-Sequenzen oder das X-Chromosom nahelegen, und so weiter.

Je mehr neue Gene wir untersuchen, desto mehr schwindet die Aussicht darauf, klare Grenzen zwischen Menschengruppen zu bestimmen, die wir dann Rassen nennen könnten. Das Einzige, was diese Untersuchungen gemein haben, ist, dass jede von ihnen zu Ergebnissen führt, die sich nicht mit denen aller anderen decken. Der einzige Sinn, den wir in diesen Forschungsergebnissen finden können, ist der festzustellen, dass es dabei keinen grundlegenden Fehler, keine groben Ungenauigkeiten, gegeben hat. Die Widersprüche sind nicht dem geschuldet, dass ein Forscher die richtige Wahl (die richtigen Gene, die richtigen Populationen) getroffen hat und die anderen nicht. Alle haben eine mehr oder weniger sinnvolle Auswahl getroffen, aber jene Widersprüche sind eine Grundeigenschaft der Diversität der menschlichen Gene, und sie sagen uns, dass es in unseren Genen keine eindeutigen Barrieren und folglich auch keine Rassen gibt. Unsere Gene sind in gut unterscheidbaren und leicht etikettierbaren Paketen zusammengefasst. Aber wir haben keine für die Afrikaner mit ihren typischen Blutgruppen und ihren bezeichnenden X-und Y-Chromosomen oder ihren Alu-Sequenzen, auch nicht für die Europäer mit ihren Blutgruppen, X- und Y-Chromosomen und Alu-Sequenzen, die sich von denen der Afrikaner unterscheiden, und dasselbe gilt für die Asiaten und so fort.

Dasselbe gilt für die morphologischen Merkmale, die – auch wenn sie genetisch bedingt sind – nach keinem Gruppenmuster verteilt sind. All diese Untersuchungen und die Widersprüche zwischen ihnen sagen uns, dass die unterschiedlichen Gene auf ganz unterschiedliche Weise über den gesamten Erdball verteilt sind, und dass sie nicht miteinander korrelieren. Zwei Populationen oder zwei Individuen können sich in den Genen A, B und C gleichen, aber das ist keine Garantie dafür, dass sie auch dieselben Gene D, E und F haben. Zusammenfassend können wir also sagen, dass nicht nur die Unterschiede zwischen den wichtigsten Menschengruppen gering sind und weniger als 10 % unserer gesamten Variabilität darstellen, sondern dass sie auch nicht so verteilt sind, dass uns dies erlaubte, zwischen unterschiedlichen Gruppen zu unterscheiden, wie Edwards annahm. So, wie es unmöglich gewesen ist, sich anhand unserer Körperform auf menschliche Rassen zu einigen, ist es auch anhand der Gene unmöglich. Wenn, wie Ernst Mayr schrieb, die Existenz von klaren Abgrenzungen das entscheidende Kriterium dafür ist, um darüber urteilen zu können, ob es in einer Spezies unterschiedliche Rassen gibt oder nicht, hat noch niemand diese Abgrenzungen gefunden. Derzeit kennen wir weder eine Liste noch eine Landkarte von Rassen, auf die sich auch nur *die* Wissenschaftler einigen könnten, *die an Rassen glauben*. Die Genetik macht schnelle Fortschritte, und in wenigen Jahren werden wir mehr wissen. Gegenwärtig aber ist es überhaupt nicht einsichtig, auf welchen Grundlagen man vernünftigerweise behaupten kann, dass die menschliche Spezies in biologisch unterschiedene Rassen zerfällt.

Demjenigen, der sich vielleicht dafür interessiert, sich auf die Jagd nach dem materielosen unsichtbaren Pferd zu begeben und (ich wollte schon schreiben: hoch zu Ross) zu anderen anregenden Unternehmungen an der Grenze zwischen Evolutionstheorie und Philosophie aufzubrechen, empfehle ich die Website von Massimo Pigliucci: http://www.rationallyspeaking.org/. Während man sich dort durchklickt, kann man manche heitere Stunden verbringen. Die Website ist noch immer zugänglich, auch wenn Pigliucci 2014 aufgehört hat, sie auf den jeweils neuesten Stand zu bringen (was ich ihm nie verziehen habe), um sich dieser Website zu widmen: https://howtobeastoic.wordpress.com/massimo-on-stoicism/.

In diesem Kapitel habe ich auf verschiedene Studien über genetische Varianzen und Struktur von Populationen Bezug genommen. Ich führe sie hier in der Reihenfolge ihres Erscheinens auf:

R.C. Lewontin, »The apportionment of human diversity«, in: *Evolutionary Biology* 6, 1972, S. 381-398; B.D.H. Latter, »Genetic differences within and between populations of the major human subgroups«, in: *American Naturalist* 116, 1980, S. 220-237; A.W.F. Edwards, »Human genetic diversity: Lewontin's fallacy«, in: *BioEssays* 25, 2003, S. 798-801; N. Ryman, R. Chakraborty, M. Nei, »Differences in the relative distribution of human gene diversity between electrophoretic and red and white cell antigen loci«, in: *Human Heredity* 33, 1983, S. 93-102; G. Barbujani, A. Magagni, E. Minch, L.L. Cavalli-Sforza, »An apportionment of human DNA diversity«, in: *Proceedings of the National Academy of Sciences USA* 94, 1997, S. 4516-4519; L.B. Jorde, W.S. Watkins, M.J. Bamshad, M.E. Dixon, C.E. Ricker, M.T. Seielstad, M.A. Batzer, »The distribution of human genetic diversity: A comparison of mitochondrial, autosomal and Y-chromosome data«, in: *American Journal of Human Genetics* 66, 2000, S. 979-988; J.Z. Li et al., »Worldwide human relationships inferred from genome-wide patterns of variation«, in: *Science* 319, 2008, S. 1000-1004; S.M. Ahn et al., »The first Korean genome sequence and analysis: Full genome sequencing for a socio-ethnic group«, in: *Genome Research* 19, 2009, S. 1622-1629; C. Romualdi, D. Balding, I.S. Nasidze, G. Risch, M. Robichaux, S.T. Sherry, M. Stoneking, M.A. Batzer, G. Barbujani, »Patterns of human diversity, within and among continents, inferred from biallelic DNA polymorphisms«, in: *Genome Research* 12, 2002, S. 602-612; N.A. Rosenberg, J.K. Pritchard, J.L. Weber, H.M. Cann, K.K. Kidd, L.A. Zhivotovsky, M.W. Feldman (2002), »Genetic structure of human populations«, in: *Science* 298, 2002, S. 2381-2385; J.F. Wilson, M.E. Weale, A.C. Smith, F. Gratrix, B. Fletcher, M.G. Thomas, N. Bradman, D.B. Goldstein, »Population genetic structure of variable drug response«, in: *Nature Genetics* 29, 2001, S. 265-269.

Eine Zusammenfassung dieser und anderer Arbeiten zum Thema findet sich in: G. Barbujani, M. Pigliucci, »Human races«, in: *Current Biology* 23, 2013, S. R185-R187, und eine erweiterte und modifizierte Version auf Italienisch in: G. Barbujani, »Invece della razza«, in: *Contro il razzismo*, hg. von M. Aime, Turin 2016, S. 7-42.

Der Vergleich zwischen der Variabilität des Menschen mit der anderer Säugetiere geht zurück auf: A. Templeton, »Human races: A genetic and evolutionary perspective«, in: *American Anthropologist*, 100, 1999, S. 632-650.

7. Kapitel

Modelle

Worin von drei Theorien zur Evolution der Menschheit die Rede ist

Bisher haben wir auch von Geographie gesprochen: davon, wieso keine genetischen Unterschiede es zulassen, dauerhafte Grenzen zwischen den Populationen der Erde zu ziehen, die uns erlaubten, von Rassen zu reden. Jene Unterschiede sind im Laufe der Jahrtausende gewachsen, und wir würden gern verstehen, wie; doch die Geschichte ist noch komplizierter als die Geographie, jedenfalls auf diesem Gebiet. Wie hat die Menschheit es angestellt, zu dem zu werden, was sie ist, über welche Wege der Evolution? Die Antwort darauf kann uns die Landkarte unserer Gene allein nicht geben; wir müssen Theorien zur Hilfe nehmen.

Anders als manche Leute glauben, sind die Daten allein nicht aussagekräftig. Wenn ich mir die Schädelvolumen der bekannten menschlichen Fossilien nebeneinander anschaue, sehe ich nur eine Reihe von nichtssagenden Zahlen. Ich fange erst an, etwas zu verstehen, wenn ich die Hypothese formuliere, dass das Gehirnvolumen im Laufe der Zeit gewachsen ist. Doch es stimmt nicht, dass sämtliche Schädelinhalte einer bestimmten Periode größer sind als die älteren und kleiner als die späteren. Ich brauche eine differenziertere Hypothese, entsprechend derer die Schädel nach ihrer Form oder nach ihrem Fundort geordnet werden, und gebe ihnen Namen, zumindest provisorische Namen. Wenn die Namen nicht willkürlich sind, sondern mir erlauben, verschiedene Evolutionslinien auseinanderzuhalten, werde ich in einer dieser Linien eine Tendenz zur Volumenzunahme finden. Doch auch dann wird es noch Ausnahmen geben, die mich zwingen, eine noch präzisere und komplexere Hypothese zu entwickeln.

So geht Wissenschaft vor. Die Rolle der Theorie ist dabei, ein Ensemble von Begriffen zur Verfügung zu stellen, anhand derer die Daten interpretiert werden können. Heute stehen den Wissenschaftlern Millionen von Skelettmaßen, von Elektrophoresedaten von Proteinen, von DNA-Sequenzen und Genexpressionsprofilen unserer Spezies und unserer nächsten Verwandten, der großen Affen, zur Verfügung. Doch um zu verstehen, was dies alles bedeutet, braucht man nun mal einen Interpretationsschlüssel, also eine Theorie oder ein Modell, womit wir es lesen und einschätzen können. Deshalb hat Theorie in der Wissenschaft eine andere Bedeutung als in der Alltagssprache. Normalerweise verstehen wir unter Theorie eine Zusammenstellung von unbewiesenen Ideen. »Theoretisch könntest du das« heißt, dass du das praktisch wohl kaum hinbekommst, und wenn ich erkläre, ich hätte eine Theorie, wie man Auto fährt, werden Sie mich sogleich vom Lenkrad wegziehen. In der Wissenschaft hingegen besteht eine Theorie aus einem Ensemble von abstrakten Begriffen, mit deren Hilfe die experimentell gewonnenen Daten sich zu einem interpretierbaren Bild zusammensetzen lassen – wie die Theorie der Gravitation, die Atomtheorie und die Theorie der Kontinentaldrift.

Die Evolutionsbiologie hat die Mechanismen definiert, mit denen Populationen sich ausdifferenzieren. Die immer weiter gesammelten Daten über die Menschen von heute und die Fossilien derer, die ihnen vorangegangen sind, werden dadurch in ihren evolutiven Kontext gestellt. Wir werden über drei Modelle (die in Abb. 5 schematisch dargestellt sind) sprechen, das heißt, drei Theorien, die die Tendenzen der Evolution zu erklären versuchen, wie sie von den Fossilien und neuerdings auch von der DNA dokumentiert werden. Jedes Modell enthält eine andere Vorstellung davon, wie es zu den ersten anatomisch modernen Menschen gekommen ist und welche biologischen Unterschiede es zwischen den heutigen Populationen gibt.

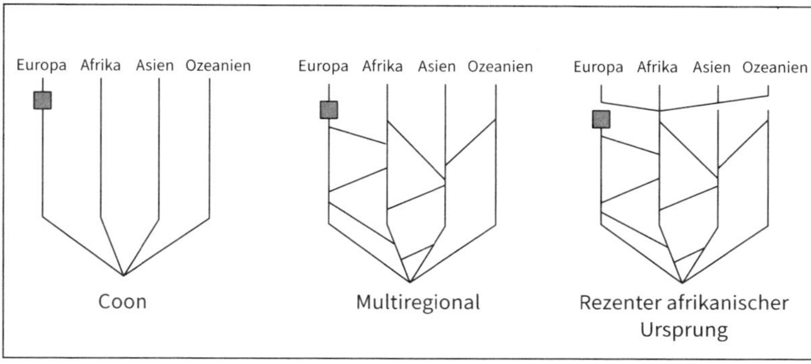

Abbildung 5 Schematische Darstellung der wichtigsten Modelle der menschlichen Evolution.
Die Vergangenheit ist jeweils unten, die Gegenwart oben; die geraden Linien stellen die genealogische Kontinuität dar, die diagonalen den Austausch zwischen den Kontinenten durch Migration. Die Population Amerikas wird in allen drei Modellen als Teil der asiatischen betrachtet. Das dunkle Quadrat steht für die Neandertalerpopulation, die in den ersten zwei Modellen, aber nicht in dem des rezenten afrikanischen Ursprungs der Vorläufer der modernen Europäer ist.

Die fünf Subspezies des Carleton Coon

In unserer Geschichte verdiente Carleton Coon eigentlich ein gesondertes Kapitel. Gehen wir noch einmal einen Schritt zurück. Wie wir gesehen haben, wurde die Klassifikation der Menschheit nach Rassen allmählich technisch unmöglich. Der typologische Ansatz hatte bereits seine Schwächen deutlich gezeigt: Die Zahl der Rassen vervielfachte sich, und niemand konnte mehr genau sagen, wie viele und welche es gab, weil die Abgrenzungen zwischen ihnen immer verwickelter wurden. Und schon sagten einige ganz offen, dass für das Studium des Menschen das Konzept der Rasse weder begründet noch nützlich sei, und fanden sehr starke Argumente dafür in der Evolutionsbiologie. Unterdessen wurden in den Laboren der Biochemie und Genetik die Techniken entwickelt, die in den folgenden Jahrzehnten dazu verhelfen sollten, sehr viel genauer die menschliche Diversität zu beschreiben und zu verstehen.

Man befand sich am Vorabend eines tiefgreifenden Wandels. In solchen Augenblicken kommt es vor, dass jemand mit der Entwicklung gar nicht einverstanden ist und seine Stimme erhebt – um sich mit Titanenkräften dem Gang der Geschichte entgegenzustemmen oder vom Ende einer Epoche zu singen. Coon ist entschieden eher der Titan als der nostalgische Sänger. In seinem Buch *The Origin of Races* von 1963 tritt er in die Fußstapfen der früheren Rassentheorien, denen er – das ist das Neue – ein Evolutionsmodell hinzufügt. Er zählt also nicht bloß seine Rassen auf, sondern versucht auch zu erklären, wie sie sich ausdifferenziert haben. Zuallererst definiert Coon ausdrücklich, was für ihn eine Rasse ist, nämlich eine Unterart (beide Begriffe bedeuten praktisch dasselbe): eine Gruppe von Individuen, die eine besondere geographische Region bevölkert und sich von den anderen Subspezies »in erheblichem Maße durch einige messbare Merkmale« unterscheidet. Die scheinbare Komplexität der Menschheit, schreibt Coon, sei großenteils das Ergebnis rezenter Wanderungen wie die der Europäer, die zu ihrer Ausbreitung in Amerika und Ozeanien und zum Schrumpfen oder Verschwinden der lokalen Bevölkerung geführt haben. Sobald man die Effekte dieser Wanderungen beiseitelasse, das heißt, praktisch hinter das Jahr 1492 zurückgehe, werde das komplexe Bild viel einfacher, genau genommen ganz einfach. Es habe im Wesentlichen zwei Phasen der Evolution des Menschen gegeben: In der ersten haben wir uns von den Großaffen abgesetzt, den aufrechten Gang erlernt und ein größeres Gehirn entwickelt, das zu abstraktem Denken fähig ist. Diese Phase entspricht der Entstehung des *Homo erectus*, die Coon zwischen einer Million und einer halben Million Jahren vor unserer Zeit ansiedelt. Heute wissen wir, dass er die Zeiträume unterschätzt hat, aber das macht nicht so viel aus. Bis hierhin ist also alles in Ordnung. In der Folgezeit tritt, wie wir gesehen haben, *Homo sapiens* auf, doch noch vor dieser zweiten Phase, schreibt Coon, sei es zu einer tiefgreifenden Differenzierung innerhalb der Menschheit gekommen. Noch während wir uns im Stadium des *erectus* befanden, so Coon, habe es fünf menschliche Subspezies gegeben: Kaukasoide (das heißt, Europäer), Mongoloide (das heißt, Ostasiaten), Capoide (nach dem »Cap« benannte Südafrikaner), Kongoide (Westafrikaner wie die aus dem Kongo) und Australoide. Sie seien bis heute, auch wenn sie zum Teil die Territorien, in denen sie sich entwickelt haben, verlassen haben, gut zu erkennen, weil jede Subspezies sich von den anderen »in erheblichem Maße durch einige messbare Merkmale« unterscheide.

Vorsicht: Die Merkmale für solche Vergleiche müssen sorgfältig gewählt werden, weil einige von ihnen das Ergebnis von Anpassungen an die Umwelt und somit von natürlicher Selektion sein können. Zum Beispiel ist es möglich, dass weit voneinander entfernt wohnende Populationen, die jeweils in einer kalten Umgebung leben, Anpassungen entwickeln wie eine geringere Körperoberfläche, um die Wärmeabstrahlung zu reduzieren. Wenn man die Reduktion der Körperoberfläche betrachtet, gleichen sich die Eskimos von Alaska, die Lappen und die Pygmäen, doch diese Ähnlichkeit beweist keineswegs, dass die drei Bevölkerungsgruppen gemeinsame Ahnen hätten und deshalb als eine einzige Rasse betrachtet werden könnten. Coon ist sich dieses Problems bewusst, doch ihm zufolge haben sich die Architektur der Zähne, die Form der Nasenknochen und das mehr oder weniger starke Relief des Gesichts durch die Zeiten erhalten, wenn man von klima- und umweltbedingten Veränderungen absieht. Deshalb stünden diese Merkmale höchstens zu einem ganz geringen Teil für Anpassungen an die Umwelt, sondern bezeugten vielmehr die gemeinsame Herkunft derer, die sie haben. Wenn man dieselben Merkmale auch bei Fossilien sucht, werde man Individuen aus der Vergangenheit finden, die mit solchen der Gegenwart eine einzige Evolutionskette bilden.

Hier, so möchte man im Vergleich mit manchen früheren Autoren meinen, kommt man wieder mit beiden Beinen auf den Boden. Es gibt eine methodologische Empfehlung, die von vernünftigen Kriterien gestützt wird, nämlich die Ursprünge der Menschheit in ihrer Vergangenheit zu suchen, durch die Analyse der fossilen Reste der Hominiden. Und es gibt den Versuch, so viel wie möglich quantitative Kriterien (die »messbaren Merkmale«) für die Untersuchung der menschlichen Diversität zu nutzen. Und es gibt die Ablehnung abenteuerlicher Hypothesen zu einer Rassenintelligenz, die auch Coon »nicht sehr nützlich« findet, weil sie keinen Vergleich mit der Vergangenheit erlauben: Die Intelligenz der Toten, schreibt er, ist nicht messbar (Coon verkündet hier einen weisen Grundsatz, aber hält sich leider selbst nicht so sehr daran). Die Kehrseite der Medaille aber ist kurz gesagt die, dass nach Coon die Angehörigen der verschiedenen Subspezies des *Homo sapiens* von unterschiedlichen *Homo erectus*-Populationen abstammen, die jeweils in Europa, Asien, Afrika und Australien lebten. Jede dieser Subspezies habe sich im Wesentlichen unabhängig voneinander entwickelt und sei zu unterschiedlichen Zeitpunkten zum *Homo sapiens* geworden. Indem er die Zahl der Rassen reduziert, nähert Coon sich wieder der alten Idee des Polygenismus an, die aus mancherlei guten Gründen, wie wir gesehen haben, schon lange verworfen worden war. Seine Theorie hat sehr alte Wurzeln; sie gilt heute als obsolet, aber sie war es schon, als sie formuliert wurde.

Aber schauen wir noch einmal genauer hin: In Afrika siedelt Coon zwei menschliche Unterarten an, die Capoiden und die Kongoiden. Die Idee ist gar nicht so falsch angesichts dessen, dass die modernen DNA-Untersuchungen große Unterschiede zwischen afrikanischen Populationen festgestellt haben, die oft größer sind als die zwischen solchen, die zwischen verschiedenen Kontinenten festgestellt werden. Wie gesagt kommt die Bezeichnung »Capoid« vom Kap der Guten Hoffnung in Südafrika, und diese

Subspezies umfasst diejenigen, die wir zuvor »Khoisan«-Populationen genannt haben: *San* und *Khoikhoi* sprechende Gruppen von Jägern und Sammlern aus Südwestafrika, sogenannte Buschmänner und Hottentotten. Diesen Gruppen ist gemeinsam, dass ihre äußere Erscheinung sie kaum als »negroid« einzustufen erlaubt: Ihre Haut ist heller, ihre Augen sind schmaler, ihre Lippen sind nicht dick und oft sind sie körperlich klein, was nach Coon ein rezentes Phänomen ist, das sich erst mit ihrer Ankunft im Süden des afrikanischen Kontinents eingestellt hat. Die als Khoisan zusammengefassten Gruppen wurden traditionell als »negroid« klassifiziert, und deshalb tauft Coon die andere afrikanische »Unterart«, die mit wirklich schwarzer Haut, auch nicht negroid, sondern »congoid«. Dazu zählt er auch die Pygmäen, die andere Autoren (wie Weinert und Biasutti) als eine gesonderte Rasse betrachtet hatten. Mit »kaukasoid«, »mongoloid« und »australoid« knüpft Coon an traditionelle Bezeichnungen an, auch wenn er die Ainu Nordjapans der kaukasoiden Unterart zuschlägt, außer allen amerikanischen Populationen auch manche ozeanischen zu den Mongoloiden zählt und zu den australoiden auch die dunkelhäutigen Populationen Indiens, Melanesiens und Südasiens, wobei er außer Acht lässt, dass die Pigmentation der Haut nichts als eine Adaptation an hohe Sonneneinstrahlung ist.

Coon, ein vielseitiger und temperamentvoller Charakter, der im Laufe seiner Karriere auch Spionageromane geschrieben hat und sich von Rechtsextremen für politische Posten hat aufstellen lassen, geht über die Argumente hinweg, die Livingstone und Ashley Montagu gegen die typologische Betrachtungsweise vorgebracht haben. Er beschließt, dass die Genetik ihn nicht interessiert (»Um die Linien der Herkunft des fossilen Menschen nachzuzeichnen, ist keines dieser Merkmale von Nutzen«) und geht wieder zum polygenetischen Denken zurück. Und hier tauchen die ersten ernsten Probleme auf. Nicht erst heute, sondern das ganze 20. Jahrhundert und ein Großteil des 19. hindurch war man sich wenigstens über eines einig, nämlich, dass die Rassen Untereinheiten der Spezies sind: Zuerst spaltet sich die Spezies von anderen Arten ab, und erst dann entstehen in ihr, als eine Art Prolog eines neuen Prozesses der Artentstehung, die Rassen. Coon dagegen vertritt die für Evolutionstheoretiker wie Dobzhansky schockierende Ansicht, dass es Unterschiede zwischen den Rassen schon zur Zeit des *Homo erectus* gegeben habe, die sich dann verbreitert und im *Homo sapiens* fortgesetzt hätten. Genau genommen sei der moderne Mensch fünfmal entstanden, und zwar an verschiedenen Orten und zu anderen Zeitpunkten. Die Australoiden, nach Coon die primitivsten Menschen, stammten direkt vom Pithecanthropus ab, die Mongoloiden vom Sinanthropus, also dem Peking-Menschen. (Beide Formen werden heute unter der Rubrik *Homo erectus* eingeordnet; Pithecanthropus oder Affen-Mensch ist der Name, mit dem seinerzeit die fossilen Menschentypen bezeichnet wurden, als man sie anhand von elf unvollständigen Skeletten aus Nadong auf Java bestimmte.) Am Anfang der Entwicklung der Kaukasoiden habe die Vermischung der Neandertaler mit »einer moderneren Stammlinie« gestanden, die man als Cro-Magnon-Mensch identifizieren könne. Die Vorfahren der Kongoiden und Capoiden schließlich werden weniger klar ausgemacht, obwohl Coon bei Letzteren – wenngleich sehr vorsichtg – dazu neigt, eine Evolutionsbeziehung zwischen ihnen und einer fossilen Population aus Marokko anzunehmen, deren Angehörige demnach häufig nach Südwestafrika und nicht nur dorthin gereist sein müssen, um Nachkommen zu zeugen. Im Laufe des Evolutionsprozesses habe »jede Subspezies [...] in ihrem Territorium eine kritische Schwelle von einem rohen zu einem klugen Entwicklungsstand überschritten«.

Coon behauptet, dass das Überschreiten dieser Schwelle nicht nur an fünf verschiedenen Orten, sondern auch zu verschiedenen Zeiten stattgefunden habe. Infolgedessen hätten einige Unterarten (die Mongoloiden und die Kaukasoiden) schon mehr Zeit in einem »klugen« Entwicklungsstand zugebracht, während andere (die schwarzen »Unterarten« und vor allem die Australoiden) noch lange auf der »rohen« Entwicklungsstufe verharrt hätten. Coon beziffert ihre Entwicklungsverspätung auf 160 Millionen Jahre; die beiden afrikanischen »Unterarten« hätten das Stadium *sapiens* erst vor höchstens 40 Millionen Jahren erreicht, die Kaukasoiden und die Mongoloiden dagegen schon vor 200 Millionen Jahren. Folglich habe die Evolution bei den verschiedenen Rassen verschiedene Stufen erreicht. Daraus folgt eine genaue Wertehierarchie, an deren Spitze die Europäer und die Asiaten stehen. Die Rasse, schreibt Coon in einem Artikel von 1950, ist ein eindeutig einer bestimmten Region zugeordnetes Ensemble von Individuen beiderlei Geschlechts, die sich gewöhnlich untereinander kreuzen und über die Zeiten hinweg kontinuierlich einen bestimmten morphologischen Typ reproduzieren; diese Individuen sähen nicht nur ähnlich aus, sondern verhielten sich auch ähnlich. Wie man sieht, kann Coon nicht der Versuchung widerstehen, bloße Meinungsäußerungen einfließen zu lassen, und endet damit, das äußere Aussehen mit psychologischen Merkmalen zu verknüpfen. Er geht sogar so weit, zwei gegenüberstehende Fotos in seinem Buch miteinander zu vergleichen, die er »das Alpha und das Omega des *Homo sapiens*« nennt: Topsy, eine australische Aborigine, deren Schädelvolumen weniger als 1000 cm^3 beträgt, und den Archäologen und Direktor der Accademia Sinica, Doktor Li, dessen Gehirn der Bildlegende nach doppelt so groß ist.

Damit formuliert Coon endgültig eine Theorie, die mit allen anderen neueren Theorien unvereinbar ist, in der die Grundlagen der Evolutionstheorie so weit verdreht werden, dass kein Evolutionswissenschaftler das akzeptieren kann, und mit der die Idee propagiert wird, es gebe in der Menschheit, und zwar wissenschaftlich bewiesenermaßen, ihrer Herkunft nach geringwertigere Gruppen.

Man muss sich nicht darüber wundern, dass eine solche Theorie bald im Mittelpunkt einer Debatte stand, die weit über die Biologie hinausging. In den 60er Jahren entstand in den Vereinigten Staaten eine mächtige Bewegung gegen die Rassensegregation, die wiederum auf heftigen und, vor allem in den Südstaaten, auch gewalttätigen Widerstand traf. Apartheidtheoretiker wie George Wesley und Carlton Putnam nehmen nun Coons Text dankbar auf und benutzen ihn, um zu behaupten, dass den weniger entwickelten schwarzen Amerikanern nicht dieselben Rechte zuerkannt werden könnten wie den weißen. David Duke, der – nachdem er eine Weile in Nazi-Uniformen mit jeder Menge Hakenkreuzen herumgelaufen ist – in den 1960er Jahren den Ku-Klux-Klan modernisieren will, schreibt den Theorien Coons seine Erweckung zu: Dank ihrer habe er verstanden, dass es gute wissenschaftliche Gründe für Rassendiskriminierung gebe. Hier ein Beispiel aus Dukes Prosa, in der das Wort »Genotyp«, das einen Komplex von Genen bezeichnet, aufs Geratewohl dazu benutzt wird, das der afroamerikanischen Gemeinschaft zugeschriebene Verhalten zu stigmatisieren: »Unter dem Einfluss der weißen Kultur voneinander getrennt, sind [die Schwarzen] zu ihrem Genotyp zurückgekehrt, der immer charakteristischer für die schwarzen Gesellschaften in aller Welt wird. Die Männer legen eine übertriebene sexuelle Aggressivität an den Tag und neigen zur Promiskuität, was zur Auflösung der schwarzen Familie in Amerika geführt hat.«

Man kann von Rassisten geschätzt werden und trotzdem, rein wissenschaftlich betrachtet, recht haben. Aber Coon hatte unrecht. Heute wissen wir, dass die ersten anatomisch modernen Menschen aus Afrika stammen und sich von dort auf die anderen Kontinente verteilt haben. Wenn wir das Dienstalter als *Homo sapiens* als Maß für die Evolution nähmen, verdienten die Afrikaner den Spitzentitel. Allerdings ist das eine falsche Überlegung, denn innerhalb ein und derselben Spezies können alle ihre Herkunft auf eine gemeinsame Gruppe von Vorfahren zurückführen, die zu einem bestimmten Zeitpunkt gelebt hat (was niemand bezweifelt), und folglich trennt alle derselbe Zeitraum von den gemeinsamen Vorfahren, und niemand ist *weiter in der Evolution* als jemand anderes. Vielleicht hat jemand Eigenschaften entwickelt, die in einer bestimmten Umwelt besonders günstig sind, aber das ist eine andere Debatte.

Im Übrigen vertritt Coon aber auch die Meinung, die Menschheit habe sich mittels eines Phänomens entwickelt, das ohne Vergleich in der gesamten Biosphäre ist. Weder in der Zoologie noch in der Botanik gibt es ein Beispiel dafür, dass eine Spezies mehrmals an verschiedenen Orten und zu verschiedenen Zeiten entstanden ist; verschiedene unabhängige Ereignisse der Artenentstehung, wie Coon sie annimmt, können nur zu verschiedenen Arten führen. Heute wissen wir das mit Sicherheit, doch auch vor 50 Jahren war die Evolutionsbiologie genügend weit entwickelt, um jedem, der es gewollt hätte, die Möglichkeit zu geben, diesen Irrtum zu vermeiden. Coon will ihn nicht vermeiden; er entwickelt ein Modell, das nicht funktioniert, ebenso wenig wie das Theoriegebäude, das sich darauf aufbaut. Der Polygenismus ist in der Mitte des 20. Jahrhunderts einfach nicht mehr aufrechtzuerhalten. Im falschen Kontext funktionieren auch die am sorgfältigsten gesammelten Daten (und die von Coon waren gut zusammengetragen) nicht.

Um die menschliche Diversität zu begreifen, müssen wir verstehen, wie sich unsere Spezies entwickelt hat, und zwar alle von einem einzigen Ereignis der Artenbildung an. Von diesem Zeitpunkt an hatten die unterschiedlichen menschlichen Populationen dieselbe Zeit, sich zu entwickeln. Manche haben eine durchschnittlich hohe Körpergröße erreicht, andere sind im Durchschnitt klein geblieben oder geworden. Kleine Individuen haben auch kleinere Köpfe; dieses Phänomen wird Allometrie genannt. Das Vermessen von Schädeln dient zu nichts, es sei denn, man dividiert das Schädelvolumen durch das Körpervolumen: Erst dann erhält man eine Vorstellung von der relativen Größe des Gehirns im Verhältnis zu der Körpermasse, über die es herrschen soll. Anderenfalls würde man zu dem Ergebnis kommen (und manche Leute sind jahrhundertelang dazu gekommen), dass Frauen weniger Gehirn haben als Männer, indigene Amerikaner weniger als alle und die Europäer … raten Sie mal! Demnach aber müsste der Wal, der ein größeres Gehirn hat als wir, auch intelligenter sein als wir, was aber noch niemand (derzeit zumindest) bewiesen hat.

Heute gelten die Theorien von Coon jedenfalls innerhalb der Wissenschaftsgemeinde definitiv als obsolet. Die Idee, dieselbe Spezies könnte unabhängig voneinander zu verschiedenen Zeiten an verschiedenen Orten entstanden sein, ist niemals experimentell bestätigt worden, und auch theoretisch ist sie nicht zu halten. Außerdem hat man auch berechnet, dass die verschiedenen menschlichen Populationen von heute, wenn sie vor einer Million Jahren getrennt worden wären und sich unabhängig voneinander entwickelt hätten, nicht Rassen, sondern längst unterschiedliche Arten wären. Was aber, wie wir im Kapitel über die polygenetischen Theorien gesehen haben, nicht der Fall ist.

Es ist aber nicht zu leugnen, dass Coons Ideen, wie weitgehend präzisiert und verbessert auch immer, deutliche Spuren hinterlassen haben. Coon irrt sich bei der Interpretation der Daten, doch seine Beschreibungen der archaischen Menschen afrikanischen, europäischen und asiatischen Ursprungs sind oft korrekt; diese Menschentypen unterscheiden sich voneinander und haben manches gemeinsam mit den modernen Menschen derselben Regionen. Diese Beobachtungen sind der Ursprung weiterer Theorien, die in der anthropologischen Debatte des späten 20. und des 21. Jahrhunderts eine Rolle spielen sollten.

Evolution in vielen Regionen

Das größte Problem mit dem Coonschen Modell ist, sich fünf voneinander unabhängige und parallele Momente der Artenbildung vorzustellen: etwas, das man sonst noch nie gesehen hat.

Eine wissenschaftlich plausiblere Annahme ist die, dass es überhaupt keine solche Speziationen gegeben hat. Wenn die anatomisch archaischen Menschentypen (die wir heute als *Homo habilis*, *erectus*, *ergaster*, *heidelbergensis* und *neanderthalensis* klassifizieren und die Coon unter der einen Bezeichnung *erectus* zusammenfasste) und der anatomisch moderne Mensch in Wahrheit ein und dieselbe Art wären, nur zu unterschiedlichen Zeitpunkten ihrer ohne große Erschütterungen und ohne Momente der Speziation vollzogenen allmählichen Entwicklung, dann könnten die Unterschiede zwischen den heutigen Populationen uralt sein – hunderttausende Jahre alt. In diesem Sinne steht Coons Idee, dass es auf allen fünf Kontinenten eine genealogische Kontinuität zwischen Urmenschen und modernen Menschen gibt, am Anfang eines Nachfolgemodells, des Modells des multiregionalen Ursprungs des modernen Menschen.

Die ersten Formulierungen der multiregionalen Theorie gehen noch auf die 1960er Jahre zurück, genauer: auf die Untersuchungen von Franz Weidenreich über den Peking- und den Java-Menschen. Der Anthropologe jedoch, dessen Name unlösbar mit der multiregionalen Theorie verknüpft ist, war jemand anderes und heißt Milford Wolpoff. Das ist ein charismatischer, geistreicher, aber auch ein wenig eitler Mann. Er spielt Klarinette, und ich habe ihn bei einem anthropologischen Karaoke erlebt: Man hatte für ihn 30 (zum Teil sehr verwirrende) Dias vorbereitet, die er vorher nicht zu sehen bekommen hatte. Als sie eines nach dem anderen projiziert wurden, machte er daraus aus dem Stegreif einen etwas holprigen, aber plausiblen wissenschaftlichen Vortrag. Vielleicht erinnert sich noch jemand an den Spruch von George Bush senior: »Read my lips: no more taxes.« Beim Anthropologenkongress 2002 in Kansas City hat Wolpoff ein Symposium unter dem Titel »Read my lips, no more taxa« organisiert – er war also gegen neue taxonomische Gruppen. Es habe nur eine einzige menschliche Spezies gegeben, behauptete Wolpoff, die alle Menschentypen umfasst, die wir seit dem *Homo erectus* bis heute mit verschiedenen Namen belegt haben. Diese Spezies sei vor langer Zeit, vielleicht vor einer Million Jahren, von Afrika ausgegangen und habe sich in regionale Gruppen differenziert. Diese Gruppen hätten viel gemein mit den modernen Populationen in denselben Regionen, deren Vorfahren sie demnach seien. Deshalb heißt Wolpoffs Theorie die der regionalen Evolution: Von den Neandertalerpopulationen Europas und Westasiens stammen die Europäer ab, von den Populationen des asiatischen *erectus* (des sogenannten Peking-Menschen) die Asiaten, von diesen wiederum die Amerikaner, und von den Populationen Südostasiens (vom sogenannten Java-Menschen) die Australier (womit sich Wolpoff Weidenreich anschließt); die Afrikaner wiederum sollen von archaischen afrikanischen Typen abstammen, die wir in diesem Buch entsprechend der herrschenden Meinung *Homo ergaster* genannt haben. Diese Menschentypen hätten sich im Laufe der Zeit nicht zu getrennten Spezies entwickelt, weil sie trotz aller Entfernungen stets durch Wanderungsbewegungen in Kontakt miteinander geblieben seien. Dabei hätten sie genügend Gene miteinander ausgetauscht, um die Einheit der Spezies zu erhalten.

Wie in Coons Modell hätten sich aber die Unterschiede zwischen den wichtigsten Menschengruppen im Laufe einer langen Zeit verstärkt. »Multiregionale Herkunft«, präzisiert Wolpoff, heißt nicht »multiple Herkunft«, wie bei Coon. Im multiregionalen Modell ist die Menschheit aus einem einzigen Prozess hervorgegangen, der die Spezies insgesamt betraf; doch im Laufe dieses Prozesses haben sich die unterschiedlichen Populationen voneinander getrennt und gegeneinander isoliert; es haben aber auch Individuen durch Migration die Grenzen überschritten, und manchmal seien Populationen sogar miteinander verschmolzen. Aus allen diesen Phänomenen folgt, dass die Menschheit sich in den verschiedenen Weltgegenden getrennt entwickelt hat. Es hat eine parallele, aber in den unterschiedlichen Regionen nicht ganz voneinander unabhängige Evolution gegeben (in diesem letzten Punkt grenzt sich Wolpoff von Coon ab).

Das wichtigste Indiz für diese Theorie sind die sogenannten *kontinuierlichen regionalen Merkmale*, das heißt, die Ähnlichkeiten, die Wolpoff zwischen den archaischen und den modernen Skeletten in verschiedenen Weltteilen feststellen zu können meint. Insbesondere die auch heute in asiatischen Populationen häufigen spatelförmigen oberen Schneidezähne gab es schon bei allen bekannten Exemplaren vom asiatischen *erectus* vor mehreren 100 000 Jahren. Nach Wolpoff und den anderen Unterstützern der Theorie der multiregionalen Evolution beweist die regionale Kontinuität solcher Merkmale – ihr Auftreten über hunderttausende Jahre in derselben Region –, dass die vorzeitlichen Anwohner – die beiden Formen des *erectus* in Asien und Australien sowie die Neandertaler in Europa – die direkten Vorfahren der Menschen sind, die heute dort leben. In den neueren Versionen seiner Theorie räumt Wolpoff ein, dass es eine jüngere Migration von Afrika nach den anderen Kontinenten gegeben haben könnte, doch diese Migrationswelle sei von den archaischen vorhergehenden Populationen integriert worden und habe diese nicht ersetzt. Demnach sind die Namen, die für die verschiedenen Menschentypen vorgeschlagen worden sind, willkürlich. In Wirklichkeit habe es nur eine einzige menschliche Spezies gegeben, die sich schon vor mehr oder weniger einer Million Jahren in regionale Populationen aufgegliedert hat.

Out of Africa

Die Paläontologen teilen sich in zwei Fraktionen: die *splitters* und die *lumpers*, diejenigen, die ihre Fossilien in immer neue Spezies einteilen, und diejenigen, die sie in wenigen zusammenfassen. Beide haben ihre guten Gründe: Wenn man es mit den Unterteilungen übertreibt, gibt man am Ende Fossilien, die sehr wohl zur selben Spezies gehören könnten, lauter verschiedene Namen, doch wenn man zu viele zusammenfasst, kann man am Ende nicht mehr Äpfel von Birnen unterscheiden. Wolpoff ist entschieden ein *lumper*, doch nur wenige seiner Kollegen sind der Meinung, dass es richtig ist, nur ein Etikett für die Menschen der letzten zwei Millionen Jahre zu haben, vom *erectus* bis zu uns. Seinem multiregionalen Modell entgegengesetzt ist ein Modell, das in einem entscheidenden Aspekt davon abweicht und das, wenn man so will, auf einen Gedanken Darwins zurückgeht.

In Afrika gibt es, schreibt Darwin, die zwei mit uns am nächsten verwandten Spezies, die Gorillas und die Schimpansen; wahrscheinlich will er uns damit sagen, dass auch wir daher kommen. Darwin kannte nur ein einziges menschliches Fossil (den Neandertaler), und das auch nur vom Hörensagen, doch er hat alles in allem die richtigen Folgerungen daraus gezogen, und die Zeit hat ihm recht gegeben. Doch seine Idee konnte erst einmal nur eine Hypothese sein, plausibel, aber keineswegs bewiesen. Das früheste anatomisch komplett moderne Skelett ist 190 000 Jahre alt und wurde im äthiopischen Omo Kibish gefunden. Dieses und andere Funde bedeuten möglicherweise, dass Menschen wie wir zum ersten Mal in Ostafrika aufgetaucht sind, im heutigen Äthiopien und Kenia, doch es gibt Forscher, die der Ansicht sind, dass auch das südliche Afrika eine bedeutende Rolle gespielt hat (zum Beispiel, weil wir dort heute die am meisten differenzierten Menschengruppen finden; davon werden wir im 9. Kapitel mehr erfahren). Doch insgesamt ist die Sache aufgrund der fossilen Daten klar: In Afrika haben wir alle Urformen von *Homo* gefunden; folglich hat sich unsere Gattung ausschließlich in Afrika entwickelt und ist von dort mit einer Million Jahren Verzögerung nach Asien und Europa gelangt. Soweit widersprechen sich die multiregionale Theorie und die der rezenten Auswanderung aus Afrika nicht. Neu ist dagegen, dass aus einer zweiten afrikanischen Menschengruppe, die wir *ergaster* genannt haben, vor vielleicht 200 000 Jahren in Afrika eine Population mit modernen anatomischen Merkmalen hervorgegangen ist und dass diese Population sich rasch ausgebreitet und in kurzer Zeit den ganzen Planeten besiedelt hat. Die anatomisch modernen Menschen sind anscheinend vor etwa 60 000 Jahren nach Asien gelangt, nach Europa vor vielleicht 45 000 oder 40 000 Jahren, und haben dort die älteren Populationen ersetzt. Es ist ziemlich schwierig zu sagen, wie dieses »Ersetzen« vonstatten gegangen sein soll, ob es eine direkte Konkurrenz zwischen Gruppen archaischer und moderner Menschen gab oder ob die Modernen sich einfach nur in Gebieten niedergelassen haben, die die Archaischen verließen, weil sie unter einer demographischen Krise litten, die ganz andere Gründe hatte. Wenn die Theorie des rezenten Ursprungs der modernen Menschheit aus Afrika stimmt, die energisch vor allem englische und in England arbeitende Anthropologen vertreten wie Chris Stringer, Ian Tattersall und Rob Foley oder Marta Mirazón Lahr, lebten vor weniger als 100 000 Jahren noch alle unsere Vorfahren in Afrika und nicht auf dem Kontinent, wo wir heute leben, gleich ob wir Lappen oder Maya, Holländer oder Maori sind.

Dieses Modell, das nach dem Roman von Karen Blixen *Out of Africa* genannt worden ist oder einfach »Modell des rezenten afrikanischen Ursprungs« genannt wird, wird durch ein Faktum gestützt, das nicht ganz einfach zu erklären ist. Außerhalb Afrikas gibt es keine fossilen Hinweise auf Populationen mit Übergangsmerkmalen. Auf allen Kontinenten gibt es nur Fossilien entweder von archaischen oder modernen Menschen (manchmal sogar in umgekehrter Reihenfolge, das heißt, manche Fundorte wurden zuerst von anatomisch modernen Menschen und danach erst von archaischen bewohnt), niemals aber Übergangsformen, die an eine allmähliche Entwicklung von einer Form zur anderen denken ließen. Auf allen Kontinenten erscheinen nach den fossilen Daten von einem bestimmten Punkt an Individuen, deren Skelett dem unseren bereits gleicht, und nur wenig früher oder wenig später gibt es keine Individuen mehr, deren Skelett und vor allem deren Schädel archaischer ist. Diese Daten legen eher den Gedanken an Immigration und Substituierung nahe als den an eine Evolution vor Ort.

Das Modell des rezenten afrikanischen Ursprungs beschränkt die Rolle des Neandertalers drastisch. Im multiregionalen Modell sind die Neandertaler, die fast 30 000 Jahre lang in Europa und in Vorderasien lebten, die direkten Vorfahren des Cro-Magnon-Menschen, von dem die modernen Europäer abstammen. In den neuesten Versionen des multiregionalen Modells wird eingeräumt, dass die Neandertaler-Gemeinschaften möglicherweise moderne Migranten aus Afrika aufgenommen haben, doch dies habe die grundsätzliche genealogische Kontinuität zwischen archaischen (das heißt Neandertalern) und heutigen Europäern nicht geändert. Wenn aber die Menschheit einen rezenten Ursprung in Afrika hat, bedeutet dies, dass die Neandertaler ausgestorben sind. Sie lebten dort, wo wir Europäer heute leben, hatten Kontakte mit unseren Cro-Magnon-Vorfahren afrikanischer Herkunft, aber haben uns ihre Gene in keinen signifikanten Mengen übertragen. Das heißt, wir heutigen Europäer haben eine andere Genealogie. Genauso verändert sich auch der Status aller anderen Populationen außerhalb von Afrika. Zum Beispiel gibt es die Population Südostasiens und Australiens dem multiregionalen Modell zufolge schon seit 750 000 Jahren, und deren Abkömmlinge leben schon seit tausenden Generationen unter uns. Nach der Theorie des rezenten afrikanischen Ursprungs reduziert sich diese Zeitspanne auf weniger als ein Zehntel, vielleicht 60 000 Jahre, und sie beginnt wie für alle anderen Kontinente in Afrika.

Und wer hat nun recht?

Die Konkurrenz zwischen dem multiregionalen Modell und dem des rezenten afrikanischen Ursprungs hat die Debatte der Paläoanthropologen lange Zeit geprägt, bevor die Dinge 2010 eine scharfe Wendung nahmen. Wenn wir es als gesichert ansehen, dass wir alle Afrikaner sind in dem Sinne, dass unsere fernen Vorfahren – die *Australopitheci* und die ersten Formen von *Homo* – in Afrika lebten, sind wir das dann auch in dem Sinne, dass unsere rezenten Vorfahren dort zu suchen sind, während die 100 000 Jahre alten eurasischen Formen sämtlich ausgestorben sind?

Die Genetik kann viel darüber aussagen, und wir werden im nächsten Kapitel davon sprechen. Zunächst einmal aber werden wir uns mit zwei Untersuchungen fossiler Funde befassen, die mir unter den vielen dargestellten und diskutierten besonders signifikant zu sein scheinen. Eine bezieht sich auf die Gebeine, die an vier benachbarten Orten gefunden wurden: Tabun, Kebara, Skhul und Qafzeh, alle in Israel. An den ersten beiden Grabungsorten hat man Skelette und Schädel mit den Merkmalen von Neandertalern gefunden, in Skhul und Qafzeh jedoch solche mit feineren und moderneren Formen, die denen von Cro-Magnon-Menschen nahestehen. Lange Zeit, bevor Datierungssysteme auf der Grundlage des radioaktiven Zerfalls verfügbar waren, dachte man, dass diese Knochen die Entwicklung von Neandertaler-Charakteristiken zu modernen innerhalb einer einzigen Population dokumentierten. Als man jedoch präzise ihr Alter angeben konnte, waren die Ergebnisse völlig überraschend: Die Neandertaler-Skelette gehörten zu Individuen, die zwischen 40 000 und 60 000 Jahre vor unserer Zeit gelebt haben, während die moderner erscheinenden Individuen auf eine Zeit vor 90 000 bis 100 000 Jahren zurückgehen. Das multiregionale Modell sieht in den Neandertalern die Vorfahren der modernen Menschen, doch wenn diejenigen, die demnach die Vorfahren waren, 30 000 Jahre nach denjenigen, die als ihre Abkömmlinge angesehen werden, angekommen sind, lässt sich diese Darstellung nicht mehr halten. Sehr detaillierte Untersuchungen der Kiefer aus Skhul und Qafzeh legen eine Verbindung mit den afrikanischen Formen des *ergaster* nahe, also desjenigen, den die Theorie des rezenten afrikanischen Ursprungs nahelegt. Obwohl viel älter, verfügten die Bewohner von Skhul und Qafzeh über modernere Hände als ihre späteren Nachbarn aus Tabun und Kebara, und es ist zu vermuten, dass diese anatomische Anpassung es ihnen erlaubte, verfeinertere Werkzeuge zu benutzen als die Neandertaler. Ganz allgemein haben die frühesten Stadien der Entstehung des modernen Menschen eine Verbesserung der Fähigkeiten der Hände mit sich gebracht.

Eine offene Frage hinsichtlich der Populationen von Skhul und Qafzeh ist die nach dem langen Zeitraum zwischen ihrem Erscheinen, dem ersten dokumentierten Auftreten von Menschen mit einem Skelett wie dem unseren außerhalb Afrikas, und der Besiedlung Europas und Asiens durch anatomisch moderne Menschen, die erst zigtausende Jahre später stattfand. Was ist in dieser Zwischenzeit geschehen? Vielleicht haben die Neandertaler von Tabun und Kebara dieses Gebiet besiedelt, weil den Menschen von Skhul und Qafzeh das nicht gelungen ist: Sie waren bis zum Vorderen Orient gelangt, aber es war ihnen weder gelungen, weiterzuziehen noch sich dort festzusetzen. Vielleicht stammen die ersten modernen Bewohner Europas, die Cro-Magnon-Menschen, deren Skelette so sehr den in Skhul und Qafzeh gefundenen gleichen, nicht von diesen, sondern von anderen afrikanischen Gruppen ab: von ihren Vettern und Cousinen, die viele Jahrtausende später den Versuch aufs Neue gewagt und mehr Glück gehabt haben.

Diese und ähnliche Daten in Bezug auf Asien stellen für die multiregionale Theorie ein kaum zu überwindendes Hindernis dar. Doch eine weitere Schwierigkeit ist ihr aus den Untersuchungen erwachsen, in denen der Dreh- und Angelpunkt der Theorie auf den Prüfstand gestellt worden ist, nämlich die Idee, dass sich in bestimmten Regionen der Welt besondere morphologische Merkmale über sehr lange Zeiten erhalten hätten, die sogenannten regional kontinuierlichen Merkmale. Marta Mirazón Lahr hat

1994 eine große Sammlung antiker und moderner Schädel aus Ost- und Südostasien untersucht, das heißt, aus Gegenden, von denen nach dem multiregionalen Modell die modernen Populationen sowohl Ostasiens als auch Australiens ihren Ausgang genommen hätten. Der Vergleich zwischen den archaischen und den modernen Populationen war sehr erhellend. Genau bei der Hälfte der betrachteten Merkmale gleichen die alten Populationen den modernen desselben Gebiets, bei der anderen Hälfte aber den modernen *des anderen Gebiets*. Kurz, der chinesische *erectus* gleicht den modernen Chinesen genauso wie den modernen Australiern; die sogenannte regionale Kontinuität hält dem statistischen Vergleich also nicht stand.

Im selben Jahr hat Diane Waddle ein großes Archiv mit 165 Skelettvermessungen von Funden aus verschiedenen Zeiten gesammelt, von vor 650 000 bis vor 8000 Jahren, die aus vier Regionen stammen: Afrika, Osteuropa, Westeuropa und Ostasien. Ihr Gedanke war, verschiedene Kombinationen von genealogischen Beziehungen nachzuweisen, um zu sehen, welche Theorie besser die Ähnlichkeiten und Differenzen zwischen den Funden erklären könnte. Zum Beispiel begann Waddle damit, die prähistorischen Populationen als Vorfahren der rezenteren Populationen derselben Region zu betrachten – so wie es das multiregionale Modell vorsieht – und berechnete die Wahrscheinlichkeit, mit der die Skelette die Maße hatten, die sie hätten haben sollen, wenn die Hypothese wahr war. Dann betrachtete sie dasselbe aus dem Blickwinkel der Theorie des rezenten afrikanischen Ursprungs, also, dass die vier modernen Populationen sämtlich von der afrikanischen von vor 100 000 Jahren abstammten, und berechnete auch hier die Wahrscheinlichkeit. Waddle bewertete auch die Zuverlässigkeit anderer Modelle, die sich manchmal nur in Details von den genannten unterscheiden, manchmal aber doch sehr, wie etwa eine gemeinsame Abstammung der rezenten Populationen von asiatischen Vorfahren. Zum Schluss verglich sie die Ergebnisse und wies nach, dass die größte Wahrscheinlichkeit für die Analysen sprach, in denen archaische Populationen aus Afrika und dem Vorderen Orient als die Vorfahren der rezenten Bevölkerungen angenommen wurden. Die Ergebnisse für das multiregionale Modell waren deutlich schlechter, sodass Waddle zu dem Schluss gelangte, dass man es ausschließen kann, wenn man das minimale Risiko eines statistischen Fehlers beiseitelässt.

Die Arbeiten von Marta Mirazón Lahr und Diane Waddle sind insofern wichtig, als sie zum ersten Mal die fossilen Funde nicht auf der Basis eines subjektiven Eindrucks von anatomischen Ähnlichkeiten und Unterschieden vergleichen, sondern mithilfe quantitativer Analysen, in denen die Gefühle der Anwendenden keine Rolle spielen. Als diese Studien veröffentlicht wurden, bemerkte jemand, dass sie wohl der letzte Sargnagel an der multiregionalen Theorie seien. Tatsächlich, und das werden wir im folgenden Kapitel sehen, war ein noch endgültigerer Sargnagel jener, der mit dem Vergleich der DNA aus Funden von Neandertalern und von Cro-Magnon-Menschen eingeschlagen wurde.

Doch bevor wir zur DNA kommen, sollten wir uns daran erinnern, dass wir bereits über ein Instrument verfügen, um darüber zu entscheiden, welches Modell realistischer, das heißt, besser durch die Funde bestätigt ist. Indem es eine sehr alte Trennung der menschlichen Populationen voneinander annimmt, sieht das multiregionale Modell implizit große genetische Differenzen zwischen den Populationen auf den verschiedenen Kontinenten, aber nur geringe innerhalb dieser Populationen selbst voraus. Wenn die Populationen von Afrika, Asien, Europa und Ozeanien sich über hunderttausende von Jahren getrennt voneinander entwickelt hätten, hätte jede von ihnen in ihrem Inneren im Laufe dieser langen Zeit ein für sie bezeichnendes Ensemble von Mutationen angesammelt, die sich nur geringfügig auch auf den anderen Kontinenten verbreitet hätten. Das Modell des rezenten afrikanischen Ursprungs führt dagegen zu der Annahme, dass die Populationen der unterschiedlichen Kontinente intern sehr variabel und viel weniger voneinander unterschieden sind. Wie wir gesehen haben, entspricht Letzteres den Tatsachen, und auch dies macht es mehr als schwierig, nämlich unmöglich, den Gedanken zu rechtfertigen, die Menschheit habe sich so entwickelt, wie es die multiregionale Theorie vorschlägt.

Coons Theorie hat heute keine Unterstützer mehr, jedenfalls in der Wissenschaft; auch die multiregionale Theorie insgesamt ist sehr in der Defensive. Die interessante wissenschaftliche Debatte befasst sich vielmehr mit den noch unklaren Aspekten der *Out-of-Africa*-Theorie. Können wir sagen, dass unsere afrikanischen Vorfahren die archaischeren Menschengruppen komplett ersetzt haben – den Neandertaler in Europa und den *erectus* in Asien –, oder sind doch wenigstens manche aus der letzteren Gruppe Teil der modernen Populationen geworden und haben es geschafft, ihre Gene bis zu uns weiterzugeben? Wie viele anatomisch moderne Menschen haben Afrika verlassen, und wann genau? Handelte es sich um eine kleine Gruppe, die wunderbarerweise ihrem Aussterben entgangen ist, oder um viele kleine Gruppen in mehreren Wellen, oder handelte es sich um eine Massenwanderung? Und wenn der anatomisch moderne Mensch mehrfach aus Afrika ausgewandert ist, hat er dann immer den Weg über Palästina und den Vorderen Orient genommen oder hat er es nicht auch geschafft, direkt vom Horn von Afrika zur arabischen Halbinsel zu gelangen und von dort nach Indien, wie einige Beobachtungen nahelegen? Das sind die Fragen, auf die sich die Forscher heute konzentrieren. Milford Wolpoff ist noch immer kämpferisch und gibt nicht nach, doch heute sprechen sehr viele empirische Daten für das Modell des rezenten afrikanischen Ursprungs. Unter diesen Daten, und das werden wir sehr bald sehen, sind besonders diejenigen besonders wichtig, die sich aus der Untersuchung unseres Genoms ergeben.

Eine gute Zusammenfassung der Debatte über die verschiedenen Modelle der menschlichen Evolution findet sich in: S. López, L. van Dorp, G. Hellenthal, »Human dispersal out of Africa: A lasting debate«, in: *Evolutionary Bioinformatics Online* 11 (Suppl 2), 2015, S. 57-68.

The Origin of Races von Carleton Coon wurde 1963 in New York veröffentlicht. Die Behauptung, dass verschiedene Rassen nicht nur unterschiedliches Aussehen, sondern auch unterschiedliches Verhalten mit sich brächten, findet sich in: C.S. Coon, S.M. Garn, J.B. Birdsell, *A Study of the Problems of Race Formation in Man*, Springfield, Ill. 1950. Ich habe viel über die Reaktionen auf Coons Arbeiten und darüber, wie sie politisch für die Rechtfertigung von Rassendiskrimierung benutzt werden, gelernt bei John P. Jackson Jr., »In ways unacademical: The reception of Carleton S. Coon's ›The Origin of Races?‹«, in: *Journal of the History of Biology* 34, 2001, S. 247-285.

David Duke erzählt von der Bedeutung der Theorien von Coon für seine Bildung in: *My Awakening: A Path to Racial Understanding,* Mandeville, LA, 1998; der Satz über die Rückkehr der Schwarzen zu ihrem Genotyp und den sexuellen Konsequenzen daraus findet sich dort auf S. 159. Seine Website ist: www.davidduke.com, doch vielleicht lohnte es sich auch zu lesen, was andere über ihn sagen, zum Beispiel auf der Website der Anti Defamation League: http://www.adl.org/special_reports/duke_own_words/duke_intro.asp.

Seit vielen Jahren ist Milford Wolpoff der wichtigste Verfechter der multiregionalen Theorie. Drei Artikel, zwei davon schon klassisch, einer neu, die seine Thesen zusammenfassen, sind: A.G. Thorne, M.H. Wolpoff, »The multiregional evolution of humans«, in: *Scientific American* 266, 1992, S. 76-79, 82-83; und M.H. Wolpoff, J. Hawks, R. Caspari, »Multiregional, not multiple, origins«, in: *American Journal of Physical Anthropology* 112, 2000, S.129-136; A.P. Van Arsdale, M.H. Wolpoff, »A single lineage in early Pleistocene Homo: size variation continuity in early Pleistocene Homocrania from East Africa and Georgia«, in: *Evolution* 67 (3), 2013, S. 841-850.

Was die *Out-of-Africa*-Idee anbetrifft, die Charles Darwin bereits in: *The Descent of Man, and Selection in Relation to Sex*, London 1871, angedeutet hat, empfehle ich: I. Tattersall (1997), »Out of Africa again ... and again?«, in: *Scientific American* 216, 1997, S. 60-67; C. Stringer (2002), »Modem human origins: Progress and prospects«, in: *Philosophical Transactions of the Royal Society of London*, 2002, S. B 357: 563-579; und C. Stringer, »Why we are not all multiregionalists now«, in: *Trends in Ecology and Evolution* 29, 2014, S. 248-251. Chris Stringer hat auch zusammen mit Robin McKie, ein gutes Buch geschrieben: *African Exodus,* London 1996.

Das Fossil von Omo Kibish wird beschrieben in: I. McDougall, F. H. Brown, J.G. Fleagle, »Sapropels and the age of hominins Omo I and II, Kibish, Ethiopia«, in: *Journal of Human Evolution* 55, 2008, S. 409-420.

Zur Datierung der Funde von Skhul und Qafzeh s. H.Valladas, G.Valladas, O. Bar-Yosef, B. Vandermeersch, »Thermoluminescence dating of Neanderthal and early modern humans in the Near East«, in: *Endeavour* 15, 1991, S.115-119.

Weitere Untersuchungen, die zeigen, wie tiefgreifend die Unterschiede in der Anatomie und auch im Verhalten zwischen den anatomisch modernen Menschen von vor 10 000 Jahren und den Neandertalern waren, sind: Y. Rak, A. Ginzburg, E. Geffen, »Does Homo neanderthalensis play a role in modern human ancestry? The mandibular evidence«, in: *American Journal of Physical Anthropology* 119, 2002, S. 199-204, und: W.A. Niewoehner, »Behavioral inferences from the Skhul/Qafzeh early modern human hand remains«, in: *Proceedings of the National Academy of Sciences USA* 98, 2001, S. 2979-2984.

Marta Mirazón Lahr hat ihren Artikel 1994 veröffentlicht, unter dem Titel: »The multiregional model of modern human origins: A reassessment of its morphological basis«, in: *Journal of Human Evolution* 26, S. 23-56.

Die Arbeit von Diane Waddle, »Matrix correlation tests support single origin for modem humans«, ist ebenfalls 1994 erschienen, in: *Nature* 368, S. 452-454.

8. Kapitel

Was die Gene uns noch sagen

Worin endlich die DNA die Bühne betritt

Auch für die Anhänger (das sind immer weniger) des multiregionalen Modells spielt Afrika eine besondere Rolle in der Evolution des Menschen, weil wir dort die ältesten Fossilien von mit uns verwandten Wesen finden. Doch nach dem multiregionalen Modell müsste jeder Kontinent einen mehr oder weniger gleichen Beitrag zu unserem Genpool* geleistet haben, also zum ganzen Genkomplex der Menschheit. Demnach war Afrika etwas Besonderes vor einer Million Jahren, danach aber nur ein Kontinent unter anderen. Wenn aber das Modell des rezenten afrikanischen Ursprungs richtig ist, müsste sich in unserem Genpool der afrikanische Beitrag deutlich von dem der anderen Kontinente abheben. Um zu verstehen, was richtig ist, können wir die DNA befragen.

Heute verfügen wir über eine große Menge von Daten. Die Erforschung der menschlichen Gene zielt vor allem darauf ab, Krankheitsursachen zu verstehen, Krankheiten künftig besser zu verstehen, sie zu heilen und hoffentlich sogar, ihnen vorzubeugen. Der Ausgangspunkt aller dieser Untersuchungen ist aber derselbe: Wir müssen wissen, wie sich unsere Genome zusammensetzen, in welchem Maße sie sich voneinander unterscheiden und möglicherweise auch, warum sie sich unterscheiden. Auch aus klinischen Studien sind daher grundlegende Beiträge zum Verständnis dafür gekommen, wie sich die menschliche Vielfalt entwickelt hat. Um das besser erklären zu können, müssen wir hier einen Einschub machen und uns mit ein paar technischen Details aufhalten.

Nur Mut!

Zu den bekanntesten einfachen Erbkrankheiten gehören die Mittelmeeranämie oder Thalassämie, die Hämophilie oder Bluterkrankheit, der Daltonismus (Rot-Grün-Sehschwäche), die verschiedenen Formen der Muskeldystrophie, die Mukoviszidose und Chorea Huntington, gemeinhin als Veitstanz bekannt. Sie heißen einfache Erbkrankheiten, weil sie durch die Veränderung eines einzigen Gens hervorgerufen werden: Wenn sich auf dem Chromosom 4 eines Menschen etwa ein verändertes Allel des Gens HTT befindet, wird dieses ein anomales Protein produzieren; dieses Protein sammelt sich dann in den Neuronen und schädigt sie, und mit der Zeit führt der Verlust von Neuronen wiederum zu einem Verlust der Muskelkoordination, den wir Chorea Huntington nennen. Im Fall von Chorea, von Hämophilie oder der Duchenne-Muskeldystrophie kommt es bei Vorliegen einer genetischen Veränderung unvermeidlich zum Ausbruch der Krankheit; man kann sagen, dass diese Krankheiten ausschließlich genetisch bedingt sind. In anderen Fällen können auch die Umweltbedingungen eine Rolle spielen.

Phenylketonurie wiederum wird durch eine zu große Ansammlung einer der Komponenten des Proteins, der Aminosäure Phenylalanin ausgelöst. Bei Menschen, die von der Mutter oder vom Vater die Mutation eines PAH genannten Gens geerbt haben, wird diese Aminosäure nicht ausgeschieden, wenn das Protein nicht mehr gebraucht und abgebaut wird. So kommt es zu erhöhten Konzentrationen von Phenylalanin im Gewebe, die es schädigen, vor allem das Nervengewebe, was zu einer Art von Hirnschädigung führt. Wenn die Krankheit allerdings rechtzeitig erkannt und die Ernährung so umgestellt wird, dass ihr Phenylalaningehalt reduziert wird, können die Kinder, die solche defekten Allele in sich tragen, ein normales Leben führen (anders als die Patienten mit Chorea Huntington, für die es noch kein Heilmittel gibt). Unter Phenylketonurie und den anderen einfachen Erbkrankheiten leiden nur wenige.

Im Sinne der Gesundheitsfürsorge sind Krebs, Herz-Kreislauferkrankheiten, Diabetes, Asthma und zahlreiche degenerative Erkrankungen wie die Altersdemenz von größerer Bedeutung. Wir nennen sie komplexe Erkrankungen, weil sie nicht nur eine Ursache, sondern viele haben, die – auch wenn sie nicht ausschließlich von den Genen abhängen – eine genetische Komponente haben, die für jeden von uns ein größeres oder kleineres Risiko mit sich bringt, also eine mehr oder weniger große Tendenz zu erkranken. Aus diesem Grund fragen die Ärzte, wenn sie bei uns einen erhöhten Blutdruck feststellen, wie denn der Blutdruck unserer Eltern war.

Komplex ist auch, wie jeder von uns auf eine pharmazeutische Behandlung reagiert. Die Wirkungen der Medikamente variieren von Person zu Person. Eine bestimmte Dosis eines Medikaments tut einem Patienten gut, bei anderen ist sie wirkungslos, und bei einem Dritten kann sie lästige oder schädliche Nebenwirkungen haben. Auch diese Unterschiede haben genetische Ursachen. Wie unser Stoffwechsel* mit Medikamenten fertigwird, das heißt, sie ausscheidet, sobald sie ihre Aufgabe erfüllt haben, hängt von der Wirkung einiger unserer Gene ab. Von diesen kennen wir ein paar Dutzend, die so eigenwillige Namen wie NAT2, TPMT und CYP2D6 haben. Die vom Apotheker empfohlenen Dosen sind die, die im Durchschnitt den erwünschten Effekt beim Patienten haben. Doch wir sind nicht alle »durchschnittlich«, was auch immer dieser Ausdruck bedeuten mag. Manche von uns besitzen Allele, die dazu führen, dass sie bestimmte Medikamente schneller ausscheiden, weshalb sie höhere Dosen benötigen oder ganz andere Medikamente. Bei anderen wiederum führen bestimmte Allele dazu, dass der Stoffwechsel verlangsamt ist, sodass sie Gefahr laufen, bei den üblichen Dosen Vergiftungserscheinungen zu haben.

Wenn wir diese Phänomene besser verstünden, würde das bedeuten, dass wir die richtige Therapie oder Dosierung wählen könnten, ohne eine kostspielige und für den Patienten schmerzhafte Phase von Versuch und Irrtum einlegen zu müssen. Es wird noch einige Zeit dauern, doch in einigen Jahren wird der Hausarzt durch einen DNA-Test feststellen können, wie jeder von uns auf eine von verschiedene Klassen der Medikamente reagieren wird, und so eine individuelle Therapie wählen, die ganz auf unsere spezifischen Bedürfnisse zugeschnitten ist.

Genblöcke

Forscher aus verschiedenen Ländern, deren Arbeit von David Altshuler von der Harvard- und Aravinda Chakravarti von der Johns Hopkins University koordiniert wurde, haben ihre Kräfte für ein Projekt gebündelt, das sich HapMap nennt und dessen Ziel es ist, die genetischen Grundlagen vieler Krankheiten zu identifizieren. Die Gründung des Projekts war eine wichtige Entscheidung, weil – wie man vorher sagte – eine einzige komplette Sequenz des menschlichen Genoms uns nichts über unsere Verschiedenheit sagt – das heißt, nicht nur nichts über die Rassen, sondern auch nichts über die genetischen Differenzen zwischen jenen, bei denen bestimmte Krankheiten sich entwickeln, und jenen, bei denen das nicht der Fall ist – oder darüber, wer gut und wer schlecht auf ein Medikament reagiert. Bei HapMap geht es darum, diese Unterschiede zu verstehen, und deshalb werden hier die Sequenzen großer Abschnitte der DNA verschiedener Individuen miteinander verglichen.

Eines der ersten Ergebnisse des HapMap-Projekts war das Auslesen der Sequenz von 13 Millionen Basen in den Chromosomen von gesunden Individuen aus Asien, Afrika und Europa. 13 Millionen Basen sind weniger als ein Hundertstel der gesamten menschlichen DNA-Sequenz; gleichwohl handelt es sich um eine ziemlich hohe Zahl, die uns eine präzise Vorstellung davon vermitteln kann, wie nicht bloß ein einzelnes Gen variiert (davon hatten wir ja bereits eine ziemlich klare Vorstellung), sondern viele

Gene zugleich. Die Arbeit der HapMap-Gruppe führte zu der Entdeckung, dass unser Genom aus in Blöcken zusammengefassten Genen besteht, das heißt aus Gruppen von Allelen, die sämtlich gemeinsam von den Eltern auf ihre Kinder vererbt werden. Wie wir gesehen haben, sind die Gene auf den Chromosomen aufgereiht. Auf Chromosom 1 sind das über 3000, darunter Gene, die wichtig sind bei der Entstehung von Krankheiten wie dem Glaukom, der Alzheimer-Krankheit und dem Prostata-Krebs; auf Chromosom 7 haben wir etwa 1800 Gene, darunter dasjenige, das Mukoviszidose auslösen kann, ein Gen, das an Fettleibigkeit, und eins, das an Diabetes beteiligt ist, und so weiter. Wenn ein Elternteil uns ein Chromosom vererbt (zum Beispiel, wenn unsere Mutter uns das Chromosom 1 weitergibt, das sie wiederum von ihrem Vater oder ihrer Mutter hat), erhalten wir als Erbe sämtliche Allele, die auf diesem Chromosom 1 stehen.

In Wirklichkeit aber kommt nur selten ein Chromosom unserer Großeltern unverändert auf uns. Bei der Bildung der Zellen, aus denen ein neuer Organismus entstehen wird, das heißt, der Spermatozoen und der Eizellen, tauschen die homologen* Chromosomen kleine Stücke aus. Das wird Rekombination* genannt, und die Folge dieses Vorgangs ist die, dass zwei Mutationen, die sich zugleich auf demselben Chromosom ereignen, sich von einem bestimmten Punkt an auf verschiedenen homologen Chromosomen wiederfinden. Oder umgekehrt, die von unseren zwei Elternteilen getrennt weitergegebenen Mutationen können sich am Ende vereint auf dem Chromosom wiederfinden, das wir an unser Kind weitergeben. Wenn bei jedem Generationswechsel die homologen Chromosomen Teile der DNA über Rekombination austauschen, ist das Chromosom 1, von dem oben die Rede war, oft ein Hybrid aus dem Chromosom des Großvaters und dem der Großmutter, und dasselbe gilt für alle anderen Chromosomen.

Bis vor wenigen Jahren noch glaubte man, dass es an jeder Stelle eines Chromosoms zu Rekombinationen kommen könne. Aus den HapMap-Untersuchungen geht jedoch hervor, dass es nicht so ist: Lange DNA-Abschnitte, zigtausende von Basen, die eine bestimmte Zusammensetzung von Allelen enthalten, werden gewöhnlich gemeinsam vererbt, ohne dass sie durch Rekombination getrennt werden, so als wären sie praktisch eine einzige Einheit – eben ein Block. Offenbar ist die Rekombination daher bezeichnend für bestimmte Positionen innerhalb der Chromosomen, nämlich die Punkte, an denen sich die Blöcke berühren, während sie im Inneren der Blöcke sehr selten ist. Diese Entdeckung ist von großer praktischer Bedeutung, denn sobald man einen Block isoliert hat, kann man herausfinden, welche Allele er enthält, auch wenn man nur ein kleines Segment von ihm sequenziert – was das Sequenzieren von tausenden Basen erspart.

Tausend Genome

Ein noch ehrgeizigeres Projekt, das von den Forschern des Sanger Centre in Cambridge koordiniert wurde, verfolgte das Ziel, die Genomsequenzen von tausend Menschen vollständig auszulesen, es war eben das *1000 Genomes Project:* ein riesiger Katalog der genetischen Vielfalt des Menschen. Als es 2008 begann, zweifelten viele – unter ihnen der Autor dieser Zeilen – daran, dass es in der vorgesehenen Zeit vollendet werden könnte. Wir hatten unrecht: Das Projekt hat erstaunliche menschliche und finanzielle Ressourcen mobilisiert und die Entwicklung großartiger Technologien vorangebracht, die jetzt NGS, *Next-Generation-Sequencing*, genannt werden. Das Lesen vollständiger Genome wurde zuerst schnell und dann rasant, während die Kosten abstürzten. Für das Auslesen des ersten vollständigen Genoms, das von James Watson, brauchte es 4 Jahre, 31 Wissenschaftler und 100 Millionen Dollar; heute reichen 1000 Dollar, eine Laborantin und immer noch 3 oder 4 Wochen, weil die spezialisierten Zentren voll ausgelastet sind und man deshalb etwas warten muss. Dank diesem technischen Fortschritt konnte das *1000 Genomes Project* 2015 die vollständigen Sequenzen von 2504 Personen aus 26 Populationen veröffentlichen. Sie stehen im Internet, und jeder, der möchte, kann sie herunterladen und damit arbeiten.

Wenn jemand auf die Idee kommt, das zu probieren, empfehle ich, dies nicht zu Hause zu tun: Sie werden ziemliche Probleme damit haben. Das Genom ist riesig, und um hineinzuschauen, bedarf man spezialisierter Kenntnisse und extrem leistungsstarker Computer. Wir haben gesehen, dass unsere DNA aus Ketten von Basen besteht, den berühmten A, C, G und T. In einem Genom gibt es nun über sechs Milliarden davon, alle säuberlich aufgereiht auf den 46 Chromosomen. Die Hälfte davon haben wir von der Mutter und die andere Hälfte vom Vater (ausgenommen das Y-Chromosom, das die Väter an die Söhne weitergeben, und ein winziger DNA-Abschnitt, die mitochondriale* DNA, die die Mütter an Töchter und Söhne weitergeben). Man hat ausgerechnet, dass jemand, der sehr gut Schreibmaschine schreiben kann, mehr als 50 Jahre bräuchte – wenn er 24 Stunden am Tag arbeitete – um die vollständige Sequenz einer einzigen Person zu schreiben; glücklicherweise sind die an die Laborinstrumente angeschlossenen Computer schneller. Die Analyse dieser gewaltigen Datenmengen ist noch längst nicht abgeschlossen, doch bereits jetzt lässt sich einiges darüber sagen. Das Erste ist, dass es 88 Millionen Varianten gibt, das heißt, Positionen im Genom, wo verschiedene Personen unterschiedliche Allele haben können. Dabei gibt es gängige Varianten, die in vielen Populationen unterschiedlicher Erdteile vorkommen, und seltene Varianten, die bezeichnend sind für einzelne Populationen oder nur einzelne Familien. Im Allgemeinen hat jeder von uns mit jedem Unbekannten 99,9% der DNA gemeinsam. Folglich sind in dem verbleibenden 1 Promille unsere sämtlichen ererbten Unterschiede eingeschrieben – und zwar alle, von den seltenen bis zu den gängigen Varianten. Aber Vorsicht: 1 Promille ist nur ein kleiner Teil einer viel größeren Zahl, nämlich der 3 Milliarden Basen, die wir von unseren beiden Elternteilen geerbt haben. Also unterscheidet sich jeder von uns von jedem anderen durch 3 Millionen Varianten: 3 Millionen Allele, die die genetische Grundlage sind für unsere jeweilige Größe und unseren Taillenumfang, für unsere Hautfarbe, unsere Fähigkeit, Milch zu verdauen oder Geschmack zu unterscheiden, für unsere Gefahr, an Diabetes zu erkranken oder positiv auf die Behandlung mit einem Medikament zu reagieren.

Wer sich die Mühe gemacht hat, den entsprechenden Artikel von der Website von *Nature* herunterzuladen, dem zeigt ein farbiges Diagramm, wie viel Prozent der beobachteten Allele kosmopolitisch (das heißt, auf allen Kontinenten vorhanden) sind, wie viele nach Kontinenten verteilt, also nur von Populationen desselben Kontinents geteilt werden, oder schließlich, wie viele nur in einer einzigen Population lokalisiert werden können. Mit einer Ausnahme, auf die wir im folgenden Kapitel zurückkommen werden, machen die Allele, die zwei oder mehr Kontinente gemeinsam haben, mehr als drei Viertel von allen aus, während die, die für eine einzelne Population bezeichnend sind, einen winzigen Anteil ausmachen, zwischen 5 % und 10 %.

Damit wir uns richtig verstehen: Die Blutgruppe 0 des AB0-Systems ist kosmopolitisch; wenn wir nur die von jemandem kennen, wissen wir nicht, welchem Kontinent wir ihn zuordnen sollen. Das Allel G des Gens OCA2, ein Gen, das dazu beiträgt, die Pigmentation der Haut zu bestimmen, kommt nur in Asien vor, mit großer Häufigkeit in Südostasien und geringer oder sehr geringer in Zentral-, Süd- und Nordasien; auf allen anderen Kontinenten findet sich das andere Allel, A. Die große Mehrzahl der Varianten unserer DNA verhält sich wie die Blutgruppe 0 und nicht wie OCA2-G. Aber es stimmt, ich spreche es sofort aus, und dann reden wir noch einmal darüber: Die Ausnahme – der einzige Kontinent, auf dem wir einen Haufen Allele finden, die es anderswo nicht gibt – ist Afrika.

Alte DNA

Die Entwicklung von Techniken, Fragmente von DNA aus Knochengewebe zu extrahieren und zu analysieren, und zwar auch aus den Knochen von vor tausenden Jahren gestorbenen Menschen, hat die Möglichkeit zu bis dahin unvorstellbaren Untersuchungen eröffnet. Die Techniken der Untersuchung antiker DNA sind hochkompliziert. Das liegt vor allem daran, dass nach dem Tod sich die DNA der Zellen, folglich auch der Zellen der Knochen, verändert, schneller im warmen und feuchten Klima, langsamer im trockenen und kalten. Das heißt, die Basen der DNA werden beschädigt und zwar so weit, dass sie mit den Routinetechniken nicht mehr zu erkennen sind.

Lange Zeit allerdings war das Hauptproblem ein anderes, nämlich Kontamination. Jedes Fundstück, aus dem man DNA entnehmen möchte, ist von den Archäolog:innen berührt worden, die es ausgegraben haben, von dem Personal des Museums, das es ausstellt, und von den Forscher:innen, die es aus diesem oder jenem Grund in die Hand genommen haben. Jede dieser Personen kann etwas von ihrer DNA daran zurückgelassen haben, und deshalb muss man sich in dem Augenblick, in dem man eine Sequenz findet, fragen, ob sie wirklich zu dem Fundstück und nicht zu jemandem gehört, der es kontaminiert hat.

Es ist passiert, dass DNA-Teile als Dinosauriersequenzen präsentiert wurden, die, wie sich wenig später herausstellte, keineswegs die eines Reptils aus der Kreidezeit, sondern die einer Person waren, die diese Knochen vor Kurzem angefasst hatte. Das Problem ist besonders ernst, wenn es sich um antike Menschenknochen handelt. Wenn jemand aus dem Knochen eines Dinosauriers typisch menschliche DNA-Sequenzen entnommen haben will, liegt es nahe, diese Sequenzen nicht weiter ernst zu nehmen, da sie nichts über den Dinosaurier aussagen, sondern nur etwas über die Ungeschicklichkeit der Person, die sie gerade untersucht hat. Doch wenn alte Menschenfunde untersucht werden, deren Sequenz sich nicht allzu sehr von der der Person unterscheiden wird, die sie möglicherweise kontaminiert hat, wird alles schwieriger. Und es gibt noch eine dritte Einschränkung: Wir haben gesehen, dass jede unserer Zellen jedes Chromosom in doppelter Ausführung enthält und dass bei fossilen Funden, vor allem solchen, die viele tausend Jahre alt sind, die DNA nur noch in fragmentierter Form vorhanden ist, sodass sich nur noch geringe Teile davon intakt finden werden. Glücklicherweise aber enthält jede Zelle Dutzende Kopien eines kleinen Stückchens DNA, das nur mütterlicherseits weitergegeben wird, nämlich die mitochondriale DNA; wir haben dies bereits erwähnt. Die ersten Untersuchungen antiker DNA bezogen sich auf die mitochondriale DNA.

Die Untersuchung der mitochondrialen DNA des Neandertalers erwies sich als verhältnismäßig einfach, weil die Sequenzen, die davon extrahiert werden konnten, sich sehr von den unseren unterscheiden. 1997 hat das Labor von Svante Pääbo die erste Neandertaler-Sequenz publiziert, und seitdem ist deren Zahl auf ein Dutzend gewachsen, eine davon bezieht sich auf die Funde in den Monti Lessini oberhalb von Verona, und diese haben sich als besonders interessant erwiesen, weil sie zeigen, dass es auch unter Neandertalern schon erhebliche genetische Differenzen gab. Um uns eine Vorstellung davon zu geben, wie verschieden sie von uns waren, sollten wir dies bedenken: Bei den ersten Untersuchungen ihrer antiken DNA gelang es, die Sequenz eines Abschnitts von 360 Basen der mitochondrialen DNA zu untersuchen. Wenn man bei zwei zufällig ausgewählten modernen Europäern dieselben Abschnitte vergleicht, finden wir gewöhnlich vier oder fünf Unterschiede bei diesen 360 Basen. Die durchschnittliche Zahl der Unterschiede zu den Neandertalern beziffert sich dagegen auf 16 bis 17, und alle differierenden Sequenzen enthalten charakteristische Basen, die noch nie bei den tausenden modernen Europäern gefunden wurden, deren mitochondriale DNA bekannt ist.

Die Gruppe um Pääbo hat berechnet, dass es nur in etwa 700 000 Jahren getrennter Evolution zu solchen Differenzen gekommen sein kann. Daraus folgt, dass die Neandertaler nur äußerst unwahrscheinlich unsere Vorfahren gewesen sein können, vor allem aber, dass sich die Entwicklungslinie unserer Vorfahren schon vor langer Zeit von ihnen getrennt hat.

Soll das heißen, dass wir Europäer nicht von den Neandertalern abstammen? Nein, das ist damit noch nicht wirklich gesagt. Es stimmt, alle untersuchten Neandertaler hatten eine mitochondriale DNA, die sich sehr von der unseren unterschied. Doch seitdem sind 30 000 oder mehr Jahre vergangen, und wie können wir ausschließen, dass sich die DNA in diesen 30 000 Jahren allmählich entwickelt hat, um heute die zu sein, die wir haben?

Eine Möglichkeit, dies festzustellen, besteht einfach darin zu sehen, wie die DNA von Individuen aussah, die zur selben Zeit wie die Neandertaler lebten, aber ein Skelett hatten wie wir: die Cro-Magnons. Es war nicht ganz einfach, aber am Ende haben wir dies herausbekommen. Heute besitzen wir die Sequenzen von zwei Cro-Magnon-Menschen aus einer Höhle in Apulien, der Grotta Paglicci. Diese Sequenzen sind sehr nahe an den modernen, und zwar so nahe, dass der Computer, nachdem man sie miteinander vermischt hat, nicht sagen kann, welche nicht zu den modernen gehören. Demnach lebte in Apulien vor 25 000 Jahren jemand, dessen DNA mehr oder weniger dieselbe war wie die der Europäer von heute, während die zeitgenössischen Neandertaler zweifellos anders waren. Fassen wir zusammen: Soweit wir das an dem mütterlichen Erbgut, der mitochondrialen DNA, beurteilen können, erweist sich die zentrale Idee bei der Hypothese der multiregionalen Entwicklung, nämlich dass die Europäer aus den Neandertalern hervorgegangen sein sollen, als unvereinbar mit der Evidenz der Untersuchungen. Mathias Currat und Laurent Excoffier haben am Computer die Ausbreitung der Populationen des modernen Menschen in Europa während der 12 000 Jahre, in denen sie vielleicht Kontakte mit Neandertalern hatten, simuliert. Angesichts der Tatsache, dass sich bei den modernen Europäern keine Spur von mitochondrialer DNA der Neandertaler gefunden hat, schätzen sie, dass es unter den Cro-Magnon-Menschen höchstens 0,1 % assimilierte Neandertaler gegeben haben könnte.

Noch eine antike DNA

Die mitochondriale DNA ist leicht zu untersuchen, doch sie erzählt uns nicht die ganze Geschichte, nicht nur, weil sie nichts über die Vererbung von Vätern auf ihre Söhne berichtet, sondern vor allem, weil sie nur einen kleinen Teil des Genoms darstellt. Das Y-Chromosom zu knacken bedeutet hingegen, ein dickes Brett zu bohren, doch am Ende ging es schneller als erwartet, einen Weg zu finden, wie man einen Blick auf das gesamte Genom werfen kann. Es schien ein hoffnungsloses Unterfangen zu sein: Wenn es schon mühselig ist, ein paar hundert Basen der mitochondrialen DNA auszulesen, wie sollte man da auch nur daran denken können, sechs Milliarden und mehr Basen zu lesen, und das auch noch in Anbetracht dessen, dass die DNA in den Knochenzellen sich im Laufe der Zeit verändert?

Es gibt einen Spruch, der mir auf die Nerven geht: Mach aus Problemen Herausforderungen! Er gefällt mir nicht, weil er allzu oft sowohl von denen, die ein Problem schaffen, als auch von denen, die es lösen könnten, als Alibi dafür gebraucht wird, nichts zu tun. Doch zähneknirschend muss ich zugeben, dass es in diesem Fall funktioniert hat. Mit der Entwicklung der Techniken des *Next-Generation-Sequencing* hat man ein Mittel gefunden, diese Veränderungen zu erkennen. Dies ist technisch ziemlich kompliziert, doch das Prinzip ist einfach: Man extrahiert aus den Knochen alle DNA, die man darin findet. Teilweise handelt es sich dabei um DNA in perfektem Konservierungszustand: Das ist moderne DNA, und die wirft man weg. Was übrig bleibt, fragmentiert und mit veränderten Basen, ist antike DNA. Da man beim Lesen leicht Fehler macht, wird diese immer wieder gelesen. Ich glaube, niemand wird sich darüber beklagen, wenn ich mich nicht weiter über die Details dieser Technik ausbreite. Jedenfalls funktioniert sie, und dadurch konnten sehr wirksame Bioinformatik-Programme entwickelt werden, die in der Lage sind, die Sequenzen von Millionen dieser winzigen Fragmente so zu ordnen, dass dabei ein hinreichend vollständiges Bild aller Chromosomen herauskommt.

Was wäre das Erste, was Sie tun würden, wenn Sie das Mittel an die Hand bekämen, ein komplettes antikes Genom zu lesen? Ich jedenfalls hätte mich sofort auf den Neandertaler gestürzt, und genau so ist es auch gekommen. Die erste Untersuchung des Neandertaler-Genoms wurde 2010 von der Gruppe um Svante Pääbo veröffentlicht und sorgte schlagartig dafür, dass die Karten neu gemischt wurden. Die Unterschiede zu den heutigen Genomen sind hier viel weniger ausgeprägt als auf der mitochondrialen Ebene: Die Neandertalergenome (genau genommen erst einmal das eine Neandertalergenom, doch später wurden noch mehr bekannt) überschneiden sich in weiten Teilen mit denen unserer Zeitgenossen, auch wenn sie erkennbar anders sind. Aber da ist noch etwas. Beim Vergleich des Neandertalergenoms mit dem verschiedener moderner Menschen springt ins Auge, dass alle Nicht-Afrikaner ein wenig mehr vom Neandertaler haben als die Afrikaner. Es handelt sich um winzige Differenzen, vielleicht 2 % des variablen Anteils des Genoms, doch sie finden sich regelmäßig bei jedem Vergleich. Wieder einmal erweist sich Afrika als ein besonderer Kontinent. Aber was kann das bedeuten? Hier haben wir es mit einer sehr bedeutenden Neuigkeit zu tun – auch wenn sie, wie wir sehen werden, dank unserer Überlegungen zum Rassebegriff nicht allzu wichtig ist. Aber am besten machen wir hier einen Punkt, bevor wir zum nächsten Kapitel kommen.

Viele Informationen über die Evolutionsgeschichte der menschlichen Populationen und ihre Gene finden sich, zusammen mit einfachen und verständlichen Beschreibungen der statistischen Methoden, mit denen man zu bestimmten Resultaten gelangt ist, in dem großartigen Text von Mark Jobing, Matt Hurles, Chris Tyler-Smith, *Human Evolutionary Genetics. Origins, People & Disease*, New York, 2004. Lebhaft empfohlen für jeden, der das in diesem Buch berührte Thema vertiefen möchte.

Den Anfängen der Pharmakogenetik* ist ein Artikel von Arno Motulsky gewidmet: »Drug reactions, enzymes and biochemical genetics«, in: *Journal of the American Medical Association* 165, 1957, S. 835-837. Wer noch mehr darüber wissen will, sei darauf verwiesen, dass im September 2004 eine Sondernummer dazu erschienen ist: *Nature Reviews Genetics* (vol. 5).

Die Untersuchung der Blöcke bei HapMap ist unter dem Namen S.B. Gabriel et al. (2002) veröffentlicht worden: »The structure of haplotype blocks in the human genome«, in: *Science* 296, 2002: S. 2225-2229.

Karten der Chromosomen mit den wichtigsten mit Krankheiten verbundenen Genen finden sich auf dieser Website: http://www.ncbi.nlm.nih.gov/books/bv.fcgi?rid=gnd.chapter.272.

Was das *1000 Genomes Project* betrifft, ist der Artikel, von dem ich geredet habe: »The 1000 Genomes Consortium. A global reference for human genetic variation«, in: *Nature* 526, 2015, S. 68-76. Die letzten drei Seiten enthalten die Namen der Wissenschaftler, die für die von Adam Auton und Gonçalo Abecasis koordinierten Arbeiten verantwortlich waren. Man kann den Artikel gratis von dieser Website herunterladen: https://www.nature.com/articles/nature15393.

Für die geographische Variabilität unserer Spezies und ihre Evolution empfehle ich außer dem bereits erwähnten Buch von Luca Cavalli-Sforza, Paolo Menozzi und Alberto Piazza, *History and Geography of the Human Genes,* Princeton 1993: D. Serre, S. Pääbo, »Evidence for gradients of human genetic diversity within and among continents«, in: *Genome Research* 14, 2004, S. 1679-1685; sowie: G. Barbujani, V. Colonna, »Human genome diversity: Frequently asked questions«, in: *Trends in Genetics* 26, 2010, S. 285-295; L. Pagani et al. (2016), »Genomic analyses inform on migration events during the peopling of Eurasia«, in: *Nature* 538, 2016, S. 238-242; S. Mallick et al., »The Simons Genome Diversity Project: 300 genomes from 142 diverse populations«, in: *Nature* 538, 2016, S.201-206.

Neandertal wird heute ohne h geschrieben, doch bei der wissenschaftlichen Bezeichnung *Homo neanderthalensis* ist das h zwingend. Über die antike DNA sollte man lesen, was die gegenwärtig kompetentesten Personen dazu schreiben: Svante Pääbo et al., »Genetic analyses from ancient DNA«, in: *Annual Review of Genetics* 38, 2004, S. 645-667, oder neuerdings: J.K.

Pickrell, D. Reich, »Toward a new history and geography of human genes informed by ancient DNA«, in: *Trends in Genetics* 30, 2014, S. 377-389.

Die Untersuchung der DNA der Cro-Magnon-Menschen findet sich in: D. Caramelli et al. »Evidence for a genetic discontinuity between Neandertals and 24,000-year-old anatomically modern Europeans«, in: *Proceedings of the National Academy of Sciences USA* 100, 2003, S. 6593-6597, während es zur DNA der Neandertaler nur die Qual der Wahl gibt. Ich habe aus dem Text von D. Serre et al. zitiert: »No evidence of Neandertal mtDNA contribution to early modern humans«, in: *PLoS Biology* 2, 2004, S. 313-317, und M. Currat, L. Excoffier, »Modern humans did not admix with Neanderthals during their range expansion into Europe«, in: *PLoS Biology 2*: e421, 2004; doch interessant ist auch F. Sánchez-Quinto, C. Lalueza-Fox (2015), »Almost 20 years of Neanderthal palaeogenetics: adaptation, admixture, diversity, demography and extinction«, in: *Philosophical Transactions of the Royal Society of London* B 370, 2015, S. 20130374.

Die erste Sequenz eines italienischen Neandertalers ist veröffentlicht in: D. Caramelli et al., »A highly divergent Neandertal mtDNA sequence in a Neandertal individual from Italy«, in: *Current Biology* 16, 2006, R630-R632.

Ein neuerer Artikel, der die Forschungsergebnisse zusammenzuführen sucht, ist: M. Leonardi et al., »Evolutionary patterns and processes: Lessons from ancient DNA«, in: *Systematic Biology* 66, 2017, e1-e29.

9. Kapitel

Warum wir uns nur als Afrikaner bezeichnen können

Worin wir uns davon überzeugen, dass Afrika kein Kontinent ist wie alle anderen, und alte Knochen dabei helfen, alte Vorurteile zu widerlegen

Damit wir es nicht vergessen: Wir wollen am Ende herausfinden, welches Modell uns besser unsere Unterschiede und Ähnlichkeiten zu verstehen erlaubt – das multiregionale, demzufolge die Vorfahren der Europäer in Europa, die der Asiaten in Asien und allein die der Afrikaner in Afrika gelebt haben; oder das *Out-of-Africa*-Modell, demzufolge die heutigen Bewohner der fünf Kontinente alle von den ersten *Homo sapiens* aus Afrika abstammen. Danach sollten wir sehen, was uns beide Modelle über das Konzept von Rasse sagen. Und wir haben unsere Überlegungen zum Neandertaler-Genom – über die Bedeutung seiner asymmetrischen Beziehungen zu den Afrikanern einerseits und allen übrigen andererseits – mittendrin abgebrochen. Doch eins nach dem anderen.

Welch eine genetische Vielfalt in Afrika!

Durch das *1000 Genomes Project* stellte sich heraus, dass innerhalb der afrikanischen Populationen die Unterschiede zwischen den Genomen, das heißt, den Individuen, erheblich größer sind als bei den Populationen der anderen Kontinente. Das gilt sowohl für die Populationen, die in Afrika geblieben sind, als auch für die, die durch den schändlichen Sklavenhandel nach Amerika gelangt sind. Die Arbeit der Gruppe von Sarah Tishkoff ist zwar nicht mehr ganz neu – heute stellt man noch raffiniertere Untersuchungen an –, aber sie ist, wie ich finde, besonders einfach und elegant. Sie beschreibt die Merkmale eines DNA-Abschnitts im Umfeld des Gens, das für myotone Dystrophie verantwortlich ist. Tishkoff hat acht Varianten dieser DNA gefunden, und zwar alle in Süd- und Zentralafrika. Je weiter man nach Norden gelangt, desto weniger bleiben von diesen Varianten übrig; so sind es in Äthiopien nur noch drei. In Europa und Vorderasien kommt auch eine dieser drei Varianten nur noch selten vor, und wenn man sich in Asien weiter ostwärts bewegt, wird sie noch seltener, bis sie in Amerika ganz verschwindet. In Südamerika verschwindet auch noch die vorletzte Variante, sodass die indigenen Populationen Südamerikas für dieses Gen genetisch identisch sind. Wenn man diese Ergebnisse kurz zusammenfasst, bedeutet dies: Die Zahl der Varianten innerhalb der menschlichen Populationen nimmt ab, je weiter wir uns von Afrika entfernen.

Vorsicht: Nicht alle Gene sind so klar verteilt. Zum Beispiel legt die DNA-Region um das für eine andere Art von Muskeldystrophie – die Muskeldystrophie Duchenne – verantwortliche Gen nahe, dass ein Teil seiner Variabilität ihren Ursprung in Asien gehabt hat und von dort nach Afrika gewandert ist. Solche Diskrepanzen dürfen uns nicht wundern. Wir versuchen, Phänomenen auf die Spur zu kommen, die Millionen Menschen seit Jahrtausenden beschäftigt haben, und verfügen nur über Daten (nicht viele und nicht immer eindeutige) von einer begrenzten Zahl von Individuen. Kurz, wir befinden uns in einer nur wenig komfortableren Situation als die Astrophysiker, die versuchen, etwas über den Ursprung des Universums herauszubekommen, indem sie die Spuren (nicht viele und nicht immer eindeutige) untersuchen, die Ereignisse hinterlassen haben, zu denen es vor Milliarden von Jahren gekommen ist.

In Kapitel 8 haben wir gesehen, dass unser Genom in Blöcke unterteilt ist. Die HapMap-Forscherinnen und -Forscher haben beschrieben, wie diese Blöcke in den drei Populationen verteilt sind, die ihnen zur Verfügung standen. Mehr als die Hälfte davon sind Kosmopoliten, das heißt, sie finden sich in den Chromosomen der Individuen aus allen Kontinenten; ein Viertel der Blöcke ist ausschließlich afrikanisch, während es nur ganz wenige gibt, etwa 2 %, die sich ausschließlich in Europa finden.

Die von der HapMap-Gruppe publizierte Analyse basierte auf den Genen von wenigen Dutzenden Menschen. Ein paar Jahre später hat eine Gruppe um Noah Rosenberg, dem wir bereits begegnet sind, mit einer größeren Probegruppe gearbeitet und dabei längere DNA-Abschnitte untersucht. Wenn man die Allele jeweils einzeln betrachtet, sind mehr als 80 % von ihnen kosmopolitisch; kein Kontinent hat mehr als 1 % der Allele, die es in der Welt gibt, allein für sich.

Allerdings, so lautete ein Einwand, sind die Allele an und für sich nur wenig informativ, und manche Kontinente besitzen doch bestimmte Allelkombinationen exklusiv. Dies ist die Idee von Anthony Edwards: Kleine Unterschiede summieren sich zu großen Unterschieden. Jedoch ist es nicht so. Wenn wir Kombinationen von Allelen, das heißt Blöcke, betrachten, sieht es zwar etwas anders aus, jedoch nur wenig im Vergleich zu dem, was HapMap herausgefunden hatte. Die große Mehrzahl der Blöcke ist mehr oder weniger auf allen Kontinenten vorhanden; weniger als 2 % gibt es ausschließlich in Europa, Ozeanien und beiden amerikanischen Halbkontinenten – ein bisschen mehr, etwa 6 %, in Asien; 18 % der Blöcke der gesamten Menschheit sind dagegen typisch afrikanisch. Das Ergebnis ist eindeutig: Es ist sehr selten, dass ein genetisches Merkmal typisch europäisch oder asiatisch ist, von Amerika und Ozeanien ganz zu schweigen. Unsere Chromosomen fallen mit wenigen Ausnahmen in zwei Kategorien: Sie sind entweder spezifisch afrikanisch oder allgemein menschlich. Gleich ob wir uns auf einzelne Gene konzentrieren oder auf Blöcke, in denen Gene zusammengefasst sind, stehen wir vor demselben Befund: Die verschiedenen Kontinente unterscheiden sich voneinander nur geringfügig, während wir im Inneren einer jeden Population und am massivsten in Afrika ein weit größeres Stück der weltweiten genetischen Diversität vorfinden. Genetisch betrachtet ist Afrika kein Kontinent wie die anderen.

Namibia schlägt alle Rekorde

Wenn wir ein wenig tiefer gehen in der Analyse der afrikanischen Genome, werden wir feststellen, dass die Khoisan sprechenden Populationen sich deutlich von allen anderen unterscheiden. Nachdem wir dann bedacht haben, wie schnell sich Gene verändern, also mutieren können, müssen wir annehmen, dass die Vorfahren der Khoisan schon vor 100 000 Jahren eine Gruppe für sich darstellten. Und damit nicht genug: Heute, da wir über tausende komplette Genome verfügen, können wir unsere Neugierde befriedigen und sie alle miteinander vergleichen, immer eines mit einem anderen, das wir an einer beliebigen Stelle auf dem Erdball aufgelesen haben. Und wo wird es wohl die größten Unterschiede geben? Überraschung! Die am meisten voneinander abweichenden Genome gibt es nicht zwischen zwei Menschen, die an den entgegengesetzten Enden der Welt leben, sondern – zwischen zwei Khoisan. Es handelt sich um zwei Männer, die sich !Gubi und G/aq'o nennen (das Ausrufezeichen, der Schrägstrich und das Apostroph stehen für drei »Klicklaute«, die typisch für die Khoisan-Sprachen sind, von denen bereits in Kapitel 5 die Rede war). Beide leben in Namibia nördlich beziehungsweise südlich der Kalahari-Wüste und sind das Menschenpaar, das – bisher jedenfalls – den Weltrekord an Genomverschiedenheit hält. Das heißt: Als die anderen Kontinente noch ausschließlich von archaischen Menschenformen besiedelt waren – dem Neandertaler in Europa, dem *Homo erectus*, dem Denisova-Menschen und dem *Homo floresiensis* in Asien –, bildeten in Afrika bereits Menschen wie wir genetisch hochdifferenzierte Gruppen, und diese Differenzierungen haben sich, teilweise jedenfalls, bis heute erhalten. Es heißt daher auch, dass es in Afrika seit dieser Zeit eine genetisch strukturierte Population* gibt – dem Begriff werden wir in einer wichtigen Passage dieses Kapitels wiederbegegnen.

Die Forschungen der Gruppe von Sarah Tishkoff von der University of Pennsylvania in Philadelphia und viele andere ähnliche Arbeiten sind nicht nur deshalb interessant, weil sie meist zeigen, dass es in Afrika mehr genetische Diversität als auf jedem anderen Kontinent gibt, sondern auch, weil sie, wie wir uns noch kaum vor Augen geführt haben, eine mögliche Ursache dafür nahelegen. Ein wachsender Verlust von genetischer Variabilität ist in der Tat die logische Folge der allmählichen Besiedlung neuer Territorien. Wenn eine kleine Menschengruppe sich von einer größeren Population trennt und sich anderswo niederlässt, geht ein Teil der genetischen Varianten der Ausgangspopulation notwendigerweise verloren. Um das besser zu verstehen, können wir uns vorstellen, wir dürften nur 20 Bonbons aus einem Glas fischen, das 1000 Bonbons mit ganz unterschiedlichem Geschmack enthält. Wir werden schnell einsehen, dass wir dann nur sehr wenige Geschmacksrichtungen übrigbehalten werden. Folglich legen die Forschungsergebnisse von Sarah Tishkoff den Gedanken nahe, dass es bei der Menschheit etwa so zugegangen ist: Kleine Gruppen wandern immer weiter von der Gegend fort, in der der Ursprung der Spezies lag, und gründen neue Populationen. Jedes Mal, wenn dies geschieht, nehmen sie nur einige wenige der Allele mit, die es in der Ursprungspopulation gab. Die nun begründeten Populationen wachsen und werden wirklich groß, doch da nun einmal in den Genen ihrer Gründer viele Varianten fehlten, finden sich diese auch nicht bei ihren modernen Nachkommen. Wenn Ihnen an dieser Stelle das *Out-of-Africa*-Modell in den Sinn kommt, dann liegt das daran, dass dieser aus der Untersuchung der DNA hervorgehende Befund – der also völlig unabhängig von der Untersuchung der Knochen, auf die sich die *Out-of-Africa*-Theorie stützte, zustandegekommen ist – genau dieselbe Geschichte erzählt.

Die beste Bestätigung dafür geht aus zwei Untersuchungen hervor, die beide fast gleichzeitig erschienen sind. Die eine stammt wieder einmal von der Gruppe aus Stanford, die Cavalli-Sforza und Feldman koordinierten, die andere von der Gruppe aus Cambridge um François Balloux. Beide begnügen sich nicht damit zu beschreiben, wie unsere Gene im geographischen Raum variieren, sondern entwickeln mathematische Modelle, die Vorhersagen erlauben. Praktisch haben sie die genetischen Konsequenzen einer möglichen Herkunft aus Afrika berechnet und dann nachgeschaut, ob die Daten die Berechnungen stützen oder nicht. Und in beiden Fällen stellte sich heraus, dass die Modelle funktionierten: Je weiter die Populationen von Afrika entfernt sind, desto homogener sind die Gene.

Dies ist eine erstaunlich kontinuierliche Entwicklung, sodass man sie mit einfachen mathematischen Funktionen darstellen kann. Wenn wir uns die Ausbreitung des *Homo sapiens* über die ganze Erde als eine Serie von Wanderungen vorstellen, die von einem einzigen Punkt in Afrika ausgegangen sind und jedes Mal mit einem Verlust an genetischer Variabilität einhergingen, gelangen wir zu einem Bild, das sehr nahe an dem ist, was wir in der Tat beobachten. Manche Schätzwerte sind nicht genau und können es auch nicht sein, aber sie helfen uns, die Dinge besser zu verstehen: Die Modelle deuten an, dass die erste Auswanderung von Menschen wie wir aus Afrika vor etwa 60 000 Jahren stattgefunden hat und dass die Menschengruppe, auf die die gesamte Bevölkerung Eurasiens und dann auch Amerikas und Ozeaniens zurückgeht, aus gerade einmal 1000 Individuen bestanden hat. Die ersten Spuren der Anwesenheit von Menschen in Nordamerika sind mindestens 15 000 Jahre alt, und wenig später gab es Menschen auch in Südamerika. Die Besiedlung des pazifischen Raums hat viel früher, vor vielleicht 30 000 Jahren, begonnen, aber hat weit länger gedauert; so ist die Besiedlung Neuseelands erst für das vergangene Jahrtausend belegt.

Fassen wir zusammen:

Verschiedene Gruppen wie die von Svante Pääbo und Mark Stoneking in Leipzig, von David Reich in Harvard, von Andrea Manica und Erske Willerslev in Cambridge, von Jaume Bertranpetit in Barcelona, von Ron Pinhasi in Wien und auch unsere widmen sich seit Jahren der Aufgabe, detailliert die Geschichte unserer genetischen Vielfalt und ihre Geographie, das heißt, die wichtigsten Routen der menschlichen Wanderungen, zu rekonstruieren. Es geht dabei um sehr komplexe Probleme, bei denen Genetiker und Bioinformatiker mit Archäologen, Anthropologen, Statistikern, Demographieexperten und gegebenenfalls auch Linguisten zusammenarbeiten müssen. Manchmal kommt man bei verschiedenen Regionen des Genoms zu ziemlich abweichenden Resultaten, worüber man sich nicht wundern muss, doch ich glaube, ich vereinfache nicht zu sehr, wenn ich behaupte, dass das Bild im Großen und Ganzen stimmig ist.

Das eine Extrem ist Afrika mit seinem großen Reichtum unterschiedlicher Allele, das andere Ozeanien und Amerika, wo von dieser Variabilität nur noch wenig übrig ist. Dazwischen liegen Europa und Asien. Je weiter man sich von einer Population zu einer anderen begibt, ändern sich die genetischen Merkmale über tausende Kilometer hinweg ganz allmählich, ohne Sprünge. Einige Populationen haben ungewöhnliche Merkmale bei ein paar Genen; dabei handelt es sich oft um Populationen, die durch Gebirgsketten, Meeresarme oder auch Sprachbarrieren isoliert sind. Doch man kann sich des Eindrucks nicht erwehren, dass im Ganzen die geographische Variabilität unserer Gene – die genetische Struktur* der Weltbevölkerung – sehr geordnet ist. Die Theorie sagt uns, dass keine Zufälle und irregulären Genveränderungen eine solche regelmäßige Reihenfolge der Genstrukturen zwischen den unterschiedlichen Populationen bewirkt haben können; wenn wir eine solche Ordnung vorfinden, gibt es nur einen Verdächti-

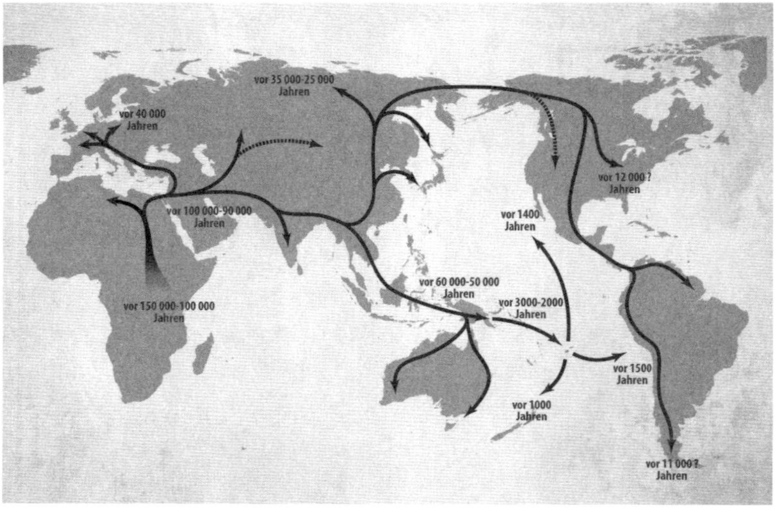

Abbildung 6 Schematische Darstellung der Grundlinien der Ausbreitung des Menschen, so wie sie sich auf der Grundlage fossiler und genetischer Nachweise rekonstruieren lässt. Die sehr groben Zeitangaben beziehen sich auf die Zahl der Jahre vor unserer Gegenwart. (Grafik: Zungdesign)

gen, nämlich die Wanderungen, die dazu geführt haben, dass eine vermutlich kleine Gruppe von Migranten sich in alle Richtungen ausgebreitet hat.

Damit wir uns richtig verstehen: In der Menschheitsgeschichte hat sich alles Mögliche ereignet: Populationen haben sich ausgebreitet, haben sich vermischt oder sind ausgestorben. In manchen Gegenden (etwa wo es sehr viel Malaria gibt) oder während Epidemien oder in bestimmten Phasen der technischen Entwicklungen (zum Beispiel als wir im Neolithikum anfingen, unser Essen selbst zu produzieren, oder als die Milch zu einem wesentlichen Nahrungsbestandteil wurde) – stets hat die natürliche Selektion diejenigen bestraft, deren Allele weniger gut funktionierten, und es ist schwierig, die Folgen der natürlichen Auslese und die der Wanderungsgeschichte auseinanderzuhalten. Doch gerade weil in der Geschichte der Menschheit alles Mögliche passiert ist, hätte man erwarten können, dass sich am Ende die genetische Variabilität des Menschen als völlig chaotisch und nicht interpretierbar herausgestellt hätte. Aber so ist es nicht, und deshalb glauben wir, dass den Wanderungsbewegungen, deren Spuren wir in unserer DNA finden, große Bedeutung zukommt. Diese frühen Wanderungen haben tiefe Spuren in unserem Genom hinterlassen, Spuren, die wir noch heute erkennen können, denn sie stammen aus einer Zeit, in der die Weltgegenden noch kaum besiedelt waren, weshalb jene Handvoll Migranten auf vier Kontinenten Millionen von Nachfahren haben. Jemand hat einmal ausgerechnet, dass im 20. Jahrhundert mehr Menschen ihren Wohnort gewechselt haben als vom Ursprung des *Homo sapiens* bis zum 19. Jahrhundert. Doch diese neuen Migrationen betrafen bereits besiedelte Gebiete, in denen oft zahlreiche Populationen lebten, deren genetische Merkmale sich auch durch die Ankunft von hunderttausenden Migranten nicht verändern konnten.

Die Darstellung der wichtigsten Wanderungen der Menschheit in Abbildung 6 ist recht grob; es ist noch viel Arbeit zu leisten, denn manche oder alle der Wanderungen, die wir rekonstruiert haben, können mehrfach stattgefunden haben und haben sich sicher weniger linear abgespielt, als die Pfeile auf der Karte zu zeigen scheinen.

Am Ende der Geschichte können wir nun versuchen, einen Schluss daraus zu ziehen. Unsere fernen Vorfahren stammen aus Afrika, weil sie vor einer Million Jahre alle dort beheimatet waren. Darin sind sich die multiregionale Theorie und die *Out-of-Africa*-Theorie einig. Doch wenn die multiregionale Theorie wahr wäre, wären vor etwa 100 000 Jahren unsere späteren Vorfahren über wenigstens vier Kontinente (Amerika wäre ausgeschlossen) verteilt gewesen. Das würde heißen, dass der Beitrag jedes Kontinents zur weltweiten genetischen Vielfalt mehr oder weniger gleich wäre. Aber so ist es nicht. In Afrika gibt es mehr Diversität als auf jedem anderen Kontinent, die genetischen Unterschiede zwischen afrikanischen Populationen sind größer als die zwischen verschiedenen Kontinenten, und die am meisten voneinander unterschiedlichen Genome unter allen, die bisher untersucht worden sind, gehören zwei Herren aus Namibia, die nur wenige hundert Kilometer voneinander entfernt leben.

Viele der Genvarianten, die wir in Europa oder Asien beobachten, sind Teilmengen der afrikanischen Varianten, zu denen einige in relativ rezenter Zeit aufgetauchte Allele hinzutreten. Aus demselben Grund gibt es in Amerika und Ozeanien nur wenige Genvarianten, und diese sind Teilmengen derer, die wir in Ostasien finden. Kurz, alles spricht dafür, dass Afrika eine besondere Rolle bei der Evolution des Menschen zukommt, nämlich die eines Reservoirs der genetischen Vielfalt, die dann, allerdings nur teilweise, durch die Wanderungen auf die anderen Kontinente verteilt wurde. Folglich kamen auch unsere nächsten Vorfahren, die wir als *Homo sapiens* klassifizieren, aus Afrika. Es hat viele andere Wanderungen gegeben, die einen großen Umfang gehabt haben können und vielleicht nur in einem begrenzten geographischen Raum stattfanden, und es hat auch das Gegenteil gegeben, reproduktive Isolation, das heißt, lange Zeiten, in denen Populationen keinen Austausch mit Migranten hatten. Die große genetische Variabilität im Inneren unserer Populationen und die geringen Unterschiede zwischen verschiedenen Populationen zeigen jedoch, dass im Menschenleben der Austausch stets die Regel und die Isolation die Ausnahme war.

Damit endet die Ära der multiregionalen Theorie. Es ist kein ironischer Schlenker, es ist ein Fakt, wenn wir in Anlehnung an den großen Philosophen Benedetto Croce sagen: *Wenn wir Menschen sind, können wir uns nur Afrikaner nennen*. Wir werden allerdings gleich sehen, dass die Vertreter der Auffassung, dass unsere Spezies ausschließlich afrikanischen Ursprungs ist, keine Zeit hatten, sich auszuruhen.

Hybridisierung?

Afrika ist speziell – auch in seiner Beziehung zu den Neandertalern. Die afrikanischen Genome sind, wie wir gesehen haben, nicht weit, aber systematisch weiter von denen der Neandertaler entfernt als die aller Nicht-Afrikaner, einschließlich – Achtung! das ist wichtig – der Melanesier. Was das heißt? Es kann heißen, dass die ersten wandernden *sapiens*, kaum dass sie Afrika verlassen hatten, sich mit Neandertalern gekreuzt haben, sodass sie in der Folge kleine Neandertaler-DNA-Stücke mit auf ihre weiteren Reisen nahmen und sie so auf ihre Nachkommen, also etwa uns Europäer, übertragen haben. Es könnte aber auch heißen, dass die Auswanderer aus Afrika sich bereits ein wenig mit Neandertalern vermischt hätten, *bevor* sie den Vorderen Orient erreicht haben.

Das sind zwei plausible Hypothesen, und es ist nicht einfach zu entscheiden, welche richtig ist. Theoretisch bräuchte man ja bloß bei Suez die fossilen Skelette von ein paar unserer Vorfahren zu finden – den Stammeltern all derer, die heute außerhalb Afrikas leben – und nachsehen, ob es darin etwas von der DNA gibt, die auch die Neandertaler haben. Doch nach der Schätzung von François Balloux handelte es sich nur um wenige Stammeltern, vielleicht 1000. Und auch wenn es 100 000 gewesen sind, und wenn man ihre Überreste aus der richtigen Zeit (vor etwa 60 000 Jahren) und am richtigen Ort fände, was noch nicht gelungen ist – wer garantiert uns im Einzelfall, dass es sich wirklich um jemanden gehandelt hat, dessen Nachkommen in Eurasien leben, und nicht um eine Frau oder einen Mann, die nie über diese Stelle hinausgekommen sind? Deshalb hat es mich zunächst überrascht, dass Svante Pääbo und seine Leute sich entschieden für die erste Hypothese ausgesprochen haben und zu dem Ergebnis gekommen sind, dass bereits bei der Auswanderung der ersten *sapiens* aus Afrika eine Hybridisierung mit Neandertalern stattgefunden hat, und dass die Spuren dieser Hybridisierung bei allen Europäern,

Asiaten und – Achtung! – Melanesiern zu finden sind. Es sind nur geringe Spuren in vielleicht 2% des Genoms, aber sie sind nachweisbar. Da nun aber der auf Neandertaler zurückzuführende Anteil der DNA mehr oder weniger derselbe bei Europäern, Asiaten und Melanesiern ist, muss die schicksalhafte Begegnung mit den Neandertalern stattgefunden haben, bevor die Population, die dann in Richtung Asien und Melanesien weitergezogen ist, sich von der getrennt hat, die nach Europa gewandert ist – also im Nahen Osten, in der Gegend, wo heute Israel ist. Wenn es so gewesen ist, bedeutet dies, dass das *Out-of-Africa*-Modell nicht aufgegeben, aber in einem wesentlichen Punkt modifiziert werden muss. Der Aufbruch unserer frühesten *sapiens*-Vorfahren aus Afrika war nicht vom Aussterben der archaischen Menschenformen, die zuvor lebten, begleitet. Vielmehr hat es Hybridisierungsereignisse gegeben, die ihre Spuren in der DNA aller Menschen hinterlassen haben, die heute nicht in Afrika leben.

An dieser Stelle sollte ich deutlich machen, dass ich hieran größere Zweifel hege als die Mehrzahl meiner Kollegen. Fast jeder, der auf diesem Gebiet arbeitet, ist heute davon überzeugt, dass eine Hybridisierung stattgefunden hat. Das heißt, dass die Auffassung, die ich im Folgenden vertrete, ein Minderheitenstandpunkt ist, mit dem viele Experten, die nicht weniger qualifiziert sind als ich, nicht einverstanden wären.

Zunächst einmal wurde ein Fall von Hybridisierung nachgewiesen. Am Fundort von Peştera cu Oase in Rumänien hat man den Kiefer eines Individuums gefunden, das vor 37 000 bis 42 000 Jahren gelebt hat. Soweit sich dies bei einem derart unvollständigen Fund sagen lässt, scheint seine Anatomie modern, also die eines *sapiens* gewesen zu sein. Doch ein Anteil zwischen 6% und 7% des Genoms scheint vom Neandertaler zu stammen. Wenn man die nötigen Berechnungen angestellt hat, heißt das, dass diese Person einen Neandertaler unter seinen Ururgroßeltern oder seinen Ururururgroßeltern gehabt haben muss. Das ist ein solides Datum und zeigt, dass es zwischen *sapiens* und Neandertalern zu mehr als bloßen Flirts gekommen sein muss. Aber es ist eine Sache zu sagen, dass so etwas ein paar Mal – in Oase und wahrscheinlich auch anderenorts – vorgekommen ist, eine andere jedoch, dass alle wir Nicht-Afrikaner aus solchen wie auch immer *gefährlichen Liebschaften* hervorgegangen seien.

Und ich habe Zweifel daran, dass das Phänomen so verbreitet gewesen sein soll. In der Tat ähnelt das übrige Genom von Oase nicht dem der heutigen Europäer, und es ist unwahrscheinlich, dass es noch lange Nachkommen seines Trägers oder anderer Mitglieder dieser Population, die sich mit Neandertalern vermischt hat, gegeben hat. Könnte es nicht etwa sein, dass die Vorfahren der Nicht-Afrikaner auch sonst schon etwas mehr den Neandertalern ähnelten als die anderen Afrikaner? Dies haben Anders Eriksson und Andrea Manica vorgeschlagen, indem sie darauf aufmerksam machten, dass die Bevölkerung Afrikas räumlich sehr strukturiert ist. Einige Absätze zuvor haben wir das gesehen, als von !Gubi und G/aq'o die Rede war, den beiden Khoisan, deren Genome sich so sehr voneinander unterscheiden. Ohne dass wir in technische Einzelheiten gehen müssen, leuchtet ein: Wenn eine Population einen großen geographischen Raum einnimmt, werden sich die Verbände, die am Rande leben, durch das Gesetz des Zufalls weiter differenzieren, einfach weil sie von denen im Zentrum isolierter sind. Wenn das so war, könnten sich die *sapiens*-Vorfahren der Nicht-Afrikaner, die zweifellos (wie die Vorfahren der Neandertaler ein paar 100 000 Jahre zuvor) aus Nordafrika kamen, bereits ein wenig von den anderen Afrikanern unterschieden haben. Folglich ähnelten sie dann den Neandertalern im Allgemeinen ein wenig mehr als der Durchschnitt der Afrikaner. Eriksson und Manica weisen auf elegante Weise nach, dass man nicht unbedingt an eine massive Hybridisierung denken muss, um die größere Ähnlichkeit zwischen Eurasiern und Neandertalern zu erklären. Sie könnte auch einfach das Ergebnis der geographischen Struktur der afrikanischen Bevölkerung sein.

Die Diskussion ist noch nicht beendet, doch ich möchte erklären, warum mir der Vorschlag von Eriksson und Manica einfacher und daher im Moment auch glaubhafter vorkommt als die Hypothese einer massiven Hybridisierung. Zunächst einmal haben Neandertaler mehrere Jahrtausende mit den ersten europäischen *sapiens* zusammengelebt, mit den asiatischen oder melanesischen jedoch kaum oder gar nicht. Wie kann es da sein, dass die geschätzte Menge von Neandertaler-DNA in Asien und Melanesien ebenso groß oder noch größer ist? Kann es sein, dass die schicksalhafte Anziehung zwischen Neandertalern und uns nur bei der ersten Begegnung aufgeflackert ist und dass dann in den nächsten Jahrtausenden niemand in Europa mehr auf die Idee gekommen ist, es noch einmal zu versuchen? Die Antwort von Svante Pääbo auf diesen Einwand ist die, dass es die europäische Bevölkerung, die den Neandertalern begegnet ist, nicht mehr gibt. Mehrere Migrationswellen haben sich überlagert, und viele der neuen Einwanderer sind später in Afrika aufgebrochen und sind unterwegs keinen Neandertalern begegnet. Auch das ist plausibel.

Schwieriger, so scheint mir, ist es für die Vertreter der Hybridisierung zu erklären, wieso es in keiner der tausenden bekannten modernen mitochondrialen DNA eine Spur vom Neandertaler gibt. Zunächst hieß es, die Hybridisierung sei asymmetrisch verlaufen: Die Neandertaler-Männer hätten Geschlechtsverkehr mit anatomisch modernen Frauen aus Afrika gehabt. Diese Erklärung ist einigermaßen erstaunlich. Wir wissen, dass unsere *sapiens*-Vorfahren in das Territorium der Neandertaler vorgedrungen sind und während ein paar Jahrtausenden dafür gesorgt haben, dass sie ausstarben. Ist es da nicht seltsam, dass sie sich nicht nur nicht für deren Frauen interessierten, sondern sogar zugelassen haben, dass ihre eigenen Frauen mit den Neandertalern Kinder zeugten, und diese Kinder wiederum bei ihren weiteren Wanderungen bis nach Melanesien Kinder mit ihren eigenen Nachfahren?

Und damit nicht genug. Ich habe bereits darauf hingewiesen, dass das Y-Chromosom schwer zu untersuchen ist. Daher sind die ersten Daten zum Neandertaler-Y erst spät publik geworden, nämlich 2016, dank der Arbeit der Gruppe von Carlos Bustamante in Stanford. Und die Überraschung war: Auch das Y der Neandertaler fehlt bei den bisher untersuchten mehreren tausend modernen Menschen komplett. Vielleicht bin ich da ja ziemlich altmodisch, aber für mich gibt es zwei Geschlechter, und folglich nur zwei Möglichkeiten der Hybridisierung. Sie könnte vorgefallen sein zwischen Neandertaler-Frauen und anatomisch modernen Männern – doch dann wäre etwas von der mitochondrialen DNA der Neandertalerinnen in Umlauf geblieben, was aber nicht der Fall ist. Oder es könnten Neandertaler-Männer gewesen sein, die sich mit anatomisch modernen Frauen gemischt haben – doch dann müssten wir bei uns einige übergebliebene Neandertaler-Y-Chromosomen finden, aber dem ist nicht so. Also, was machen wir nun daraus?

Auf diesen Einwand antworten die Verfechter der Hybridisierung mit der Hypothese, dass es irgendeinen Selektionsmechanismus gegeben haben müsste, durch den aus den hybriden Genomen entweder die mitochondriale DNA oder das Y-Chromosom der Neandertaler verschwunden ist. Alles ist möglich, warum nicht auch das? Allerdings hat diese Erklärung eine entscheidende Schwäche: Sie ist in sich logisch, aber nicht wissenschaftlich. Schließlich hat die Wissenschaft bei Hypothesen darauf zu achten, dass sie zumindest theoretisch experimentell verifiziert werden können. Wissenschaftlich lässt sich weder die Existenz noch die Nichtexistenz der Seele beweisen, denn die Seele ist *per definitionem* ein metaphysischer Gegenstand, und die Wissenschaft befasst sich nun einmal nur mit Gegenständen, die physisch existieren. Wie sollte sich verifizieren lassen, dass die hybriden Individuen mit ihrer mitochondrialen Neandertaler-DNA oder ihrem Neandertaler-Y-Chromosom benachteiligt sind und sich tendenziell weniger fortpflanzen als die nicht-hybriden? Die einzige Möglichkeit dafür wäre, einen Neandertaler (oder besser zwei: eine Frau und einen Mann) zu überreden, zusammen mit einem oder einer von uns Kinder zu produzieren und dann zu sehen, was geschieht. Es handelt sich hier wohl um das, was Wissenschaftsphilosophen eine *ad-hoc*-Hypothese nennen, die vorgebracht wird, um etwas zu erklären, was anders nur schwer zu erklären wäre und nicht geeignet ist, sich im Experiment überprüfen zu lassen.

Doch was ändert das für uns?

An einem bestimmten Punkt schien es eine einfache Geschichte zu sein: Seit ihrer Auswanderung aus Afrika sind die anderen Menschenspezies in Europa und Asien gezwungen, mit einem Wesen zu konkurrieren, das geschickter und besser organisiert ist. Sie sterben aus, und nur wir bleiben übrig. Doch infolge der Vielzahl in den letzten Jahrzehnten veröffentlichter moderner und antiker Genome hat sich das Bild kompliziert statt deutlicher zu werden. Aber das ist in Ordnung – warum sollte denn unsere Evolutionsgeschichte auch einfach sein? Einige archäologische und genetische Daten geben Anlass zu bezweifeln, ob *Homo sapiens* in einer im Wesentlichen einzigen Welle von 60 000 Jahren über den Vorderen Orient Afrika verlassen hat: Es sieht so aus, als habe es schon vorher eine andere Auswanderungswelle vom Horn von Afrika auf die arabische Halbinsel und von dort nach Südasien gegeben, also entlang einer südlichen Route. Außerdem zeigt die antike DNA mehr oder weniger überall, vor allem aber in Europa, dass an denselben Orten diverse Populationen aufeinander gefolgt sind, ganz unterschiedliche Populationen, deren Gene wir zum Teil geerbt haben, zu einem Teil aber auch nicht. Darauf kommen wir gleich zurück.

Darüber, was zwischen uns und den Neandertalern vorgefallen ist, kann man streiten. Ich wiederhole, dass viele ehrenwerte Kolleg:innen meine Bedenken übertrieben finden. Dagegen scheint es hinreichend klar zu sein, dass es eine Hybridisation mit den Denisova-Menschen gegeben hat oder mit Menschen, die dem Denisova-Menschen sehr ähnlich waren. Darüber gibt es kaum Zweifel: Das Gebiet, in dem die Menschen anscheinend ein Stückchen DNA von Denisova-Ahnen in sich tragen, ist Ost- und Südostasien, wo man so etwas nach der Lage der Denisova-Funde erwarten konnte. Mit wenigen Ausnahmen jedoch ist der Denisova-Beitrag zu den modernen Genomen offenbar sehr gering, noch geringer als der hypothetische Neandertaler-Beitrag. Zu den Ausnahmen zählt Melanesien, und das bedeutet vielleicht etwas. Wie ich bereits bemerkt habe, kommt es mir äußerst seltsam vor, dass es in Melanesien nach den Daten von Svante Pääbo mehr Neandertaler-DNA geben soll als in Europa. Vielleicht aber stammen sie gar nicht vom Neandertaler, vielleicht sind diese Spuren tatsächlich ungewöhnlich und sehr alt, aber stammen vom Denisova-Menschen – was das Gesamtbild verständlicher machen würde. Heute versuchen einige Forscher auch (mit ungewissen Resultaten, scheint mir), anhand der DNA heutiger Populationen herauszufinden, ob sich darin nicht auch die Spuren von Hybridisierung mit bisher noch unbekannten Menschenarten finden. Was auch immer dabei herauskommt, es ist leicht vorherzusehen, dass dieses Kapitel in zehn Jahren abgeschlossen sein wird.

Während wir darauf warten, wie die Geschichte vom Ausgang aus Afrika wird neu geschrieben werden müssen, sollten wir deutlich machen, dass wir eigentlich nur über zwei Versionen der Hypothese des rezenten afrikanischen Ursprungs reden, die sehr ähnlich sind. Einer Version zufolge sind die archaischen Menschenpopulationen untergegangen, ohne irgendein Erbe zu hinterlassen, nach der anderen haben sie vor ihrem Aussterben uns etwas, aber auch nur ein winziges bisschen, ihres genetischen Erbes hinterlassen. Das ist eine ebenso interessante Frage wie auch die, ob *Homo sapiens* Afrika in einer einzigen großen Welle oder auch entlang einer südlichen Route verlassen hat.

Für unsere umfassende Darstellung der menschlichen Vielfalt ändert sich dadurch allerdings nichts. In jedem Fall ist es noch niemandem gelungen, in unserer Spezies biologische Grenzen auszumachen, und daran können auch 2% oder 4% Neandertaler- oder Denisova-DNA nichts ändern. Je mehr wir die DNA studieren und je mehr Daten wir haben, desto deutlicher wird, dass wir uns so sehr vermischt haben, dass jedes unserer Genome einem Harlekingewand gleicht, einem Hemd aus bunten Flicken höchst unterschiedlicher Herkunft. In manchen DNA-Regionen finden sich tatsächlich spezifische Allele einzelner Populationen. Aber das sind alles seltene oder extrem seltene Allele, die gewöhnlich pathologisch sind, wie eine gute Arbeit über Sardinien zeigt.

Das Team von Francesco Cucca hat seine Daten zweigeteilt, indem es die Genomabschnitte, in denen zwei Allele ziemlich häufig vorkamen (beispielsweise mit einer Frequenz von 90% oder 10%), von den Positionen in der DNA getrennt hat, wo eines der beiden Allele sehr selten vorkam (in weniger als 1% der Fälle auftrat), das andere aber so gut wie stets. Wenn man nur den ersten Teil betrachtet, ist es unmöglich, die Sarden von Engländern oder Finnen zu unterscheiden; wenn man nur den zweiten Teil betrachtet, das heißt, die seltenen Allele, unterscheidet sich jede dieser Populationen deutlich von den anderen. Sehr schön, haben wir nun Rassen gefunden? Reicht es nicht, Menschen allein auf der Grundlage solch seltener Allele zu klassifizieren und alle in viele schöne erkennbare Gruppen aufzuteilen? Nein, auch das funktioniert nicht. Manche der seltenen Allele treten allein in Sardinien (oder in Finnland oder sonst wo) auf, das ist richtig, aber 99% der Sarden (oder Finnen oder sonst wer) besitzen diese seltenen Allele gar nicht.

Die Europäer, das waren die mit der schwarzen Haut (bis gestern)

Wir könnten hier Schluss machen, doch unter der riesigen Menge von ganz neuen und oft erstaunlichen Informationen, die wir aus der Untersuchung der Genome beziehen, verdient wenigstens eine einen Kommentar. Haut hinterlässt keine Fossilien, und so war es bis vor Kurzem unserer Phantasie überlassen, welche Farbe die unserer Vorfahren hatte. Nina Jablonski und George Chaplin, die wichtigsten Experten auf ihrem Gebiet, glauben, dass alle *Homo-sapiens*-Populationen, solange sie in Afrika lebten, schwarz waren. Das Melanin, unser wichtigstes Pigment, filtert die Sonneneinstrahlung; je mehr es davon gibt, desto besser ist der Schutz vor ultravioletter Strahlung, desto besser die Kontrolle der Körpertemperatur und desto geringer ist die Gefahr von Hautkrebs. Wenn wir uns dagegen in weniger sonnige Regionen begeben, ist es vorteilhafter, eine helle Haut zu haben, die es besser erlaubt, Vitamin D zu binden, das bei der Schwangerschaft und während der Stillzeit unverzichtbar ist. Seit Charles Darwin wissen wir, dass günstige biologische Merkmale sich durch natürliche Selektion ausbreiten. Man kann sich also gut vorstellen, dass Individuen mit hellerer Haut nach ihrer Ankunft in Europa oder Asien im Vorteil waren und mehr Nachkommen hatten als andere. Dabei werden die Allele, die zu hellerer Hautfarbe führen, in der Population häufiger und schließlich allgemein verbreitet. Gut und schön, alles logisch, aber wann soll das passiert sein? Man hat geglaubt, dass dies ziemlich schnell vonstatten gegangen sei und die Europäer schon seit ein paar 10 000 Jahren weiß seien.

Die Hautfarbe ist wieder eines der komplexen Merkmale, von denen im vorigen Kapitel die Rede war. Wir kennen mindestens 70 Gene, die dazu beitragen zu bestimmen, wie viele Körnchen Melanin (je mehr es davon gibt, desto dunkler sind wir) es in den Hautzellen gibt und welche Farbe sie haben (es gibt nämlich zwei Sorten Melanin, die eine ein wenig gelblich, die andere mehr bräunlich). Dazu kommt, dass wir, wie jeder weiß, in der Sonne braun werden, weil wir mehr von diesen Körnchen produzieren. Es kommt also sowohl auf die Gene als auch auf die Umwelt an. Die Gene spielen jedenfalls eine Rolle, zum Beispiel eines mit dem komplizierten Namen SLC45A2. Alle hellhäutigen Europäer haben ein A an der Position 814 dieses Gens, während jemand, der dort ein G hat, dunkelhäutig ist. Dasselbe gilt für Position 1122 von SLC45A2, wo ein G für Hellhäutigkeit und ein C für dunkle Haut steht. Wenn man viele dieser Differenzen untersucht, kann man daraus (nicht immer, aber oft) auf die Hautfarbe von vor langer Zeit gestorbenen Menschen schließen.

In La Braña im Norden Spaniens hat man die Überreste eines Menschen gefunden, der vor 7000 Jahren gelebt hat. Seine DNA, die in gutem Zustand war, offenbarte eine überraschende Information: Dieser Mensch hatte eine dunkle Haut und blaue Augen. Das ist heute eine ungewöhnliche Kombination, und zwar so sehr, dass man eine Zeit lang den Fund für einen seltsamen Zufall und nichts mehr hielt. Doch dann fand man dieselbe Kombination bei zwei weiteren Europäern aus derselben Zeit, im schweizerischen Bichon und in Loschbour in Luxemburg. Schließlich berichteten die Zeitungen im Januar 2018, dass ein Engländer von vor 10 000 Jahren, der als *Cheddar man* bekannt ist, dunkle Haut und blaue Augen hatte. Aus irgendeinem Grund weckte diese letzte Entdeckung großes Aufsehen. Im Grunde genommen aber bestätigte sie nur etwas, das bereits bekannt war: Wenn alle vier in dieser Zeitschicht, dem Mesolithikum, untersuchten Menschen dieselben Merkmale hatten, sahen wahrscheinlich die Europäer damals so aus: blauäugig und dunkelhäutig.

Die Dinge änderten sich ein erstes Mal im Neolithikum, mit dem Aufkommen der Landwirtschaft. Vor 40 Jahren haben Luca Cavalli-Sforza, Paolo Menozzi und Alberto Piazza nachgewiesen, dass sich die Techniken von Ackerbau und Viehzucht in Europa dank einer umfangreichen Einwanderung aus dem Vorderen

Orient verbreiteten. Und seit Kurzem kann man in den Genen einiger dieser alten neolithischen Bauern lesen; dort hat man gesehen, dass sie die Ersten waren, die viele Varianten von Genen trugen, die heute in Europa mit heller (heller, nicht weißer) Haut assoziiert werden und mit dunklen Augen, wie sie heute im ganzen Mittelmeerraum verbreitet sind, einhergehen.

Weiße Haut, wie sie in Nordeuropa verbreitet ist, hat eine andere Geschichte und ist das Ergebnis einer anderen Wanderung. Menschen mit heller Haut waren bereits vor 13 000 Jahren unterwegs, aber sie lebten im Kaukasusgebiet; später treffen wir Menschen mit denselben Genen (vielleicht ihre Nachkommen, vielleicht auch nicht) in Nordwestasien an, im heutigen Russland. Und von dort, aus dem Osten, breiten sich diese Gene, wahrscheinlich über Deutschland und Dänemark, auf die skandinavische Halbinsel aus, vor 9000 bis 6000 Jahren. Also ist die helle Haut, die heute als normales Merkmal der Europäer gilt, erst vor gar nicht so langer Zeit nach Europa gelangt. Die Neandertaler dagegen hatten schon viel früher helle Haut: Nicht nur in dem, was man über ihre Felsbilder liest, sondern auch in diesem Wettstreit waren sie uns ein paar 10 000 Jahre voraus.

Die Europäer – Leute, die nie an einem Ort verharren

Die Vor- und Frühgeschichte der Europäer war in der letzten Zeit Gegenstand gründlicher Analysen, auch dank der großen Zahl der fossilen Funde. Es ist richtig, hier davon zu reden: Es dient uns dazu, besser die Beziehungen zwischen uns und den Menschen zu verstehen, die zu unterschiedlichen Zeiten gelebt haben, wo wir heute leben.

Nicht alle waren sie unsere Vorfahren.

Ein bisschen schematisch gesprochen kann man in den Genomen der Europäer drei wesentliche Komponenten unterscheiden, die jeweils mit drei Phasen der Vorgeschichte verbunden sind:

dem Mesolithikum, dem Neolithikum und der Bronzezeit (s. Tabelle 2). Es gibt darin eine ganz bezeichnende Komponente: die der ältesten europäischen *sapiens*, der paläolithischen und mesolithischen Jäger und Sammler, also von Menschen mit dunkler Hautfarbe wie dem Mann von Loschbour oder dem *Cheddar man*;. Mit dem Neolithikum beginnen die Menschen aus dem Vorderen Orient, Nahrung zu produzieren; daher gibt es mehr zu essen, die Menschen leben länger, mehr Kinder erreichen ein fortpflanzungsfähiges Alter und die Bevölkerung wächst. Eine wachsende Population braucht mehr Land, um es zu bebauen, und so breiten sich die ersten neolithischen Bauern nach Mitteleuropa aus, die einen entlang des Donaulaufs, die anderen entlang der Küsten. Die Arbeiten des Teams von Cavalli-Sforza und anderer zeigen, dass die ersten neolithischen Bauern die Populationen der Jäger und Sammler im Süden weitestgehend ersetzt haben, im Norden dagegen in sehr viel geringerem Maß. Danach, im Bronzezeitalter, kommt es zu einer Wanderbewegung aus dem Osten, aus dem Gebiet der heutigen Ukraine, die nach Mittel- und Nordeuropa eine dritte Komponente bringt, die man ebenfalls an den Genomen erkennen kann. Die Zeiten, zu denen diese Dinge sich zugetragen haben, variieren nach den Orten. Werkzeuge, die von Feldarbeit zeugen, tauchen im Vorderen Orient und in Kleinasien zuerst vor 10 000 oder 12 000 Jahren auf und verbreiten sich nach Westen und Norden, bis wir sie vor 5000 Jahren in Spanien finden. Die Wanderung aus dem Nordosten hinterlässt ihre Spuren in der Ukraine und in Polen vor ebenfalls etwa 5000 Jahren.

Die drei Komponenten, die wir in den heutigen europäischen Genomen erkennen, stammen mit größter Wahrscheinlichkeit von den drei wichtigsten Populationen, die sich im Laufe der Vorgeschichte überlagert haben. Die mesolithische Komponente ist nur mit einem mäßigen Anteil vertreten, der in den baltischen Ländern und in Weißrussland immerhin 25 % erreicht; die Komponente aus dem Bronzezeitalter hat einen Anteil von mehr als der Hälfte bei den Populationen des Nordens, etwa Engländern und Norwegern, im Süden jedoch weniger; die neolithische Komponente wiederum ist vorherrschend im Süden und im Zentrum, vor allem entlang der Mittelmeerküste, am meisten in Sardinien, wo 90% der Genome dazu gehören.

Unter den Genomen in Tabelle 2 befindet sich das einer Berühmtheit: des Menschen von Similaun, Ötzi, der 1991 aus einem Gletscher geborgen wurde und sich heute im archäologischen Museum von Bozen befindet. Ötzi hat vor etwas mehr als 5000 Jahren gelebt, und seine DNA ist gründlich untersucht worden. Sie ähnelt offensichtlich der, die wir heute in Sardinien finden. Aber keine Bange, das heißt nicht, dass er der Stammvater der Sarden war. Dies müssen damals nur die vorherrschenden Gene im Großteil Südeuropas gewesen sein (das sind die schwarzen Abschnitte auf den Balken in Tabelle 2). Später dann, im Bronzezeitalter, kamen andere Leute. Sie stammten aus dem Nordosten und drangen nach Mitteleuropa vor, und mit der Zeit landeten Teile des Genoms dieser Leute so gut wie überall (das sind die weißen Balkenabschnitte in Tabelle 2), vor allem im Norden, aber auch im Süden. Doch Sardinien ist eine Insel; anscheinend hat das Meer verhindert, dass die Migranten der Bronzezeit hierhin gelangten, und so haben sich in Sardinien besser als anderswo die genetischen Merkmale der Europäer des Neolithikums erhalten, zu denen auch Ötzi gehörte.

Es gibt gute Gründe anzunehmen, dass die europäische Vorgeschichte mit ihren sich überlagernden Wanderungswellen der Vorgeschichte aller Kontinente gleicht: Es gibt keine viele Jahrtausende hindurch stabile Populationen, sondern häufige Wechsel, die das Ergebnis häufiger Wanderungen sind. Nur ein Beispiel: Wir haben ja schon mehrfach erwähnt, dass die indigenen Populationen Nord- wie Südamerikas von Menschen abstammen, die vor etwa 20 Millionen Jahren zu Fuß von Sibirien nach Alaska gewandert sind – zu Fuß, weil der Meeresspiegel damals tiefer lag als

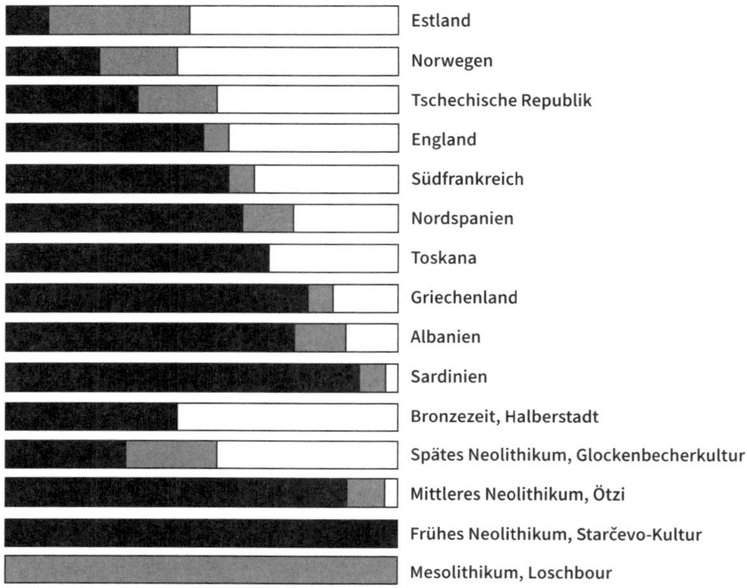

Tabelle 2 Komponenten europäischer Genome, die auf das Neolithikum zurückgehen (schwarz), auf das Mesolithikum (grau) und auf die Bronzezeit (weiß). Obwohl das Neolithikum zwischen Mesolithikum und Bronzezeit einzuordnen ist, ist sein Anteil hier nach links gerückt, um deutlich zu machen, wie sein Anteil vom Südosten bis Nordwesten des Kontinents abnimmt. (Grafik neu gestaltet von Haak u. a., 2015)

heute. 2014 konnten Maanasa Raghavan und das Team von Eske Willersley das Genom eines Jungen analysieren, der vor 24 000 Jahren in Mittelsibirien gestorben ist, des Jungen aus Mal'ta oder MA-1. Trotz ihres gesegneten Alters hat sich seine DNA in der sibirischen Kälte gut erhalten. Der Vergleich mit den Genomen der indigenen Amerikaner zeigt ganz klar, dass sie alle – die aus dem Norden wie die aus dem Süden des Doppelkontinents – mit MA-1 verwandt sind, das heißt, von der Population abstammen, zu der MA-1 gehörte. (Natürlich gibt es auch andere Beiträge: Es hat nicht nur eine einzige Einwanderung von Menschen nach

Amerika gegeben.) Und es gibt noch eine zweite, ebenfalls interessante Beobachtung: Heute gibt es in Sibirien keine Menschen mehr, deren Genom dem von MA-1 gleicht. Die Population von MA-1 hat tausende Kilometer entfernt Nachkommen hinterlassen, doch hier, in Sibirien, ist sie entweder ausgestorben oder *en bloc* weit fortgewandert.

Ohne Immigranten keine weiße Haut

Durch einen erstaunlichen Zufall fiel die Nachricht, dass der 10 000 Jahre alte *Cheddar man* dunkelhäutig war, mit einer Debatte zusammen, die in Italien oder Deutschland und anderswo in Europa über die angeblichen Gefahren für eine sogenannte weiße Rasse geführt wurde – angesichts eines Stroms von Zuwanderern aus dem Vorderen Orient und aus Afrika. Diese Debatte hat wenig mit der Kenntnis unserer Vorgeschichte zu tun, jedoch viel mit einer politischen Stimmung, in der Parolen und Ideen wieder Mode werden, die mit dem Faschismus untergegangen zu sein schienen. So ist es anscheinend sogar überall auf der Welt, doch besonders bei uns. Vielleicht bin ich ja naiv, doch die politische Relevanz der Studien zur DNA entgeht mir: Auch ich persönlich würde meine politischen Ansichten wegen der Hautfarbe von *Cheddar man* oder irgendeines anderen Fossils keinen Deut ändern. Doch aus streng biologischer Sicht kommt man nicht darum herum: Es gab zwei Migrationswellen, durch die Menschen mit heller Haut nach Europa gelangt sind. Dank ihrer Gene hatten die Immigranten bessere Überlebenschancen in unseren Klimazonen, und deshalb haben sie sich schnell in der Gesamtbevölkerung ausgebreitet: ohne Immigranten keine weiße Haut. Es ist eine interessante und komplizierte Geschichte, eine Reise voller Überraschungen durch den Prozess der Evolution, der dazu geführt hat, dass eine kleine Gruppe von Afrikanern sich auf der ganzen Erde ausgebreitet hat (übrigens zusammen mit unseren Reisegenossen, den Mäusen), dabei sich an unterschiedliche Umweltbedingungen angepasst und im Laufe der Zeit ihre ererbten Merkmale modifiziert hat. Und diese Geschichte wird noch komplizierter in dem Maße, wie die Analyse der DNA der Fossilien das Bild unserer Migrationen genauer nachzeichnet und uns erzählt, dass nicht nur die Bewohner Europas, sondern die gesamte Menschheit seit jeher fortwährend in Bewegung war.

Die zitierten Arbeiten zur genetischen Diversität Afrikas sind: S.A. Tishkoff et al., »A global haplotype analysis of the myotonic dystrophy locus: implications for the evolution of modern humans and for the origin of myotonic dystrophy mutations«, in: *American Journal of Human Genetics* 62, 1998, S. 1389-1402; E. Zietkiewicz et al., »Haplotypes in the dystrophin segment point to a mosaic origin of modern human diversity«, in: *American Journal of Human Genetics* 73, 2003, S. 994-1015; M.C. Campbell, J.B. Hirbo, J.P. Townsend, S.A. Tishkoff, »The peopling of the African continent and the diaspora into the new world«, in: *Current Opinion in Genetics & Development* 29, 2014, S. 120-132; S. Ramachandran et al., »Support from the relationship of genetic and geographic distance in human populations for a serial founder effect originating in Africa«, in: *Proceedings of the National Academy of Sciences USA* 102, 2005, S. 15942-15947; H. Liu, F. Prugnolle, A. Manica, F. Balloux »A geographically explicit genetic model of worldwide human-settlement history«, in: *American Journal of Human Genetics* 79, 2006, S. 230-237.

Viele gute Argumente dafür, dass die modernen Europäer Immigranten aus Afrika und teilweise auch aus Asien sind, finden sich in: G. Barbujani, D. Goldstein, »Africans and Asians abroad: Genetic diversity in Europe«, in: *Annual Review of Genomics and Human Genetics* 5, 2004, S. 119-150. Dieselbe Zeitschrift hat veröffentlicht: H. Harpending, A.R. Rogers, »Genetic perspectives on human origins and differentiation«, in: *Annual Review of Genomics and Human Genetics* 1, 2000, S. 361-385.

Die Analyse der Genome der beiden Khoisan aus Namibia findet sich in: S.C. Schuster et al., »Complete Khoisan and Bantu genomes from southern Africa«, in: *Nature* 463, 2010, S. 943-947. Um die Klicklaute der Khoisan-Sprachen zu hören, kann man auf YouTube gehen: https://www.youtube.com/watch?v=W6WO5XabD-s, oder, für eine von Miriam Makeba gesungene Version, auf: https://www.youtube.com/watch?v=Qg4Fp-A7IRw.

Das erste komplette Neandertalergenom findet sich bei: R.E. Green et al., »A draft sequence of the Neandertal genome«, in: *Science* 328, 2010, S. 710-722. Eine sehr klare Beschreibung der Hypothese der Hybridisierung mit Neandertalern findet sich bei: M. Slatkin, F. Racimo, »Ancient DNA and human history«, in: *Proceedings of the National Academy of Sciences USA* 113, 2016, S. 6380-6387. Für eine andere Betrachtung s.: A. Eriksson, A. Manica, »Effect of ancient population structure on the degree of polymorphism shared between modern human populations and ancient hominins«, in: *Proceedings of the National Academy of Sciences USA* 109, 2012, S. 13956-13960.

Das Genom aus dem Kiefer von Oase wird beschrieben in: F. Qu et al., »An early modern human from Romania with a recent Neanderthal ancestor«, in: *Nature* 524, 2015, S. 216-219.

Das erste Y-Chromosom von Neandertalern wird beschrieben in: F.L. Mendez et al., »The divergence of Neandertal and modern human Y chromosomes«, in: *American Journal of Human Genetics* 98, 2016, S. 728-734.

Zum Pro und Contra der Hybridisierungshypothese gibt es ein Kapitel in meinem Buch *Gli africani siamo noi,* Rom-Bari 2016, und kürzlich ist das Buch von Silvana Condemi und François Savatier herausgekommen, *Mio caro Neandertal,* Turin 2018.

Die Untersuchungen der sardischen Genome finden sich in: C. Sidore et al., »Genome sequencing elucidates Sardinian genetic architecture and augments association analyses for lipid and blood inflammatory markers«, in: *Nature Genetics* 47, 2015, S. 1272-1281.

Das Genom von *Cheddar man* ist noch nicht veröffentlicht worden, doch in *New Scientist,* einem von den Medien breit genutzten Pressedienst, hieß es: »Early Briton from 10,000 years ago had dark skin and blue eyes«, s. *New Scientist* 7, Februar 2018. Die Daten zu zwei anderen dunkelhäutigen Europäern, die bis auf die Zeit vor 7000 Jahren datiert worden sind, sind dagegen veröffentlicht worden, in: I. Olalde et al., »Derived immune and ancestral pigmentation alleles in a 7,000-year-old Mesolithic European«, in: *Nature* 507, 2014, S. 225-228; I. Mathieson et al., »Genome-wide patterns of selection in 230 ancient Eurasians«, in: *Nature* 528, 2015, S. 499-503; und bei dem bereits zitierten Aufsatz von E. Jones et al., »Upper Palaeolithic genomes reveal deep roots of modern Eurasians«, in: *Nature Communications* 6, 2015, S. 8912.

Was die Evolution der Hautfarbe betrifft, gibt es den klassischen Artikel von N. Jablonski und G. Chaplin, »The evolution of human skin coloration«, in: *Journal of Human Evolution* 39, 2000, S. 57-106, während erst kürzlich der Artikel von L. Deng, S. Xu erschienen ist, »Adaptation of human skin color in various populations«, in: *Hereditas* 155, 2018, S. 1.

Einzelheiten zum Gen SLC45A2 finden sich auf dieser Website von OMIM, dem Online-Katalog der nach Mendel benannten Datenbank zum menschlichen Erbe: http://omim.org/entry/606202.

Zur Untersuchung der Hautfarbe des Neandertalers vgl.: C. Lalueza-Fox et al., »A melanocortin 1 receptor allele suggests varying pigmentation among Neanderthals«, in: *Science* 318, 2007, S. 1453-1455.

Zu den Genomen der Europäer von heute und damals ist grundlegend die Arbeit von W. Haak et al., »Massive migration from the steppe was a source for Indo-European languages in Europe«, in: *Nature* 522, 2015, S. 207-211.

Die dreisprachige Website von Eurac, auf der man sich aktuell über die Untersuchungen an Ötzi informieren kann, ist: www.eurac.edu/de/research/health/iceman/Pages/.

Sein komplettes Genom ist von A. Keller et al. veröffenlicht worden: »New insights into the Tyrolean Iceman's origin and phenotype as inferred by whole-genome sequencing«, in: *Nature Communications* 3, 2012, S. 698.

Zum Genom des Jungen aus Mal'ta s.: M. Raghavan et al., »Upper Palaeolithic siberian genome reveals dual ancestry of native Americans«, in: *Nature* 505, 2014, S. 87-91.

Zu den Behauptungen von Attilio Fontana, demzufolge dringend Maßnahmen zur Verteidigung der sogenannten weißen Rasse ergriffen werden müssen, s. http://www.ilpost.it/2018/01/15/attilio-fontana-razza-bianca/.

10. Kapitel

Einer stand Schmiere

Worin wir Zeugen mehrerer Versuche werden,
die Rassenidee wiederzubeleben

Lui era fisso che scrutava nella notte,
l'ha vist nagott, ma in cumpens l'ha sentu nient,
perché vederci non vedeva un'autobotte,
però sentirci ghe sentiva un acident.

Er stand da und durchsuchte die Nacht;
er sah nichts, doch dafür hörte er auch nichts,
weil er vor lauter Sehen einen Tankwagen übersah,
doch vor lauter Hören hörte er auch einen Unfall nicht.

Enzo Jannacci, *Faceva il palo* / Einer stand Schmiere

Enzo Jannacci, der große Cantautore, hätte einen Ehrenplatz in der Geschichte der italienischen Literatur verdient. Sein Held stand Schmiere bei der *banda d'Ortiga*, der Brennnesselbande, aber er war halbblind, sah fast nichts mehr. So bemerkte er auch die Nachtwächter nicht und nicht die Polizisten; Faustschläge, Schüsse, Schreie, Prügel; sie verhaften die ganze Bande, aber er merkt nichts davon, nicht das Geringste.

Worauf ich hinauswill? Darauf: Seit den 1990er Jahren fangen manche Autoren wieder an, die Geschichte zu verbreiten, dass es Rassen gibt. Einige begnügen sich mit dieser Feststellung, andere gehen noch einen kleinen Schritt weiter, und das ist dann immer dasselbe: Sie haben, sagen sie, die biologischen Gründe für die Überlegenheit der weißen Rasse über die anderen entdeckt. Im

Laufe von 30 Jahren war die Brennnesselbande abgeführt worden, nicht von Ordnungskräften, sondern in unserem Fall durch die ordnende Kraft wissenschaftlicher Evidenz. Die Kenntnisse der Genetik sind gewaltig gewachsen und sagen uns, dass es menschliche Diversität gibt und dass diese viele Dinge erklärt, sie sagen uns aber auch, dass diese Dinge sich nicht in Rassebegriffen beschreiben lassen, wenn man die Genetik nicht missversteht. Die Versuche, die Menschheit nach Rassen zu klassifizieren, waren ein Fiasko, und solange nicht plötzlich eine große Menge neuartiger Daten auftaucht, hat es auch keinen Sinn, einen neuen Versuch zu machen. Um die Biodiversität zu verstehen, ist es sehr viel besser, sich auf die Unterschiede zwischen einzelnen Populationen und zwischen Individuen zu konzentrieren.

Aber da ist nichts zu machen, halb blind wie einer, der für die Brennnesselbande Schmiere steht, und ebenso taub gegenüber der Agitation ringsumher haben in den letzten Jahren manche Autoren wieder begonnen, in der Nacht der Rassenklassifikation herumzusuchen und uralte wissenschaftlich nicht vertretbare Ideen zu reproduzieren, als wären sie ganz neu. Machen sie es absichtlich? Das kann nur ein Soziologe oder eine Psychologin beantworten – ich weiß es nicht. Ich weiß aber, dass durch bloße Wiederholungen manche Refrains zu Ohrwürmern werden, und es wenig ausmacht, ob sie begründet sind.

Vor 20 Jahren wäre dieses Buch ein anderes gewesen. Man hätte entspannt von der Debatte über die Menschenrassen sprechen können wie von einer Seite aus dem Buch der Wissenschaftsgeschichte: interessant, widersprüchlich, mit anregenden Aspekten und anderen, die einfach nur bizarr sind, doch von einer Seite, die von einer Vergangenheit berichtet, im Vergleich zu der wir weit fortgeschritten sind. Und beim Erzählen der Geschichte von den Versuchen, unseresgleichen zu etikettieren, hätten wir uns zurücklehnen und überlegen können, warum sie gescheitert sind, wobei wir auch etwas über den Prozess von *trial and error* hätten lernen können, der jeder wissenschaftlichen Erkenntnis, die diesen Namen verdient, vorausgeht, und damit der Erweiterung unserer Kenntnisse dient. Vor 20 Jahren hätte dieses Buch den Titel jener schönen von André Langaney, Nimian Hubert van Blijenburgh und Alicia Sanchez-Mazas organisierten Dauerausstellung im Pariser *Musée de l'homme* tragen können: *Tous parents, tous différents*: alle verwandt, alle verschieden. Es wäre, wenn auch abgekupfert, ein sehr schöner Titel gewesen, und niemand hätte etwas dagegen gesagt. Genauer gesagt, es hätte Leute gegeben, die dagegen gewesen wären, doch dabei hätte es sich um Randerscheinungen der Wissenschaftsszene gehandelt wie etwa John Philippe Rushton, der bis zu seinem Tod 2012 stets behauptete, dass der Intelligenzquotient (ihm zufolge am höchsten bei den Gelben und am geringsten bei den Schwarzen) sich umgekehrt proportional zur Länge des Penis (ihm zufolge am größten bei den Schwarzen, am geringsten bei den Gelben) verhält: in der Mitte, in einem wunderbaren Gleichgewicht zwischen den beiden Parametern, befänden sich die Weißen. Rushton wurde mehrfach sogar von seinen eigenen Studenten heftig kritisiert, doch er hat nie aufgehört, die Ablehnung von Rassenstudien als ein Tabu zu verteufeln, das »weder bei der Inquisition noch bei Hitler noch bei Stalin seinesgleichen findet«.

Stattdessen ist das Thema dieses Buches kontrovers geworden. Während die Wissenschaft heute klargestellt hat, dass jede Population sich ein bisschen von allen anderen unterscheidet, im Genom sich jedoch keine Grenzlinien zwischen Schwarzen, Weißen und Gelben finden, steht auf einmal jemand auf und sagt: Okay, kann ja alles sein, aber diese Darstellungen sind mir zu kompliziert – wo doch so offensichtlich ist, dass es Rassen gibt ... Mit ein wenig verlegerischer Retusche wird eine so entwaffnende Argumentation zum Erfolgsrezept, denn (vor allem) in den USA verkaufen sich Bücher, die die Überlegenheit der Weißen herausstreichen, gar nicht schlecht. So hat sich der Wind gedreht. Heute, schreibt

Jonathan Marks, ist es ebenso schwierig geworden, die Menschen davon zu überzeugen, dass es keine Rassen gibt, wie es im 17. Jahrhundert war, unsere Vorfahren davon zu überzeugen, dass die Erde nicht unbeweglich im Zentrum des Weltalls steht.

Die Glockenkurve von Herrnstein und Murray

Angefangen damit haben Richard Herrnstein und Charles Murray. Die Ausgangsidee ihres Bestellers *The Bell Curve* (Die Glockenkurve) ist die, dass die sozialen Abstufungen in den Vereinigten Staaten grundsätzlich gerecht sind, das heißt, den Wert eines jeden Menschen widerspiegeln. Die Intelligenteren kommen nach oben und behaupten sich, während diejenigen, die zurückbleiben, in ihren niedrigeren Gesellschaftsschichten weniger Geistesgaben haben. Und da intelligente Menschen dazu neigen, intelligente Partner zu heiraten und superintelligente Kinder zu zeugen, werden die intellektuellen Unterschiede zwischen den intelligenten Reichen und den nichtintelligenten Armen immer ausgeprägter. Die Glockenkurve des Buchtitels ist eben die Kurve, die die Verteilung der Intelligenzquotienten beschreibt. In dieser Kurve hat die Mehrheit der Menschen mittlere Werte, und die höheren und tieferen Werte sind weniger ausgeprägt.

Bis hierhin spielen Rassen noch keine Rolle. Sie treten in dem Moment in Aktion, in dem Herrnstein und Murray erklären, dass die durchschnittlichen Intelligenzwerte, die sich ihnen wie auch schon Rushton zufolge mit großer Präzision messen lassen, sich ungleich auf die verschiedenen Rassengruppen in den Vereinigten Staaten verteilen. Aber könnten sich diese Unterschiede nicht auch dadurch erklären lassen, dass die Schwarzen in ärmeren Vierteln aufwachsen, ohne Bibliotheken und Gesundheitsversorgung, dass sie schlechtere Schulen besuchen und, wenn sie es bis zur Universität schaffen, sich die besseren Colleges nicht leisten können? Herrnstein und Murray streiten das ab. Intelligenz, schreiben sie, ist erblich wie die Blutgruppe – oder etwas weniger. Folglich kann ein niedriger sozialer Status nicht die Ursache, sondern nur die Folge geringer intellektueller Fähigkeiten sein. Wenn das so ist, und Herrnstein und Murray bestehen darauf, ist es hoffnungslos, die Intelligenz der Schwarzen und Armen zu heben, indem man versucht, die Umweltbedingungen für sie und die kulturellen Anreize für ihre Kinder zu verbessern; ergo sind die dafür aufgewandten Mittel hinausgeworfenes Geld. So weit scheint alles okay zu sein, doch da gibt es noch ein Problem: Wenn die schwarzen Armen viele Kinder zeugen und die weißen Reichen nur wenige, läuft Amerika da nicht Gefahr, immer schwärzer und folglich auch immer dümmer zu werden? Es muss deshalb – regen die Autoren an – dafür gesorgt werden, dass die reicheren Schichten der Gesellschaft mehr Kinder bekommen und die armen weniger. Die Lösung könnte darin bestehen, die höheren Einkommen geringer zu besteuern und zum Ausgleich die Steuern für die geringer Verdienenden zu erhöhen oder die Sozialausgaben zur Unterstützung armer Familien auf die Reichen umzulenken, oder – noch besser – beides zugleich. Wer jemals das faschistische Hetzblatt *La difesa della razza* (*Die Verteidigung der Rasse*) näher angeguckt hat, wird wissen, dass auch Mussolini – selbst wenn er das etwas volkstümlicher ausdrückte – dieselben Bedenken über das hatte, was damals die »Dekadenz der oberen Klassen« hieß.

Die Daten, die die Autoren von *The Bell Curve* zu solch tiefgreifenden Schlüssen kommen lassen, stammen aus der Untersuchung von 10 000 Kandidaten, die Jahre, nachdem sie bei den Streitkräften einen Intelligenztest absolvieren mussten, erneut kontaktiert wurden. Herrnstein und Murray zufolge hatten diejenigen, die beim Test hohe Punktzahlen erreicht hatten, inzwischen gute Studienabschlüsse, hohe Einkommen und eine geringe Wahrscheinlichkeit, im Gefängnis zu enden oder sich scheiden zu lassen (also muss die Scheidung, und das sage ich für alle, die sie wie ich hinter sich haben, eine Sache für ärmliche Dumme sein).

Eigentlich haben Herrnstein und Murray nur kalten Kaffee wieder aufgewärmt. Die Behauptung der Reichen, dass sie auch schön und intelligent sind, ist so alt wie die Welt (erinnern Sie sich an Menenius Agrippa und sein Gleichnis vom Haupt und den Gliedern?), und über den Sinn und die Grenzen von Intelligenztests gibt es Literatur ohne Ende. Unsere kognitiven Fähigkeiten haben sicherlich eine ererbte Komponente, doch die Vorstellung, dass diese Komponente sehr stark ist, geht großenteils auf einen wissenschaftlichen Betrug zurück: In den fünfziger Jahren hat Sir Cyril Burt diese Vorstellung auf der Grundlage von Zwillingsstudien erhärtet, die in der Folge in akademischen Texten zur Genetik immer wieder zitiert wurden; doch er hatte seine Daten nachweislich manipuliert oder erfunden. Grundsätzlich ist es möglich – und kann auch nützlich sein –, mit entsprechenden Tests bestimmte Aspekte unserer kognitiven Fähigkeiten zu messen und so herauszufinden, auf welchem Gebiet wir besonders oder weniger begabt sind. Aber nur wenige glauben, dass die Tests wirklich so etwas bewerten können, was allgemein als Intelligenz gelten könnte; für diese gibt es allerdings weder eine befriedigende Definition noch gibt es eine Erklärung dafür, dass sie einfach auf eine Zahl zurückgeführt werden könnte. Wer nun meint, durchschnittliche Intelligenzquotienten benutzen zu können, um Hierarchien hinsichtlich des Werts zwischen Gruppen verschiedener Kultur einzuführen, ist entweder naiv oder böswillig. Bevor wir zu dem Schluss gelangen, dass wir von den Armen nehmen und den Reichen geben müssen, um unsere biologische Qualität zu erhalten, sollten wir uns allerdings darauf einigen, was Intelligenz ist, und dann zeigen, dass: 1. der Intelligenzquotient wirklich die Intelligenz misst; 2. Intelligenz erblich ist; 3. die sogenannten Rassen biologisch unterscheidbar sind, und 4. sich dieselben Unterschiede des Intelligenzquotienten auch bei Weißen und Schwarzen mit gleichem Einkommen finden; alles sehr schwierige Fragen, von denen, wie wir gesehen haben, die dritte jedenfalls verneint werden muss.

Doch wenn *The Bell Curve* kalter Kaffee war und einflussreiche Wissenschaftler erklärt haben, dass sie nie daran gedacht hätten, die darin vorgebrachten Argumente zu widerlegen, weil sie so banal und primitiv seien, warum widmet dann *Newsweek* dem Buch die Titelseite? Wieso rezensieren es die *New York Times* und das *Wallstreet Journal* enthusiastisch? Ich weiß es nicht, aber ich bleibe dabei: Wir wissen herzlich wenig über die Intelligenz und noch weniger über ihre genetischen Grundlagen. Das Gehirn ist ein Produkt unserer Gene, wie die Nase oder die Bauchspeicheldrüse, und nicht alle Gehirne sind gleich und für die gleichen Zwecke gleich geeignet. Doch sind zwei Drittel unserer Gene an der Bildung des Gehirns beteiligt; ihr Zusammenwirken und die Auswirkungen tausender an der Ausbildung unserer Persönlichkeit beteiligter nicht-genetischer Faktoren sind so komplex, dass wir weit davon entfernt sind, sie auch nur oberflächlich zu verstehen. Von Linné bis zu Coon und Herrnstein (Murray fällt hier heraus – er ist Doktor der politischen Wissenschaften) sind viele Wissenschaftler der Versuchung erlegen, über Dinge, die sie nicht verstanden haben, so zu sprechen, als verstünden sie sie. Deshalb ist es wichtig, darauf zu pochen, dass man nur von dem redet, was man weiß, besonders, wenn es um heikle Punkte geht.

Die Rassen der Athleten

Der Erfolg eines Textes wie *The Bell Curve* führte zu einem Überbietungswettbewerb von Nachfolgeprodukten, bei dem jegliche wissenschaftliche Strenge schnell auf der Strecke blieb. Hier ein Beispiel: 1999 untersucht Jon Entine in einem Buch mit dem Titel *Taboo: Why Black Athletes Dominate Sports and Why We're Afraid to Talk about it* die Ergebnisse in verschiedenen Sportarten und gelangt zu dem Ergebnis, dass die Schwarzen von der Natur so ausgestattet sind, dass sie im Sport brillieren. »Die entscheidende Variable findet sich in unseren Genen – den Unterschieden, die es nun einmal zwischen Populationen gibt und die von der Evolution in Jahrtausenden geformt wurden«. Wenn besondere sportliche Fähigkeiten eine ererbte biologische Grundlage haben, wird dasselbe auch für andere menschliche Merkmale gelten, etwa die Intelligenz: Anscheinend ist der Schluss unausweichlich, dass gute sportliche Leistungen mit sinkenden Intelligenzquotienten einhergehen. Und dann soll es ein Zufall sein, dass viele Indianer in Amerika Alkoholiker sind und die Chinesen gut in Mathematik, oder? Entine ist weder Anthropologe noch hat er seine eigenen Forschungen angestellt. Er schnappt hier und da ein paar Gemeinplätze über die Völker der Erde auf, und da er sich nichts anderes vorstellen kann, gelangt er zwangsläufig zu zwei Schlussfolgerungen, die immer dieselben sind: Wir sind, was wir sind, weil es so in unseren Genen geschrieben steht, und unsere Gene sind so, wie sie sind, weil wir zu unterschiedlichen Rassen gehören. Er hat auch keine Vorstellung davon, was Rassen sein sollen; mal ist die im Sport privilegierte Rasse die afrikanische, dann aber stellt sich heraus, dass es genau genommen die Ostafrikaner sind, und dann, dass es genau genommen die Kenianer sind, und dann, dass es nur die Kenianer aus einem bestimmten Stamm sind. Alles wird durcheinandergerührt. Indem er aus dem Nichts arabische Invasionen erfindet, die den Ostafrikanern zu einer besonderen Ausdauer verholfen hätten, die die im Westen nicht besäßen, die dafür aber schneller auf den Kurzstrecken seien, erinnert Entine an Fritsch mit seinen imaginären Wanderungen nur, dass er am Ende des 20. Jahrhunderts schreibt, zu einer Zeit, in der der Nebel der Unwissenheit sich schon ein ganzes Stück weit aufgelöst haben müsste.

Die Frage, von der *Taboo* ausgeht, ist interessant: Weshalb sind manche Menschen besonders gut in, sagen wir, Physik und andere im Dreisprung? Es gibt noch manche andere solcher interessanter Fragen: Warum sind die Schweizer so genau, während die Spanier nachtaktiv sind, die Griechen rauchen wie auch die Türken und während die Italiener dauernd gegen die Straßenverkehrsordnung verstoßen? Leider sind das, wenn sie so gestellt werden, keine Fragen, auf die eine wissenschaftliche Antwort möglich ist. Die Wissenschaft beschreibt die Phänomene und sucht ihre Ursachen in der physischen Welt, während wir es hier mit schlecht definierten Phänomenen, mit einem Brei von klaren und unklaren Daten zu tun haben, gewürzt mit beliebigen Bewertungen und einem Haufen Vorurteilen. Kurz, wir jagen wieder einmal das immaterielle unsichtbare Pferd aus dem 6. Kapitel. Am Ende des Buchs wissen wir so viel wie am Anfang: Kenianer und Äthiopier gewinnen den Marathon (aber nicht immer – 2004 in Athen hat ein Italiener gewonnen), während noch kein Chinese je die 100 Meter in 10,0 Sekunden gelaufen ist. Hurra! Und konnte Ella Fitzgerald, die zwei Zentner wog, auch auf der Mittelstrecke glänzen? Wir könnten noch weitergehen und uns fragen, warum die Sarden gern Carabinieri werden und die Leute aus den Dolomiten Eisdielen aufmachen. Doch solange noch niemand ein Carabinieri-Gen in Sardinien oder ein Eismacher-Gen in den Dolomiten gefunden hat oder, wie im Fall von Entine, eines der Schnelligkeit und der Ausdauer, sollte man sich lieber davor hüten, Banalitäten zu erfinden. Man kennt bereits einige Allele, die mit der Produktion mitochondrien-reicher roter Muskelfasern zu tun haben, die eine größere Ausdauer beim Laufen verleihen; wir wissen auch schon, dass manche Menschen sich schon als Kinder zum Zeichnen hingezogen fühlen, während andere schneller lesen lernen und wieder andere sich besonders anmutig bewegen. Früher oder später werden wir herausfinden, in welchem Maße das alles von den Genen abhängt. Reden wir dann noch einmal darüber und sehen nach, ob herausgekommen ist, dass diese Gene nach Rassen verteilt sind (ich wette, dass das nicht der Fall sein wird).

Ach, eins habe ich vergessen: Wir haben es deshalb vermieden, von der physischen Überlegenheit der schwarzen Athleten zu sprechen, weil die fortschrittliche Gesinnung, die laut Entine in

Amerika vorherrscht, es uns verbietet, offen die Überlegenheit der Weißen bei der Intelligenz zu akzeptieren.

Die natürliche Selektion bei der Arbeitswilligkeit

Menschen, die gern eine ruhige Kugel schieben, werden deswegen nicht selten aufgezogen. Doch vielleicht ist das nicht gerecht, denn vielleicht steckt die Lust zu arbeiten in den Genen, und man hat sie oder nicht. Das behauptet jedenfalls Nicholas Wade, der wieder einmal die Rassen herangezogen hat, um die wirtschaftliche und soziale Ungleichheit zu erklären und zu rechtfertigen. Wade war viele Jahre lang verantwortlich für die Wissenschaftsseiten der *New York Times*; wir haben ihn bereits im 1. Kapitel zitiert, doch es lohnt sich, noch einmal auf ihn zurückzukommen. Während Michelle Obama mit einer schönen Rede über Rassismus den Jahrestag der Abschaffung der Rassentrennung in den Schulen feierte (erst seit 1954 können in den Vereinigten Staaten alle Kinder dieselben Schulen besuchen, unabhängig von der Hautfarbe), verkündete Nicholas Wade im Wochenmagazin *Time*, »die Analyse der Genome aus der ganzen Welt« mache deutlich, »dass es eine genetische Grundlage für Rassen gibt, auch wenn wichtige Organisationen der Gesellschaftswissenschaften das Gegenteil behaupten«.

Stellen wir zunächst klar: Die Analyse der Genome macht diesen Kram keineswegs deutlich; es steht heute außer Diskussion (außer bei denen, die sich nicht informieren), dass zur Beschreibung der menschlichen Biodiversität die Idee des 19. Jahrhunderts, dass wir in Rassen aufgeteilt sind, nicht funktioniert. Das sagen die Genetiker – und nicht die subversiven Vertreter der Gesellschaftswissenschaften. Doch in Wahrheit gibt es in dem Artikel von Wade nicht die Spur von Genetik. Früher galt es als erlaubt, vage davon zu schreiben, dass die Gene dies oder das beeinflussen, und den Moment, in dem man genauer verstehen würde, um welche Gene es sich dabei handelt, in einer nebulösen Zukunft anzusiedeln. Doch heute kennen wir das gesamte Genom, und deshalb sollten wir entweder klar sagen, was denn diese Rassengene sind, oder lieber den Mund halten. Wade hält den Mund nicht und stellt Vermutungen über kapitalistische Gene an, bei denen die Juden über vorteilhafte Allele verfügten, oder über Gene für Stammesorganisation, die in Afrika üblich seien.

Quatsch, dummes Zeug ohne jede Begründung. Gewissermaßen könnten die Genetiker zufrieden darüber sein: Ihre Disziplin ist sozusagen zu der Fahne geworden, die man schwenken muss, um ernstgenommen zu werden, und auch die Scharlatane greifen darauf zurück, um sich den Anschein von Glaubwürdigkeit zu geben. Doch damit unterschätzen wir ein politisches Phänomen – hier spielt die Wissenschaft lediglich eine instrumentelle Rolle –, das als solches ernst genommen werden muss. Wie andere Vertreter der extremen Rechten ist Wade es satt, sich nur immer verteidigen zu müssen: Schluss mit den Schuldgefühlen. Er leugnet keineswegs, dass in der amerikanischen Gesellschaft die Weißen (bestimmte Weiße, darunter die Leser des *Time*-Magazins) Möglichkeiten haben, die anderen vorbehalten werden: gesündere Wohnungen, gute Krankenversicherungen und bessere Schulen, über die man an besser bezahlte Arbeitsstellen kommt; doch er wendet sich gegen diejenigen, die gleiche Chancen für alle verlangen, indem er behauptet, dass die soziale Ungleichheit akzeptiert und sogar befördert wird, weil sie *natürlich* ist: In Amerika lebt es sich nicht trotz dieser Ungleichheiten so gut, sondern wegen ihrer.

Der Weg, der zu solch gewichtigen Schlussfolgerungen führt, ist gewunden, doch lohnt es sich, ihn im Einzelnen nachzuverfolgen. Der Wirtschaftshistoriker Gregory Clark, erzählt Wade, habe nachgewiesen, dass die »Neigung zu arbeiten« im 17. und 18. Jahrhundert in England zugenommen habe, was durch die Zunahme der Arbeitsstunden in dieser Periode belegt werde. Aber wird es nicht vielmehr die Entwicklung der Industrie gewesen sein, die immer längere und am Ende unmenschliche Arbeitszeiten verlangte? Clark ist sich sicher, dass es so nicht war: Die Engländer haben die industrielle Revolution angezettelt, weil sie so viel Lust zu arbeiten hatten. Es würde reichen, ein bisschen Dickens zu lesen, um den Glauben daran zu verlieren. Doch weiter. Woher soll diese Leidenschaft für die Arbeit gekommen sein, auf die dann die Triumphe des britischen Empire zurückzuführen wären? Aber klar doch, auf die Gene: Clark zufolge hatten in diesen zwei Jahrhunderten die Reichen (im Unterschied zu heute) mehr Kinder als die Armen. Und dies ist die erstaunliche Serie der Dinge, die daraus folgen: Die Reichen sind von Geburt an besser als die Armen (»die Kinder erben von ihren Eltern dieselben Eigenschaften, die diese reich gemacht haben«); und je mehr Kinder die Reichen bekommen, desto größer wird die genetische Qualität der Bevölkerung; umgekehrt, wenn die Armen sich darauf verlegen, zu viele Kinder zu zeugen, wird alles immer schlechter. Also sollten wir nicht auf die Idee kommen, das soziale Ungleichgewicht zu bekämpfen, denn dann würden wir am Ende die Gesellschaft, in der wir leben, in ihrem Erbgut (hier sollte von Genetik die Rede sein) verschlechtern.

Wade hat es nicht nötig, dies explizit so auszudrücken, doch was er sagen will, ist deutlich: Versucht, nicht als Arme und Schwarze auf die Welt zu kommen, und wenn euch das nicht gelingt, findet euch damit ab. Das sind keine ganz neuen Ideen, doch heute werden sie wieder verbreitet – von der Bewegung für die Macht der Weißen, der *white supremacy*, die die Vorherrschaft der Weißen in der Gesellschaft bedroht sieht und alles daran setzt, sie zu verteidigen. Die Genetik dient dabei, wie wir gesehen haben, nur als rhetorisches Mittel. Dass die reichen Weißen den armen Schwarzen biologisch überlegen sind, ist ein altes Schlachtross aus der Zeit der Rassentrennung, das Herrnstein und Murray wieder aufgezäumt haben, aber gewiss nicht das Ergebnis irgendeiner genetischen Studie. Doch es könnte funktionieren, in Zeiten einer desorientierten öffentlichen Meinung. Manche Weiße, und nicht nur die Mitglieder des Ku-Klux-Klan, sondern diesmal auch die Leser des *Time*-Magazins, werden entspannter ins Bett gehen, wenn man sie davon überzeugt, dass die Verteidigung ihrer Privilegien das Beste für alle ist.

Wenn jemandem diese Reden bekannt vorkommen, dann, weil manche Äußerungen von führenden rechtskonservativen Politikern (keineswegs nur extrem rechten) in Italien wie in Deutschland in dieselbe Richtung gehen. In Deutschland hat es vor allem der ehemalige sozialdemokratische (!) Berliner Finanzsenator Thilo Sarrazin mit den Rezepten von Herrnstein und Murray oder von Wade zum Bestsellerautor gebracht (sein Buch *Deutschland schafft sich ab* wurde von August 2010 bis Anfang 2012 etwa 1,5 Millionen mal verkauft), nicht zuletzt dadurch, dass eine angeblich liberale Presse ihn immer wieder zu Wort kommen ließ. Sarrazin ist der Meinung, dass die Einwanderung von wenig gebildeten Menschen aus der Türkei, den arabischen Ländern und Afrika die durchschnittliche Intelligenz in Deutschland sinken lasse, zumal diese Menschen sich schnell vermehrten und Intelligenz beziehungsweise Nichtintelligenz zu fast 80 % erblich sei. Als Gegenmaßnahmen empfahl er die Kürzung der Sozialleistungen vor allem für Ausländer der »Unterschicht«. Wer »ständig neue Kopftuchmädchen produziert«, der sollte auch niemand sein, »der vom Staat lebt«. Angesichts der Kritik an seinen Äußerungen beruft er sich natürlich auf die Erkenntnisse der Genetik: Wenn jemand wie er bei der Untersuchung der Probleme der Gesellschaft »auch Fragen der Intelligenz, der Genetik und der Evolutionsbiologie anschneidet«, dann dürfe dem nicht »reflexhaft unterstellt« werden, er wolle Menschen diskriminieren …

Die Vereinigten Staaten von Amerika verdammen wie die Europäer den Rassismus, doch nicht, wenn er wohlerzogen in den Spalten einer respektablen Zeitschrift auftaucht. Bei uns, in Italien wie in Deutschland, steht das sogar in der Verfassung, doch alles hat seine Grenzen, und diese Grenzen sind – einem Teil der öffentlichen Meinung zufolge – bereits überschritten. In den USA musste Präsident Nixon abdanken, weil er gegenüber der Presse gelogen hatte, doch die Presseorgane können lügen, wenn ihre Lügen nur eine Aura von Wissenschaftlichkeit haben. In seinem sehr guten Buch *La macchia della razza: storie di ordinaria discriminazione* (Der Makel der Rasse: Geschichten von alltäglicher Diskriminierung) schreibt der Anthropologe Marco Aime, dass der Rassismus sich ändere; der alte, auf den Hautfarben basierende Rassismus sei überwunden, und es entstehe gerade ein neuer Rassismus, neue Formen des Vorurteils und der Diskriminierung, die sich auf angeblich unüberwindbare kulturelle Differenzen stützen. Ich fürchte, Marco Aime ist ein Optimist. Der klassische Rassismus, so beweisen es uns Nicholas Wade und alle, die in vielen der reichsten Länder mit ihm ins selbe Horn blasen, erfreut sich noch immer bester Gesundheit und der besten Tribünen, sich Gehör zu verschaffen.

Kleine und große Gehirne

Neben diesem Zeug, das mit Wissenschaft nur wenig oder gar nichts zu tun hat, gibt es nun aber auch wissenschaftliche Arbeiten, seriöse sogar, deren Autoren von einem gewissen Punkt an alle Literatur über die Biodiversität der Menschheit zu vergessen scheinen und von dem wissenschaftlich Gegebenen abschweifen. Der in der letzten Zeit am meisten diskutierte Fall ist die auch in anderer Hinsicht sehr interessante Analyse der Erbfaktoren, die uns ein so großes Gehirn geben, jedenfalls im Verhältnis zu jedem anderen Lebewesen. Eine sehr seltene Krankheit, die primäre Mikrozephalie, verursacht eine ernsthafte Reduktion des Gehirnvolumens; sie entwickelt sich, wenn beide Elternteile ein mutiertes Allel irgendeines ihrer Gene weitergeben, und die entsprechenden Gene sind derzeit Gegenstand intensiver Forschungen. Das Team von Bruce Lahn in Chicago hat zwei dieser Gene bei etwa 90 gesunden –, das heißt, mit normalgroßen Gehirnen ausgestatteten – Versuchspersonen untersucht, nämlich die Gene Mikrozephalin und ASPM. In zwei in der Zeitschrift *Science* veröffentlichten Artikeln beschreibt Lahn eine Vielzahl von (sämtlich funktionalen) Allelen, von denen zwei – jeweils eins für beide Gene – erstaunlich häufig sind. Lahn hat sie D benannt; es gibt also sowohl ein Mikrozephalin D als auch ein ASPM D. Die Schimpansen haben diese Allele noch nicht; sie sind also charakteristische Fortentwicklungen, zu denen es gekommen ist, nachdem sich unsere Vorfahren von denen der Menschenaffen getrennt haben. Die verfügbaren Daten stimmen darüber überein, dass für diese Allele ein Alter angegeben werden kann: 37 000 Jahre für das Mikrozephalin D und 5800 für ASPM D. Solch junge Allele können eigentlich nur eine begrenzte Verbreitung haben, und deshalb – stellen die Forscher nach den nötigen Berechnungen fest – legt ihre hohe Frequenz* nahe, dass sie sich durch natürliche Selektion außerordentlich schnell verbreitet haben. Das soll gelten, obwohl Mikrozephalin und ASPM vielerlei Auswirkungen auf manche Gewebe haben und Lahn nicht angeben kann, welche Art evolutionären Vorteils sich mit diesen D-Allelen verbunden hat. Die hauptsächliche Botschaft dieser Arbeit, die sofort von der Presse aufgegriffen wurde, war aber die, dass das menschliche Gehirn sich erst in einer jüngeren Vergangenheit entwickelt hat und sich bis heute weiterentwickelt.

Das sind interessante Schlussfolgerungen, zu denen jemand am Ende einer seriösen Untersuchung gelangt ist. Leider begnügt sich Lahn nicht damit. Das Alter der Allele lässt sich mithilfe von ein wenig Algebra einschätzen, doch man muss immer im Blick behalten, dass es sich nur um ungefähre Berechnungen handeln kann, insbesondere, wenn 90 Individuen die gesamte Menschheit repräsentieren sollen. Lahn widersteht nicht der Versuchung, einen Schritt weiterzugehen, und nimmt seine Daten wörtlich. Vor etwa

37 000 Jahren, schreibt er, hat es erwiesenermaßen eine Explosion der prähistorischen Kunst in Europa gegeben, und vielleicht war es die neue Mutation, das Allel D des Mikrozephalin-Gens, das uns die Fähigkeit zum symbolischen und künstlerischen Denken gegeben hat. Und könnte es nicht auch das Auftauchen des Allels ASPM D gewesen sein, das uns dazu gebracht hat, vor mehr oder weniger 5800 Jahren die ersten Städte in Vorderasien zu gründen?

Vielleicht, aber vielleicht auch nicht, woher sollte man das wissen? Eine Mutation, die uns das künstlerische Talent verleiht, und eine weitere, die uns zu Stadtbewohnern macht, kann ich mir nur sehr schwer vorstellen. Wenn man diese Einschätzungen mit dem üblichen statistischen Fehler konfrontiert – das heißt hier, wie weit die Schätzungen auseinanderliegen können –, zeigen die Daten, dass das Allel D des Mikrozephalin vor zwischen 60 000 und 14 000 Jahren und das von ASPM vor zwischen 14 000 und 500 Jahren aufgetaucht ist: zwei ziemlich langen Zeiträumen, in denen viel passiert ist. Es gibt keine evidenten Beziehungen zwischen den beiden Mutationen und den prähistorischen Ereignissen, mit denen Lahn sie in Verbindung bringt, es gibt nichts als ein vages zeitliches Zusammenfallen. Außerdem bestimmen *alle* in der Studie beschriebenen Gene, und nicht nur das Allel D, dass das Gehirn bestimmte Dimensionen hat (ich wiederhole: die primäre Mikrozephalie wird von *anderen,* pathologischen und sehr seltenen Allelen verursacht), und keine Daten legen – und sei es auch nur indirekt – nahe, dass derjenige, der D hat, intelligenter ist als jemand, der es nicht hat. Doch wenn Mikrozephalin D und ASPM D uns nicht irgendwie intelligenter machen, lassen sich die Geschichten vom symbolischen Denken und von der städtischen Kultur auch nicht aufrechterhalten.

Damit ist das Problem noch nicht aus der Welt. Mikrozephalin D ist in Europa sehr verbreitet (die Sarden haben es zu 90 %, die Leute aus der Gegend von Bergamo etwas weniger, zu 77 %), noch weiter verbreitet ist es in Asien und Amerika (mit Spitzen bis 100 % bei chinesischen und mongolischen Populationen), während es deutlich weniger häufig im Vorderen Orient auftritt (zu 54 % bei den Beduinen dort), und entscheidend weniger im subsaharischen Afrika, wo mit mickrigen 7 % die Khoisan aus Namibia die rote Laterne haben. (Die »Buschmänner«, erinnern Sie sich? Die, die so verschieden untereinander sind.) Die Verteilung von ASPM D ist weniger klar, doch auch hier gibt es die geringeren Häufigkeiten bei den Afrikanern, die diesmal mit den indigenen Amerikanern auf einer Stufe stehen. Doch auch die 10 % Sarden oder 23 % Bergamasken, die kein Mikrozephalin D besitzen, sind in der Lage, Kunst zu würdigen, sich in einer Symbolsprache auszudrücken und in städtischen Siedlungen zu leben. Worin soll denn ihr Vorteil bestehen, wenn es stimmt – wie Lahn glaubt –, dass D für die Europäer und Asiaten, weniger aber für die Afrikaner, einen evolutiven Vorteil darstellt?

Lahn nimmt an, dass größere Intelligenz die Wahrscheinlichkeit erhöht, zu überleben und sich reproduzieren zu können und so das eigene genetische Gepäck an spätere Generationen weiterzureichen. Bis hierhin spricht er von nachvollziehbaren allgemeinverständlichen Dingen. Aber er kann nicht nachweisen, dass die D-Allele dabei eine Rolle spielen. Auf seinen Karten kann man nur sehen, dass in Afrika zwei Allele relativ selten sind, die *vielleicht* eine große Bedeutung für die kulturelle Entwicklung der Menschheit hatten. Was nur *vielleicht* der Fall ist, betont Lahn dann allerdings in einem Interview mit der *New York Times:* »Es kann sein, dass [meine Studie] besagt, dass Menschen aus unterschiedlichen Teilen der Erde im Allgemeinen unterschiedliche mentale Fähigkeiten haben. Afrikaner zum Beispiel könnten besser darin sein, Jazzsolos zu improvisieren oder draußen Basketball zu spielen, oder sie besitzen andere Talente, die die Fähigkeit erfordern, gemeinsam zu improvisieren, und die kaum je durch Intelligenztests erfasst werden.« Hier hält es Lahn offenbar bereits für erwiesen, dass die D-Allele einen höheren Intelligenzfaktor determinieren und dass die Afrikaner, weil sie weniger D-Allele haben, auch weniger intelligent sind. Und er sucht für sie eine Beschäftigung als Jazzmusiker oder Basketballer, für die es nicht unbedingt nötig ist, sehr aufgeweckt zu sein. Auch wenn sie nur in einem Interview geäußert worden sind, sind das ziemlich gravierende Aussagen: gravierend, weil es gravierend ist, wenn ein Wissenschaftler sich zu nicht fundierten Spekulationen hinreißen lässt wie weiland ein gewisser Jon Entine – und das gilt auch für einen guten Wissenschaftler wie Lahn.

(Zu seiner Ehre sei gesagt: Lahn hat seine Meinung geändert. Eine Studie von 2007, an der er mitgearbeitet hat, hat 2400 Personen untersucht und ist zu dem Ergebnis gekommen, dass es keine belegbare Korrelation gibt zwischen dem Intelligenzquotient und den Allelen, die wir zu den Mikrozephalie-Genen und denen für ASPM haben. In der Folge ist Lahn dazu übergegangen, andere Gene zu untersuchen, und einer urbanen Mythe zufolge, für deren Richtigkeit ich nicht garantieren kann, hat er inzwischen entdeckt, dass er selbst keine D-Allele hat. Er wird auch die Überprüfung seiner Daten, unter anderem durch Laurent Excoffier und Sarah Otto, einzuschätzen versucht haben, die Folgendes belegt: Wenn unsere Vorfahrenpopulation in Afrika bereits strukturiert, das heißt, in untereinander einigermaßen unterschiedliche Gruppen unterteilt war – so wie es auch Eriksson und Manica zeigen –, muss man keinen Selektionsprozess unterstellen: Dass bestimmte Allele mit großer Häufigkeit außerhalb Afrikas, aber nicht in Afrika selbst auftauchen, wie etwa Mikrozephalin D und ASPM D, lässt sich allein schon mit dem demographischen Wachstum und der Migration erklären.)

Hautfarbe und afrikanische Herkunft

Im Großen und Ganzen funktioniert es immer wieder so: Jede neue Untersuchung der genetischen Variabilität bestätigt, dass es zwischen uns genetische Unterschiede gibt. Das sind Unterschiede zwischen Individuen, doch dann macht irgendwer einen logischen Sprung und behauptet, letzten Endes handele es sich doch um Rassenunterschiede: Die Weißen sind so, die Gelben sind anders, und die Schwarzen sind weniger wert als alle anderen, abgesehen davon, dass sie laufen und springen wie die Gämsen. Ein Beispiel dafür sind auch die Studien von Mark Shriver über verschiedene amerikanische Populationen. Shriver möchte im Genom einige für jede Population bezeichnende Allele bestimmen, die er zunächst PSA (*population-specific alleles*) nennt. Ihn interessiert nicht, was diese Allele machen, von denen viele gar nichts bewirken, weil sie in nichtcodierenden Genomabschnitten liegen; er will lediglich spezifische Merkmale für jede Population finden und diese dann für die Identifikation einzelner Menschen benutzen. Die Polizei benutzt überall auf der Welt das sogenannte DNA-Profil, um Täter zu identifizieren, die am Tatort eine Spur von sich hinterlassen haben, also Blut oder andere organische Stoffe. Wenn die Körperzellen, die man auf einer Zigarettenkippe in dem Zimmer, wo ein Mord stattgefunden hat, entdeckt, dasselbe DNA-Profil haben wie die meinen und ich verdächtig bin, den Mord begangen zu haben, werde ich erklären müssen, was ich in diesem Zimmer gemacht habe, oder ich sitze ziemlich in der Patsche. Shriver interessiert sich jedoch für Fälle, in denen es keinen Verdächtigen gibt, sondern möchte aus der DNA die Informationen ziehen, die ihm den Rückschluss auf die Herkunftsgruppe einer Person erlauben. Er zeigt, dass sich nach der Analyse von sechs PSA mit großer Sicherheit feststellen lässt, ob eine Blutprobe aus der schwarzen oder der weißen Bevölkerungsgruppe stammt. Eine dieser PSA findet sich bei 76 % der schwarzen und bei 39 % der weißen Amerikaner, eine andere bei 13 % der schwarzen und 75 % der weißen, und so fort.

Doch dann erfolgt plötzlich ein Theatercoup: Die PSA ändern ihren Namen. Shriver nennt sie nun AIM, *Ancestry Informati-*

ve Markers, das heißt, DNA-Merkmale, die Informationen über unsere Vorfahren beinhalten. Es handelt sich um genau dieselbe Sache, also um DNA-Abschnitte, in denen man Unterschiede zwischen den amerikanischen Populationen finden kann, doch der neue Name ist verräterisch: Shriver zufolge bilden diese Differenzen mit fotografischer Genauigkeit unseren Stammbaum ab. Er nimmt zwei Versuchsgruppen von amerikanischen Schwarzen und Weißen und misst ihre Hautfarbe mit einem entsprechenden Instrument, einem »Derma-Spektrometer«; dabei entdeckt er, dass die Schwarzen eine dunklere Hautfarbe haben als die Weißen und auch unterschiedliche Häufigkeiten bei den Allelen, die zuvor PSA hießen und für die jeweilige Population spezifisch waren. Aber das wusste man ja schon, insbesondere die Sache mit der Hautfarbe. Doch diesmal schließt Shriver angesichts dessen, dass die PSA zur AIM befördert worden sind, dass wir mit einem Blick auf unsere Hautfarbe verstehen werden, welche Gene wir haben und woher unsere Ahnen stammen … Die Rassen, durch die Tür vertrieben, kommen jetzt durchs Fenster wieder herein.

Wir haben also ein Problem. Zweifellos unterscheiden sich Shrivers Schwarze und Weiße voneinander. Doch seine beiden Testgruppen repräsentieren keineswegs die Menschheit. Sie sind nichts als zwei Ensembles von Individuen, die sich über Jahrtausende hinweg – die eine in Europa, die andere in Afrika – entwickelt haben, bevor es sie vor Jahrhunderten in dieselbe Gegend verschlug, wo sie sich nur wenig oder gar nicht miteinander vermischten. Die Amerikaner, deren Vorfahren vorwiegend oder ausschließlich Afrikaner waren, haben meist dunklere Haut und teilweise unterschiedliche Allele im Vergleich zu denen, die vorwiegend oder ausschließlich europäische Vorfahren hatten: Darauf waren wir schon von selbst gekommen. Aber drückt sich darin die Geschichte der Menschheit aus? Wahrscheinlich nicht, und man muss nur einmal über die eigenen vier Wänden hinaussehen, um das festzustellen. In Brasilien hat man drei Gruppen untersucht, die sich durch ihre Hautfarbe unterschieden. Man hat die von Shriver als afrikanisch definierten Allele genommen und festgestellt, dass es bei diesen keine Unterschiede zwischen den drei Gruppen gab. Offenbar haben die hellhäutigen Brasilianer, die mit mittlerer und die mit dunkler Hautfarbe dieselben AIM, die nun aber nicht mehr als AIM – als Stammbaumindikator – funktioniert, also keine generellen Informationen über die Vorfahren enthält, sondern nur über die beiden Versuchsgruppen von Shriver. Und wir können darauf wetten, dass dieselbe Untersuchung, diesmal in Indien durchgeführt, zum selben Resultat führte. Kurz, es bringt nichts, mit unterschiedlichen Etikettierungen zu spielen. Die Hautfarbe erlaubt uns *im Allgemeinen* weder darauf zu schließen, welche Allele ein Mensch hat, noch darauf, welcher Anteil seiner Vorfahren aus Afrika stammt.

Shrivers Irrtum beruht darauf, dass er die Ergebnisse, die nur für seine Testgruppe galten, verallgemeinert hat. Auch wenn wir zwei völlig willkürlich gewählte Gruppen miteinander vergleichen, etwa die Fans von Lazio und die von AS Rom, werden wir auf die Dauer irgendein Gen finden, in dem sich beide Gruppen voneinander unterscheiden. Wenn wir also wissen, dass jemand von Lazio kommt, können wir dann auch behaupten, wir wüssten, welche Allele er hat? Oder haben wir einfach nur entdeckt, dass diese besonderen Individuen sich in diesen besonderen Genen unterscheiden? Natürlich ist die zweite Antwort richtig, und dasselbe gilt für die ehrgeizige, aber nutzlose Untersuchung Shrivers. Die Bevölkerung der Vereinigten Staaten hat eine ganz besondere Geschichte. Sie ist erst vor wenigen Jahrhunderten entstanden und hat Einwanderer aus allen Weltgegenden zusammengebracht. In vielen Gegenden allerdings haben sich die unterschiedlichen Herkunftsgruppen nicht vermischt und haben unterschiedliche Hautfarben und unterschiedliche genetische Merkmale, auch wenn es selten nur eine einzige Weise gibt, sie zu unterscheiden. In der übrigen Welt ist es nicht so. Wenn wir das vergessen und Menschen mit Amerikanern gleichsetzen, schaffen wir Verwirrung.

Nebenbei gesagt: Auch weit voneinander entfernt lebende Populationen (etwa manche Australier, Südinder und Afrikaner), die sich in einer Umwelt mit ähnlicher Intensität der Sonneneinstrahlung entwickelt haben, haben ähnliche Hautfarben, doch nicht aufgrund derselben Gene, und sie sind deshalb nicht eng miteinander verwandt. Folglich gehen hier Ähnlichkeiten bei der Hautfarbe nicht mit Ähnlichkeiten in der Morphologie und der Genetik einher und erlauben es nicht, die Menschheit sinnvoll zu klassifizieren, wie es inzwischen alle wissen, manche allerdings vergessen.

Für die Rassen, gegen alles und jeden

Wenn es darum geht, die Forschungsergebnisse zu vergessen, die einem nicht gefallen oder unbequem sind, und mit gezogenem Schwert die Rassen gegen alles und jeden zu verteidigen, ist ein Statistiker aus Stanford, Neil Risch, ganz vorn dabei. Im Laufe der letzten Jahre hat Risch sich sehr dafür eingesetzt, dass die fundamentale Rolle dessen anerkannt wird, was er rassische Selbsteinschätzung nennt. Jeder Mensch weiß, welcher Rasse er angehört, erklärt Risch, und die Rasse, der wir angehören, ist essentiell, um das Risiko für viele Krankheiten einschätzen zu können: ohne Rasse keine Medizin. Aber natürlich stellt ihn die Erneuerung der Behauptung von biologischen Grundlagen der Rassenklassifikation vor einen Haufen Probleme. Wie sollte das in Einklang zu bringen sein mit den Forschungsergebnissen, die seit Lewontin deutlich machen, dass es keine biologischen Grenzen zwischen Menschengruppen gibt?

Risch findet eine brillante Lösung: Er geht darauf nicht näher ein und entwickelt stattdessen eine Überlegung, die nicht ganz ohne Raffinesse ist: Um zu verstehen, wie und warum wir krank werden, müssten wir vieles wissen, was wir nicht wissen – welches Krankheitsrisiko haben wir von Geburt an, das heißt, welche Gene machen uns für verschiedene Krankheiten empfänglich und welche gefährlichen Allele tragen wir in uns; und welchen Risiken sind wir durch die Umweltfaktoren ausgesetzt, denen wir im Laufe unseres Lebens begegnen, wie, dass wir Rauch oder anderen giftigen Substanzen ausgesetzt sind, wie wir uns ernähren und wie wir leben. Das alles ist äußerst kompliziert, und wir können nicht hoffen, schnell eine Lösung zu finden. Deshalb müssen wir uns mit Näherungswerten begnügen: Da ist das Geschlecht (Männer leiden eher unter hohem Blutdruck, Frauen unterliegen einem höheren Risiko für Multiple Sklerose), da ist der Beruf (Bergleute etwa haben ein größeres Risiko, an Silikose zu erkranken als andere), und da ist unsere geographische Herkunft (die Malaria und bestimmte Gene, die gegen den Malariaerreger schützen, gibt es nur in bestimmten Regionen und in anderen nicht). Unter allen Variablen, die uns helfen können, unsere Krankheitsrisiken vorherzusehen, ist Risch zufolge die Rasse die nützlichste. Angehörige derselben Rasse ähneln sich für ihn genetisch und unterliegen jeweils demselben Krankheitsrisiko. Risch erklärt nicht, wie er zu dieser Aussage kommt, und auch nicht, was er von den bisher Dutzenden Untersuchungen hält, die seinen haarsträubenden Vereinfachungen widersprechen; stattdessen präsentiert er sogleich eine Darstellung des – sage und schreibe – Stammbaums der Evolution der Menschenrassen. Davon gibt es hier fünf: Afrikaner, Kaukasier (das heißt, Europäer), Einwohner pazifischer Inseln, Ostasiaten und indigene Amerikaner. In der Bildunterschrift dazu behauptet er, dies seien nach den Erkenntnissen der Genetik die menschlichen Rassen, und verweist für letzte Einzelheiten auf den Text; doch im Text finden sich keine letzten Einzelheiten. Vermutlich deshalb, weil die wissenschaftliche Genetik, wie wir im 6. Kapitel gesehen haben, keinesfalls beweist, dass die genannten (oder andere) die menschlichen Rassen sind. Das Tüpfelchen auf dem i ist aber, dass Risch selbst so wenig an seinen Katalog der Rassen glaubt, dass er einige Seiten später noch einmal fünf aufzählt, aber nicht mehr dieselben. Die Bewohner der pazifischen Inseln sind verschwunden, und stattdessen halten die Hispanics Einzug, das heißt, die spanischsprachigen Immigranten in den USA, mit denen wir uns etwas später noch beschäftigen werden. In einem drei Jahre später erschienenen Artikel sind auch die Indianer verschwunden, und es gibt nur noch vier Rassen: Weiße, Afrikaner, Ostasiaten (die Westasiaten werden den Europäern zugeschlagen) und Hispanics.

Dies zeigt wieder einmal, dass es unmöglich ist, sich darauf zu verständigen, was die Menschenrassen sind: Rischs Katalog widerspricht da nicht nur Dutzenden anderen Rassenkatalogen, sondern auch Rischs anderen Katalogen. Welche der drei von Risch sind falsch? Risch hat keine Zeit, sich mit solchen Lappalien zu beschäftigen, und verkündet kämpferisch, dass alle die nicht wie er denken, seine Ideen nicht »aus einer objektiven wissenschaftlichen Perspektive« schöpfen. Fast alle Wissenschaftler, und ich zähle mich dazu, sind davon überzeugt, dass Wissenschaft nicht objektiv sein kann. Davon haben wir schon gesprochen, als es um die Theorien der Evolution des Menschen ging: Die wissenschaftlichen Daten sind da; sie können gut oder schlecht sein (im letzteren Fall sollte man sie besser beiseitelegen und andere sammeln), aber sie sind für alle da. Gewissermaßen – wenn auch nur gewissermaßen – können wir sie als objektiv bezeichnen. Um sie aber interpretieren zu können, brauchen wir eine Hypothese, und in Hypothesen drückt sich unsere Erfahrung aus, unsere bisherigen Erkenntnisse und ein ganzes Ensemble von subjektiven, aber nicht beliebigen Faktoren. Man kann dabei mehr oder weniger streng sein, aber niemals ganz objektiv. Niemand ist dies, und am wenigsten Risch, wenn er drei inkohärente Kataloge menschlicher Rassen vorschlägt.

Risch geht über die Forschungsergebnisse anderer hinweg, über die Widersprüche zwischen seinen Ansichten und dem Großteil der wissenschaftlichen Arbeiten, die in eine ganz andere Richtung gehen. Dennoch werden einige seiner Argumente ernst genommen. Es stimmt, dass noch viel Arbeit vor uns liegt, bevor wir die Ursachen der Krankheiten begreifen, und es ist richtig, dass wir nur auf Näherungswerte zurückgreifen können. In den Vereinigten Staaten, wo die »Communities« der Weißen, Schwarzen, Asiaten, Hispanics und so weiter im Wesentlichen unter den Bedingungen von Rassentrennung leben, ist es möglich, jeder dieser Gruppen ein bestimmtes Krankheitsrisiko zuzuschreiben, das unterschiedlich ist für einen Schwarzen und einen Weißen (aber auch für jemanden mit irischen und jemanden mit italienischen Vorfahren). Aber was bedeuten diese Unterschiede, was ist das Element, das alle Angehörigen einer Community gemein haben? Für Risch ist es ganz klar, dass dies die Gene sind, wir wissen aber, dass es nicht nur sie sein können. Was aber heißt das? Die alternative Erklärung gibt uns mit exemplarischer Klarheit einer der Väter des Humangenomprojekts, Francis Collins: Die Angehörigen derselben Bevölkerungsgruppe in den Vereinigten Staaten, sagt er, haben außer einem Teil ihrer Gene vor allem ihr Einkommen gemeinsam, ihren Lebensstil, ihr Bildungsniveau und ihren Zugang zum Gesundheitssystem. Es ist vor allem ihre soziale Lage, die die Angehörigen einer Community einem vergleichbaren Krankheitsrisiko aussetzt. Im Durchschnitt sind die Weißen reicher als die Schwarzen, wachsen in einer gesünderen Umwelt auf, lernen, nicht allzu viel Junk Food zu essen, und laufen sogleich zum Arzt, wenn es ihnen nicht gut geht. Um zu verstehen, wie groß unser Risiko ist, uns eine bestimmte Krankheit zuzuziehen oder sie zu entwickeln, hilft der Begriff Rasse (oder der Euphemismus »Ethnie«, der praktisch dasselbe bedeutet) überhaupt nicht. Die Ursachen der Krankheiten liegen in den Genen eines oder einer jeden von uns und in einer Reihe von wirtschaftlichen und Umweltfaktoren. Der Versuch, diese Faktoren mithilfe von Rassenkategorien einzuschätzen, ist nicht nur aus biologischer Sicht unsinnig, sondern bringt auch aus klinischer Sicht nicht den geringsten realen Fortschritt.

Eine gute Erläuterung dafür haben wir unseren alten Bekannten James Watson und Craig Venter zu verdanken, von deren Genomen im 6. Kapitel die Rede war. Wir haben gesehen, dass Venter und Watson, beide Amerikaner europäischer Herkunft, sehr unterschiedliche Genome haben, so unterschiedlich, dass das Genom eines Koreaners, Seong-Jin Kim, in die Mitte zwischen beiden fällt. Sicherheitshalber wiederhole ich hier: Der Fall von Venter und Watson ist nicht der Normalfall, doch interessant ist, was es bedeutet, dass es solche Fälle gibt, auch wenn sie selten sind. Nach Neil Risch und vielen in den Vereinigten Staaten, die so denken wie er, sieht man den Patienten ins Gesicht und weiß im Großen und Ganzen sogleich Bescheid über ihre Prädispositionen für Krankheiten und über die Medikamente, mit denen diese Krankheiten bekämpft werden können: Rassenmedizin. Und da liegt der Hase im Pfeffer: Die Wahrscheinlichkeit, mit der wir auf pharmazeutische Behandlung ansprechen, hängt von den Proteinen ab, die in unserem Organismus fremde Moleküle wie eben diese Medikamente abbauen. Diese Moleküle werden DME genannt, kurz für *Drug-Metabolizing Enzymes*, also für den Stoffwechsel mit der Medizin verantwortliche Enzyme, und die Produktion aller Proteine wird von Genen gesteuert. Einige von uns haben für jede Klasse von Medikamenten schnelle Allele, also solche, die dazu neigen, das Heilmittel zu schnell abzubauen, sodass es seine Wirkung nicht entfalten kann; in diesem Fall funktioniert die Medizin nicht oder wenn, dann nur bei höherer Dosierung. Und andererseits gibt es welche, die zu langsam sind, wodurch die Medizin zu lange im Organismus bleibt, was zu unerwünschten und zuweilen gefährlichen Wirkungen führt. All dies weiß man schon seit einer Weile, und deshalb hat das Team von Venter, das über die kompletten Genome von Watson und Venter verfügte, sich daran gemacht, die für die DME zuständigen Gene näher anzusehen. Sie stellten fest, dass sich Watson und Venter unter anderem auch in den Allelen zweier dieser Gene unterscheiden, CYP2D6 und CYP3A4: wichtiger Gene, die für unterschiedliche Geschwindigkeiten beim Abbau von Beta-Blockern, Antidepressiva und Antipsychotika sorgen. Folglich würde der Arzt, der entsprechend den Ideen von Watson selbst – der dieselben Ansichten wie Risch vertritt – beiden dieselben Medikamente verordnete (sie sind beide weiß, folglich sollten sie dieselbe Therapie bekommen), mehrfach Schaden anrichten, einen Schaden, der vermeidbar wäre durch eine einfache Vorsichtsmaßnahme, nämlich die Rassenkategorien des 19. Jahrhunderts fahren zu lassen und stattdessen einen Blick auf die DNA zu werfen. Es wird noch ein paar Jahre dauern, doch perspektivisch wird es einfache Tests im Handel geben, die dem Hausarzt erlauben, jedem von uns zu sagen, welche Medikamente er einnehmen kann und welche nicht – oder warum sie nicht nützen (weil sie zu schnell abgebaut werden) beziehungsweise warum sie uns nicht guttun (weil wir sie zu langsam abbauen). Und diese Indikationen werden sich natürlich von Mensch zu Mensch unterscheiden, nicht weil wir biologisch unterschiedlichen Rassen angehören, sondern weil jede und jeder von uns ein Individuum mit seinen eigenen Allelen ist, die oft, *aber nicht immer* dieselben Allele sind, die sich auch bei denen finden, die dieselbe Hautfarbe haben.

Ich habe einmal bei einem Vortrag gesagt, die Rassen seien so etwas wie die Sieben Zwerge: Wir können daran glauben, besonders in unserer Kindheit, doch wenn wir größer werden, verstehen wir, dass es sie nicht gibt. Habe ich übertrieben? Ich gebe zu, ich habe übertrieben, doch in dem Sinne, dass ich den Sieben Zwergen unrecht getan habe. Denn sicher ist: Die Sieben Zwerge sind sieben und hören auf Namen wie Rumpelbold, Packe, Pick, Puck, Purzelbaum, Naseweis und Huckepack. Philosophisch ausgedrückt handelt es sich um fiktionale Objekte, die einen Namen haben, wenn auch keinen Referenzgegenstand. Die Rassen dagegen, auch die von Risch, erfüllen nicht einmal diese Bedingung: Sie haben weder einen Referenzgegenstand noch einen kohärenten Namen oder eine bestimmte Zahl. Das heißt – entschuldige bitte, lieber Rumpelbold –, ihr ontologischer Status ist noch niedriger als der der Sieben Zwerge.

Zu den Behauptungen von Philip Rushton über die Zensur, der die Rassenforschung unterliege, kann man diese Website betrachten: http://www.ferris.edu/isar/arcade/araceapart.htm.

Wir haben bereits im 1. Kapitel auf das Buch von Murray und Herrnstein hingewiesen: *The Bell Curve: Intelligence and Class Structure in American Life*, New York 1994. Es ist aufschlussreich, die Thesen dieses Buchs mit denen in einem Artikel von Elio Gasteiner aus dem Jahre 1938 zu vergleichen: »Un pericolo per la razza. La decadenza dei ceti superiori«, in: *La Difesa della Razza*, anno X, 2: S. 26-28. Die Bemerkung, *The Bell Curve* sei zu dumm, als dass es eine Entgegnung verdient hätte, stammt von David Botstein, in: *Of Genes and Genomes in Plain Talk about the Human Genome Project*, hg. von E. Smith und W. Sapp, Tuskegee, Al. 1997, S. 207-214, und ich habe sie auf folgender Website gefunden: www.farescienza.it/documenti/docum/beckwith/beck3.htm, als ich dort den schönen Text von Jon Beckwith über die gesellschaftliche Verantwortung des Wissenschaftlers las.

Sir Cyril Burt hat in den 1960er Jahren drei Untersuchungen veröffentlicht, in denen er nachgewiesen haben will, dass es eine sehr starke Korrelation zwischen den Intelligenzquotienten von Zwillingspaaren gibt, die in unterschiedlichen Familien aufgewachsen sind. Im Oktober 1976 erklärte die *Sunday Times*, dass sie keinerlei Beweis für die Existenz der zwei Mitarbeiter von Burt – Margaret Howard und J. Conway – gefunden habe, und weitere Nachforschungen ergaben, dass die Daten erfunden waren. Weitere Details dieser Geschichte und vertiefte Analysen der Untersuchungen zum Intelligenzquotienten finden sich in dem bereits zitierten Buch von Stephen Jay Gould, *Der falsch vermessene Mensch,* Basel u.a. 1983, und in: D.B. Paul, »Textbook treatments of the genetics of intelligence«, in: *Quarterly Review of Biology* 60, 1985, S 317-326, außerdem in dem Buch von Francesco und Luca Cavalli-Sforza, *Verschieden und doch gleich. Ein Genetiker entzieht dem Rassismus die Grundlage*, München 1994.

Den Versuch, den Erfolg schwarzer Sportler auf Rassenunterschiede zurückzuführen, finden wir bei J. Entine (2000), *Taboo: Why Black Athletes dominate Sports and Why We're Afraid to Talk about it*, New York, 2000, und eine gute Rezension dazu in: J. Marks, »Review of Taboo by Jon Entine«, in: *Human Biology* 72, 2000, S. 1074-1078.

Das Buch von Nicholas Wade ist bereits in den Anmerkungen zum 1. Kapitel zitiert worden.

Das Buch von Marco Aime, *La macchia della razza: storie di ordinaria discriminazione,* ist 2013 in Mailand erschienen.

Die Arbeiten des Teams von Bruce Lahn über die Größe des Gehirns sind: P.D. Evans et al., »Microcephalin, a gene regulating brain size, continues to evolve adaptively in humans«, in *Science* 309, 2013, S. 1717-1720, und N. Mekel Bobrov et al., »Ongoing adaptive evolution of ASPM, a brain size determinant«, in: *Homo sapiens. Science* 309 (5741), 2005, S. 1720-1722. Eine gut begründete Kritik daran von Mathias Currat, Laurent Excoffier et al., ist erschienen in: *Science* 313, 2006, S. 172. Das von Nicholas Wade geführte Interview mit Lahn ist in der *New York Times* vom 8. September 2005 unter dem Titel »Researchers say human brain is still evolving« erschienen.

Der Widerruf steht in N. Mekel-Bobrov et al., »The ongoing adaptive evolution of ASPM and Microcephalin is not explained by increased intelligence«, in: *Human Molecular Genetics* 16, 2007, S. 600-608.

Die Beschreibung der Gene, die es erlauben, die ethnischen Gruppen der USA zu unterscheiden, findet sich bei: M.D. Shriver et al., »Ethnic-affiliation estimation by use of population-specific DNA markers«, in: *American Journal of Human Genetics* 60, 1997, S. 957-964, und die These, dass es eine enge Beziehung gibt zwischen diesen Genen, der Hautfarbe und den Vorfahren, findet sich bei: M.D. Shriver et al., »Skin pigmentation, biogeographical ancestry and admixture mapping«, in: *Human Genetics* 112, 2003, S. 387-399. Der Artikel, in dem bewiesen wird, dass es diesen Zusammenhang nicht gibt, ist: F.C. Parra et al., »Color and genomic ancestry in Brazilians«, in: *Proceedings of the National Academy of Sciences USA* 100, 2003, S. 177-182. Über die Evolution der Hautfarbe kann man nachlesen bei: N.G. Jabionski, G. Chaplin, »Skin deep«, in: *Scientific American* 287, 2002, S. 74-81, und L. Madrigal, W. Kelly, »Human skin-color sexual dimorphism: A test of the sexual selection hypothesis«, in: *American Journal of Physical Anthropology* 132, 2006, S. 470-482.

Die wichtigsten Arbeiten über die Rassen des Teams von Neil Risch sind: N. Risch et al., »Categorization of humans in biomedical research: Genes, race and disease«, in: *Genome Biology* 3, 2002, S. 2007.1-2007.12; E. Gonzalez-Burchard et al., »The importance of race and ethnic background in biomedical research and clinical practice«, in: *New England Journal of Medicine* 348, 2003, S. 1170-1175, und H. Tang et al., »Genetic structure, self-identified race/ethnicity, and confounding in case-control association studies«, in: *American Journal of Human Genetics* 76, 2005, S. 268-275. Besser ist es zu lesen: Francis Collins, »What we do and don't know about ›race‹, ›ethnicity‹, genetics and health at the dawn of the genome era«, in: *Nature Genetics* Supplement 36, 2004, S13-S15. Der Vergleich zwischen den für den Stoffwechsel von Medikamenten verantwortlichen Genen bei Watson und Venter findet sich bei: P.C. Ng, Q. Zhao, S. Levy, R.L. Strausber, C.J. Venter, »Individual genomes instead of race for personalized medicine«, in: *Clinical Pharmacology and Therapeutics* 84, 2008, S. 306-309.

Die Namen der Sieben Zwerge sind die aus dem DEFA-Film *Schneewittchen* von 1961 (d. Übers.)

11. Kapitel

»Aber wenn die Neger so wären wie ich, würde man sie doch Weisse nennen«

Worin wir uns mit dem gesunden Menschenverstand auseinandersetzen müssen

Wer öffentliche Vorträge hält, macht früher oder später die Bekanntschaft mit einer ziemlich lästigen Kategorie von Zuhörern, die über keine Witze lachen können und den Vortragenden mit dauernd gerunzelten Augenbrauen anstarren. Typischerweise stellen sie keine Fragen, wenn zur Diskussion eingeladen wird, sondern tuscheln höchstens mit ihrer Frau, die neben ihnen sitzt. Doch dann, wenn die Diskussion beendet ist, kommen sie nach vorn, um im Einzelgespräch dem Vortragenden ihre eigenen Ideen zu unterbreiten, der an dieser Stelle gern etwas trinken gegangen wäre. Sie halten lange Monologe und unterbinden mit entschiedenen Handbewegungen jeden Versuch, sie zu unterbrechen. Einmal also erklärt mir in Mailand ein solcher Herr zehn Minuten lang, dass wir nicht alle gleich sind (stimmt), und verkündet dann, sodass es mir den Atem verschlägt: »Denken Sie mal darüber nach: Wenn die Neger wären wie ich, würde man sie Weiße nennen.« Und dreht sich um, ohne mir Zeit für eine Antwort zu lassen.

Ich habe darüber nachgedacht. Und bin zu dem vielleicht banalen Schluss gekommen, dass es nicht reicht, darüber zu reden, wie wir gemacht sind, wie verschieden wir sind und wie diese Unterschiede in den Genen der Menschheit verteilt sind. Sobald wir dies alles erklärt haben, müssen wir uns nämlich auch mit dem sogenannten gesunden Menschenverstand auseinandersetzen, mit den Vorstellungen, die uns gewohntermaßen begegnen und die ganz unterschiedlich sein können. Der Einwand des Herrn aus

Mailand ist nicht besonders interessant – außer durch die Weise, wie er ihn formuliert hat, denn er beruht auf einem Missverständnis: Zweifellos sind wir *nicht* alle gleich, aber zu behaupten, dass es keine *Rassen* gibt, sagt doch etwas anderes. Andere Einwände sind aber etwas subtiler und werden ernsthaft diskutiert. Zum Beispiel: Vielleicht kann man ja Rassen nicht präzise in genetischen Termini definieren, aber vielleicht ist der Begriff ja doch nützlich?

Dienen Rassen nicht immerhin dazu, die Gene der Menschheit zu beschreiben?

Das ist in etwa so, wie zu sagen, dass es trotz der offenkundigen Richtigkeit des Gegenteils sinnvoll sein kann, so zu tun, als ob es Rassen gäbe, um die Unterschiedlichkeit unserer Gene zu beschreiben. Ich finde, das ist eine seltsame Position, aber sie wird ernst genommen, weil sie zwischen den Zeilen auch in gründlichen wissenschaftlichen Arbeiten auftaucht, zum Beispiel einer Untersuchung, die wir bereits im 6. Kapitel erwähnt haben. In ihrer Analyse einer großen Zahl von Genen, zunächst 377, dann fast 1000, haben Noah Rosenberg und seine Mitarbeiter:innen versucht, die Populationen der Erde nach ihrer genetischen Ähnlichkeit zu ordnen. Sie sind zu dem Ergebnis gekommen, dass es sechs hauptsächliche genetische Gruppen gibt: die Afrikaner, die Europäer zusammen mit der Bevölkerung Westasiens, die Ostasiaten, die Ozeanier, die Amerikaner und die Kalasha Pakistans. Diese Gruppen sind nicht sehr deutlich zu unterscheiden, und nach einigen weiteren Zählungen kam heraus, dass es nicht sechs, sondern sieben, acht oder mehr solcher Gruppen geben könnte, von denen die meisten auf dem amerikanischen Doppelkontinent angesiedelt sind. Wie wir gesehen haben, hatte auch schon Darwin so etwas bemerkt. Aber vergessen wir das. Rosenberg tummelt sich nicht ausdrücklich auf dem heutzutage unsicheren Terrain der Rassenklassifikation, kommt allerdings zu dem Ergebnis, dass diese Gruppen ziemlich gut zu dem »üblichen Rassebegriff« passen. Alles in allem reicht es, die Hautfarbe eines Menschen zu betrachten oder – besser noch – ihn zu fragen, welcher Rasse er nach seiner Meinung angehört, um eine natürlich bloß ungefähre, aber doch nicht falsche Vorstellung von den genetischen Merkmalen dieses Individuums zu bekommen. Es ist, wenn auch vorsichtiger ausgedrückt, dieselbe Idee wie die von Mark Shriver mit seinen AIM.

An dieser Stelle ist es vielleicht nötig zu wiederholen, dass die etwa 10 % Unterschiede zwischen den Kontinenten, die Existenz von nur wenigen spezifischen Merkmalen für Asien und Europa, das Fehlen jeglicher Beziehung zwischen Hautfarbe und afrikanischer Herkunft und die Tatsache, dass manche Gene nahelegen, dass es alle möglichen Unterabteilungen der Menschheit gibt, nur wenig Hoffnung darauf lassen, dass irgendwann Menschenrassen bestimmt werden können. Auf der Grundlage der Hautfarbe zu raten, welche Allele ein bestimmtes Individuum besitzt, ist genau genommen schwieriger, als diese Allele direkt zu typisieren. Doch das bis heute ungelöste Hauptproblem ist, dass es keinen »üblichen Rassebegriff« gibt. Welcher soll es denn auch sein? Der von Linné, von Blumenbach, von Cuvier, von Biasutti? Der von Risch auf Seite 3, der von Risch auf Seite 9 oder der von Risch drei Jahre später? Von wie vielen Rassen reden wir? Wenn wir von sechs sprechen, so hat es sich doch niemand zuvor träumen lassen, den Kalasha den Status einer Rasse zuzuerkennen, gleichauf mit den Afrikanern und den Asiaten. Gut, vielleicht sind die Kalasha die Ausnahme, die bislang unbekannte Gruppe. Aber die anderen fünf Gruppen stehen doch für mehr oder weniger kontinentale Gegebenheiten, zwischen denen es offenkundige morphologische Unterschiede gibt. Schon, aber offenkundig für wen? Das ist nicht so einfach. Wenn wir in Japan auf der Straße einem *burakumin* begegnen, fällt uns das nicht auf, den Japanern aber sehr wohl. Sind wir uns eigentlich sicher, dass die Ostasiaten gemeinhin anders aussehen als Zentralasiaten und dass jeder auf den ersten Blick Koreaner von Uiguren unterscheiden kann? Dazu kommt, dass es auf der Welt unterschiedliche Rassekonzepte gibt. Um ein Beispiel zu geben: In Südafrika galten zur Zeit der Apartheid die Chinesen als »gemischt«, die Japaner dagegen als Weiße. Folglich lässt sich auch nicht die Behauptung aufrechterhalten, dass es letztlich die Gene sind, die die Existenz von Gruppen nahelegen, die wir mehr oder weniger mit den Rassen gleichsetzen, die wir alle kennen: Weil es eigentlich keine Rassen sind, die wir alle kennen, sondern Gruppen, die aufgrund kultureller Befindlichkeiten, die sehr unterschiedlich sind, bestimmt werden.

Die sogenannte »hispanische« Rasse ist das beste Beispiel dafür, dass die gewöhnlichen Rassebegriffe nicht mit der Wissenschaft kompatibel sind. »Hispanics« werden in den Vereinigten Staaten die Einwanderer genannt, die Spanisch sprechen: zwei Merkmale – die Sprache und dass es sich um Immigranten handelt –, die beide offensichtlich nichts mit unseren Genen zu tun haben. Neil Risch behauptet, dass jeder und jede von uns weiß, zu welcher Rasse er oder sie gehört, und Noah Rosenberg ist ziemlich davon überzeugt, doch bei ihm darf sich kein Puerto-Ricaner oder Mensch aus San Salvador als Hispanic definieren. Es ist einfach unsinnig, die Hispanics zu einer biologischen Rasse zu machen, weil sie alles in sich tragen: Menschen, die offenkundig aus Afrika stammen und die Abkömmlinge der seit dem 17. Jahrhundert importierten Sklaven, Menschen deutlich europäischer Abkunft, die Abkömmlinge der Kolonisatoren, Menschen mit amerikanischen Wurzeln, die wenigen Abkömmlinge der Kolonisierten, und vor allem Menschen ganz unterschiedlicher Herkunft, weil vor allem in Mexiko und weiter südlich sich Sklaven, Kolonisatoren und Kolonisierte vermischt haben.

Kurz, es genügt, für einen Moment einen Gedanken an die sogenannte hispanische Rasse zu verwenden, um sie ein für alle Mal zu verwerfen, zusammen mit der Idee, dass diese Rassenkategorien irgendetwas mit Wissenschaft zu tun haben oder sonst wie von Nutzen sein könnten. Die gängigen Rassekonzepte gehören zum gesunden Menschenverstand, der nicht für alle derselbe ist und notorisch oft versagt. Und wenn wir uns wirklich mit dem gesunden Menschenverstand gemein machen wollten, würden wir auch nicht eine gewisse Sympathie mit der rassischen Klassifikation der *Bribri* in Costa Rica verbergen. Ihnen zufolge gibt es zwei Rassen: Die *Bribri*, was so viel heißt wie Menschen und was eben sie selbst sind, und die *ña*, das heißt, alle anderen; *ña* bedeutet auch Kacke. Gewiss, diese Klassifikation legt einen erheblichen Ethnozentrismus an den Tag und eine unangenehme Arroganz – jedoch genau genommen keinen größeren Ethnozentrismus und keine größere Arroganz als die derjenigen, die die *Bribri* der hispanischen Rasse zuschlagen, zusammen etwa mit Isabel Allende und Duván Zapata, dem dunkelhäutigen kolumbianischen Angreifer von Sampdoria Genua.

Dienen die Rassen medizinischen Zwecken?

Es gibt Leute, die der Meinung sind, dass Rassen für medizinische Zwecke sinnvoll sind. Das ist ein wenig auch die Position von Neil Risch, wenn man einmal davon absieht, dass Rassen auch eine genaue genetische Identität besitzen. Dieser Position widersprechen allerdings, wie wir gesehen haben, zahlreiche Überlegungen. Es ist bis heute unmöglich gewesen, sich darüber zu verständigen, was Rassen sein sollen. In einer sehr fragmentierten Gesellschaft wie der der Vereinigten Staaten gibt es genetische Differenzen zwischen einzelnen Gruppen, doch die Welt ist ein weit größerer Ort als die Vereinigten Staaten, und dort gibt es nicht dieselben Gruppen; und um etwas über die Gene von irgendwem in Erfahrung zu bringen, sollte man besser diese verdammten Gene untersuchen, statt sich den Kopf über die Rassenzugehörigkeit dieses Menschen zu zerbrechen.

Es bleibt aber die Tatsache, dass einige pathologische Genvarianten in vielen Populationen mit zuweilen sehr großer, manchmal aber auch recht niedriger Häufigkeit auftreten. Elizabeth Phimister führt als Beispiel die Mexikaner in Texas für ein Allel an, das einen bestimmten Typ von Diabetes verursacht, sowie die Bewohner der Insel Tristan da Cunha, bei denen ein Allel, das eine Prädisposition für Asthma bewirkt, eine sehr große Häufigkeit erreicht. Diese Liste lässt sich lange fortsetzen.

In Sizilien und im Podelta gibt es eine Variante des beta-Globins (eines Bestandteils des Hämoglobins, dem das Blut seine rote Farbe verdankt), die für die Blutkrankheit Thalassämie oder Mikrozytose verantwortlich ist; das Tay-Sachs-Syndrom, eine schwere Nervenkrankheit, ist relativ verbreitet bei aschkenasischen Juden; das Volk der Pima in Arizona hat die größte Inzidenz von Diabetes weltweit; und in Finnland gibt es viele im übrigen Europa verbreitete genetisch bedingte Erkrankungen nicht, dafür gibt es dort aber eine relativ hohe Häufigkeit von genetischen Erkrankungen, die sich anderswo nicht finden. Wenn wir das Konzept von Rasse einstampfen, wie sollen wir dann all diese Unterschiede erklären?

Wenn wir dem Konzept »Rasse« verhaftet bleiben, kompliziert das nur die Untersuchung pathologischer Eigenschaften. Zum Beispiel variiert die Zahl der Träger von beta-Thalassämie in den Populationen der verschiedenen Kontinente zwischen 0 und 20 %; die beta-Thalassämie gehört weder zu den Europäern noch zu den Afrikanern oder Asiaten. Wenn man die Sache genauer untersucht, findet man bald heraus, dass die unterschiedlichen Formen von Thalassämie dort verbreitet sind, wo die Malaria endemisch war oder ist: in bestimmten Gegenden Afrikas und Südostasiens, entlang der Mittelmeerküsten und im Vorderen Orient; weil die thalassämischen Personen neben einer gemäßigten Anämie auch eine größere Widerstandskraft gegen den Malaria-Parasiten zeigen. Folglich ist das Konzept »Rasse« nicht nur unnütz, sondern unter klinischen Gesichtspunkten offenkundig irreführend, weil in einer Rasse Populationen mit hohen Inzidenzwerten für eine Krankheit (bei der Thalassämie sind das Sarden, Griechen, Libanesen und Leute aus dem Podelta) zusammengewürfelt werden mit Populationen mit geringen oder gar keinen Inzidenzen (Isländern, Schotten, Albanern, Basken).

Kurz, hohe Inzidenzwerte für bestimmte Krankheiten oder bestimmte pathologische Gene können typisch sein für bestimmte Populationen, nicht aber für Rassen. Soweit einige Autoren irrtümlich und aus Nachlässigkeit das Wort Rasse benutzt haben, aber Population meinten, ist dies bloß ein semantisches Problem, das durch den aufmerksamen Gebrauch eines Wörterbuchs gelöst werden kann.

Wenn aber jemand, der von Rasse spricht, auch wirklich Rasse meint, ist das etwas anderes. Ein ziemlich eindeutiges Beispiel ist das von CYP2D6, einem der Gene, die die Geschwindigkeit regulieren, mit der unser Organismus viele Medikamente abbaut. Es gibt – wie wir am Beispiel von Watson und Venter gesehen haben – genetische Unterschiede zwischen denen, die sie schnell, und denen, die sie langsam abbauen, und die Pharmaindustrie hat sich mit der Idee angefreundet, Produkte mit unterschiedlichen Dosierungen zu entwickeln, die sich an unterschiedliche Märkte wenden. Aber Vorsicht: Hier bedeutet Markt Rasse. Die Idee funktioniert so lange, wie alle Chinesen einen bestimmten Stoffwechsel haben, alle Europäer einen anderen, und so fort – aber sie funktioniert natürlich nicht. Beim Vergleich von fast 9000 Europäern und Asiaten hat man herausgefunden, dass die Europäer im Durchschnitt die Medikamente etwas schneller ausscheiden, vor allem aber, dass es in beiden Populationen Individuen mit schnellem Stoffwechsel, mit langsamem Stoffwechsel und mit allen Schattierungen dazwischen gibt. Es gibt keine spezifische Dosierung für Europäer oder Asiaten, während es möglich ist, für jedes Individuum die richtige Dosierung herauszufinden. Auch in der Pharmakogenetik schafft nur Verwirrung, wer von Menschenrassen redet.

Helfen die Rassen der Polizei?

Aber wenn es doch keine Rassen gibt, warum gelingt es den forensischen Wissenschaftlern dann so gut, sie zu finden?, hat Norman Sauer einmal in einem Artikel gefragt. Er bezieht sich darauf, dass die Polizei in vielen Ländern ihre »Kunden« nach Rasseschemata einteilt. Erinnern wir uns doch an den Fernsehfilm, in dem ein Polizist einen Typen durch die Straßen von Manhattan verfolgt und dabei in sein Walkie-Talkie spricht: »Männlich, kaukasisch, etwa vierzig Jahre alt!« Also, sehen wir doch einmal nach: Wenn Rassen eine biologische Kategorie sein sollen, müssten sie doch überall dieselben sein. Für das FBI gibt es fünf Rassen: kaukasisch, afroamerikanisch, hispanisch, ostasiatisch oder indigen amerikanisch. Als die erste Auflage dieses Buchs herauskam, konnte man auch für Scotland Yard zu insgesamt fünf Rassen gehören, doch dort waren es Europäer, Afrokaribier, Menschen vom indischen Subkontinent, aus Südostasien oder dem Vorderen Orient. Wie wir sehen, haben beide Systeme nur eine Rasse gemein, die afroamerikanische beziehungsweise afrokaribische. Alle anderen sind unterschiedlich, mit einigen sehr groben Unterschieden: Die Inder sind in England alle zusammengefasst, während in Amerika manche eher zu den Weißen und andere eher zu den Schwarzen gezählt werden; die Europäer und die Vorderasiaten der englischen Klassifikation bilden in Amerika dieselbe kaukasische Rasse, wodurch Platz ist für eine Rasse von amerikanischen Eingeborenen, die in England nicht berücksichtigt wird. Seitdem sind nur zwölf Jahre vergangen, doch das Bild von Rassen hat sich, jedenfalls in England, radikal gewandelt. Es sind 16 geworden, nämlich: W1 (weiß-britisch), W2 (weiß-irisch), W9 (weiß-andere); M1 (weiß und schwarz-karibisch), M2 (weiß und schwarz-afrikanisch), M3 (weiß und asiatisch), M9 (andere gemischte Herkunft); A1 (indisch-asiatisch), A2 (pakistanisch-asiatisch), A3 (asiatisch aus Bangladesch), A9 (andere asiatische Herkunft); B1 (schwarz-karibisch), B2 (schwarz-afrikanisch), B3 (andere schwarze Herkunft); O1 (chinesisch), O9 (andere). Was war da passiert? Hat ein explosionsartiger Evolutionsschub bewirkt, dass Iren, Pakistaner und Singhalesen plötzlich jeweils einzigartige Eigenschaften erworben haben und die Rassen sich – sieht man einmal von der britischen Polizei ab – unbeachtet von der Weltöffentlichkeit vervielfacht haben? Natürlich nicht.

Alle diese Verzeichnisse stehen für Klassen von Personen, die zu den üblichen Verdächtigen von Straftaten gehören. Ich habe keine Ahnung, wie Scotland Yard die Eskimos einordnet, aber das spielt keine Rolle, weil Eskimos in London nur wenige Straftaten begehen. Die Iren dagegen bereiten der Polizei sehr viel mehr Kopfzerbrechen und haben es daher verdient, gesondert katalogisiert zu werden; einen Iren dann auch genetisch von einem Engländer zu unterscheiden, ist allerdings ein anderes Thema. Aber kommen wir auf unser Problem zurück: Wenn die Polizeibehörden zweier historisch und kulturell einander so nahestehender Länder wie des Vereinigten Königreichs und der Vereinigten Staaten von Amerika so unterschiedliche Rasselisten benutzen, kann es sich dabei doch zur Abwechslung nur wieder einmal um völlig beliebige Etikettierungen handeln, die nicht ernst genommen werden können, wenn wir die menschliche Biodiversität ernst nehmen wollen. Kommen wir noch einmal zurück auf den kolumbianischen Fußballer Duván Zapata. In England würde man ihn als afro-karibisch einordnen, und das passt schon ziemlich gut; in Wirklichkeit stammt er allerdings aus Cali im pazifiknahen Teil von Kolumbien – aber langsam, wir wollen nicht kleinlich sein. In den USA dagegen würde Zapata als Afroamerikaner eingeordnet, solange er den Mund hielte, doch sobald er zu reden anfinge, würde er seine Rasse ändern und zum Hispanic werden. Wie man es dreht oder wendet: Diese Rasselisten mögen für bestimmte praktische Zwecke, die die Polizei sich setzt, nützlich sein, aber sie haben null Bedeutung für eine allgemeine Klassifikation der Menschheit.

Und um den Gedanken zu Ende zu bringen: Ich sehe keinen konkreten Grund dafür, weiterhin Rassenkategorien zu benutzen. Und wenn es dazu scheinbar keine Alternativen gibt, kann ein wie auch immer noch nicht perfektes System von wissenschaftlichen Erkenntnissen besser sein als nichts. Als Mendel bestimmte, was ein Gen ist, wusste man noch nicht, dass die Gene aus DNA bestehen, doch die Idee funktionierte und öffnete den Weg für manche wichtige Entdeckungen. Leider lässt sich nicht dasselbe von der Idee behaupten, die Menschheit in Rassen einzuteilen. Viele Jahre lang hat das Konzept der Rasse die biologische Wissenschaft in einem Schema festgezurrt, das nicht funktioniert, und den Fortschritt der Forschung behindert. Es gibt ganz offensichtlich eine Alternative, und die besteht darin zu sagen, dass die Unterschiede zwischen uns zum Teil auf genetische Faktoren, zum Teil auf Umwelt- und kulturelle Faktoren zurückgehen, aber im Wesentlichen Unterschiede zwischen Individuen sind und nicht zwischen durch starre Schranken getrennten Rassegruppen. Von hier aus können wir weitersehen. Wenn jemand das nächste Raumfahrtunternehmen auf der Grundlage des geozentrischen ptolemäischen Weltbilds plante, würden die Astrophysiker ihn für verrückt erklären, und es ist nicht einzusehen, warum es unter Biologen anders sein sollte.

Gewiss, die Worte können nicht durch Gesetze verboten werden. Man kann die Menschheit auf vielerlei Weise einteilen und Grenzen ziehen, auch wenn denen kaum eine biologische Realität entspricht, und deshalb die auf diese Weise definierten Einheiten unterschiedlich nennen: Varietäten, ethnische Gruppen, Gemeinschaften, Populationen – und warum dann nicht auch Rassen? Da sage ich nein. Auch wenn in einer Demokratie jeder das gesicherte Recht hat zu sagen, was er will, empfiehlt es sich in der Kommunikation jedoch, ein Minimum an Konventionen zu beachten. »Vielen Dank!« bezeichnet einen höheren Grad von Dankbarkeit als »Soll dich doch der Schlag treffen«. Natürlich kann ich aus einer Laune heraus meine Dankbarkeit mit »Soll dich doch der Schlag treffen« ausdrücken, doch mein Beziehungsleben würde darunter leiden, und vielleicht würde mir das einen Faustschlag einbringen. Genauso behindert es die Kommunikation. Etwas »Rasse« zu nennen, das keine Rasse ist, führt darüber hinaus zu zahlreichen Missverständnissen. Besser ist es, die Dinge, wenn möglich, beim richtigen Namen zu nennen, eingedenk der Lehre von Nanni Moretti: »Wer schlecht spricht, denkt schlecht und lebt schlecht.«

Die Studie von Noah Rosenberg und Mitarbeiter:innen aus dem Jahr 2002 ist bereits in den Anmerkungen zu Kapitel 6 zitiert worden; dazu ist ein Update herausgekommen: N. Rosenberg et al., »Clines, clusters, and the effect of study design on the inference of human population structure«, in: *PloS Genetics* 1, 2005, S. e70. Die Überprüfung dieser Daten und der Schluss, dass es mehr als sechs genetische Menschengruppen gibt, findet sich in: G. Barbujani, E.M.S. Belle, »Genomic boundaries between human populations«, in: *Human Heredity* 61, 2006, S. 15-21.

Die Information über die Rassen der *Bribri* verdanke ich Larena Madrigal.

Über die Bedeutung der Rassen in der Medizin vgl: E.G. Phimister, »Medicine and the racial divide«, in: *New England Journal of Medicine* 348, 2003, S. 1081-1082.

Der pharmakogenetische Vergleich zwischen Asiaten und Europäern findet sich bei: T. Shimizu et al., »Bioinformatics research on inter-racial differences in drug metabolism«, in: *Drug Metabolism and Pharmacokinetics* 18, 2003, S. 48-70.

Zur Thalassämie vgl. D.J. Weatherall, J.B. Clegg, *The Thalassaemia Syndromes*, 4th ed., Oxford 2001.

Obwohl das sicher nicht die Absicht ist, haben sich die von der Polizei benutzten Rasseneinteilungen wieder einmal als sehr instabil erwiesen. Die amerikanischen werden behandelt in: *Standards for the Classification of Federal Data on Race and Ethnicity*, Bd. 60 (1995), herausgegeben vom Federal Register. Die fünf englischen Rassen standen auf der heute verschwundenen Website: www.forensic.gov.uk/forensic/foi/foi_docs/43L_

Commonplace_characteristics.pdf; heute finden sie sich in dem Abschnitt *Law enforcement* auf https://en.wikipedia.org/wiki/Race_(human_categorization). Eine breiter gefasste Darstellung der Rasse im amerikanischen Rechtssystem findet sich in: K.J. Rosich (2007), »Race, Ethnicity, and the Criminal Justice System«, in: *American Sociological Association Washington, DC,* (abrufbar unter: http://www.asanet.org/sites/default/files/savvy/images/press/docs/pdf/ASARaceCrime.pdf).

Ich danke Giovanni Boniolo für seine vielen Kommentare zu diesem Kapitel.

Wenn ich mich richtig erinnere, stammt das Zitat von Nanni Moretti aus dem Film *Palombella rossa*.

12. Kapitel

Wir sind alle verwandt und alle verschieden

Worin wir uns für die nächsten Folgen verabreden

Vor einiger Zeit habe ich meinen Kurs an der Universität mit einer improvisierten Lektion über die Grenzen der Wissenschaft abgeschlossen. Es war ein gelungenes Jahr gewesen. Die Studierenden waren, außer einem, recht aufgeweckt, und einige sogar leidenschaftlich bei der Sache; es war schon klar, dass einige Auszeichnungen erhalten würden. Es war der Fortgeschrittenenkurs, und es war ein kühler Frühjahrsmorgen. Ich weiß nicht mehr genau, wovon ich geredet habe, aber ich muss so etwas gesagt haben wie, dass wir mit unseren Statistiken mit nur wenigen Zahlen gigantische planetarische Phänomene zu beschreiben versuchen, was eine gewaltige und gewissermaßen brutale Vereinfachung ist, dass dies uns aber gleichwohl erlaubt, etwas – jedenfalls ein klein wenig – von einer Vergangenheit zu verstehen, von der wir sonst überhaupt nichts wüssten. Ich werde gesagt haben, dass wir von Millionen Ereignissen niemals das Geringste erfahren werden, weil sich jede Spur davon verloren hat, oder weil unsere evolutionstheoretischen Methoden nicht ausreichen, um diese Ereignisse zu rekonstruieren, dass aber gerade deshalb die Ergebnisse, zu denen wir gelangt sind, so wertvoll seien – schwierige und empfindliche intellektuelle Konstruktionen, oft von einiger Eleganz, die auch kein Bischof wird leugnen können. Und bestimmt habe ich gesagt, dass das Schöne an der Wissenschaft sei, sich mit ihren umstrittenen Themen zu befassen, und wie wichtig, aber auch schwierig es sei, zu unterscheiden zwischen dem, was die Daten beweisen, dem, was sie nahelegen, und dem, was sie weder beweisen noch nahelegen, wovon wir aber gleichwohl überzeugt sind. Ich hatte den

Eindruck – aufgrund der Blicke der Studierenden und wegen der Stille im Raum – dass meine Worte sie tief beeindruckt hatten, und freute mich über diesen so seltenen Stand der Gnade, den Zustand völliger Leere, aus dem heraus – wenn wir Samurai sind – auch das Schwierigste erreichbar ist, oder – wenn wir Sopran singen – der perfekte höchste Ton. Daher saßen alle verblüfft mit offenem Mund da, als ein Student, der sich schon das ganze Jahr über durch sein exzessives intellektuelles Selbstvertrauen hervorgetan hatte, zusammenfasste: »Also beweist die Wissenschaft alles und das Gegenteil«.

Ich hoffe, dass ich wenigstens eine solche Uneindeutigkeit vermieden habe und dass bis hierhin keine Leserin und kein Leser so denkt wie dieser unglückselige Mensch. Denn es ist nicht wahr. Mehr noch: Das Gegenteil ist wahr. Auch wenn die Wissenschaft niemals beweisen kann, dass eine Theorie richtig ist, verfügt sie doch über die Methoden und Tests, um uns zu sagen, wann eine Theorie falsch ist, das heißt, wenn sie im Widerspruch steht zu den empirischen Daten. Auf diese Weise können die Hypothesen, die nicht funktionieren, aussortiert und unsere neuen Ergebnisse fortwährend auf den Prüfstand gestellt werden. Die Macht der Wissenschaft besteht eben in dem Bewusstsein ihrer Grenzen – in ihrer Fähigkeit, sich zurückzunehmen und zu berichtigen und sich zu erweitern, indem sie sich neue Kenntnisse aneignet. Und das ist etwas, was kein Gedankensystem kann, das sich auf offenbarte Wahrheiten beruft.

Etwas wissen wir. Ich weiß nicht, wie viele der in diesem Buch zum Ausdruck gebrachten Überzeugungen in 20 oder 50 Jahren noch gültig sein werden. Doch gegenwärtig gibt es keinen Anlass zu glauben, dass die Menschheit in biologisch unterschiedliche Gruppen unterteilt werden könnte, die sich auf natürliche Weise entwickelt haben und die wir legitimerweise Rassen nennen können – was für eine Definition für »Rasse« wir auch immer annehmen.

In den kommenden Jahren werden sich Berge von neuen Daten zur Variabilität des Genoms aufhäufen, über seine vielen Gene, die bisher erst bei wenigen Individuen untersucht worden sind. Außerdem ist die Syntax des Genoms noch so gut wie unerforscht, das heißt, die Weise, wie die vielen unterschiedlichen Gene mit vielen Umwelt- und kulturellen Faktoren konkurrieren, um unserem Körper und vor allem unserem Geist eine bestimmte Form zu verleihen. Zu verstehen, wie unser Gehirn funktioniert, ist vielleicht die wichtigste Herausforderung für die Biologie der Zukunft. Haltet die Ohren offen, wenn ihr mehr wissen wollt, die kommenden Jahre versprechen sehr interessant zu werden! Es handelt sich um eine außerordentlich komplexe und aufregende intellektuelle Herausforderung, die nur angegangen werden kann, wenn verschiedene Kompetenzen miteinander verknüpft werden, die der Linguisten und der Neurophysiologen, die der Psychologen und – natürlich auch – der Genetiker. Und die der Evolutionswissenschaftler: Eine vielversprechende Forschungsrichtung ist der Vergleich menschlicher Genome mit denen von Schimpansen, um herauszufinden, bei welchen Genen es deutliche Unterschiede gibt, und diese dann genauer zu untersuchen, um herauszufinden, was sie machen.

Nach allem, was wir wissen, sind heute die traditionellen Gründe, zu denken, unsere Spezies bestehe aus verschiedenen Rassen, komplett entfallen. Während wir auf die Zukunft warten, liegt heute die Beweislast bei denen, die trotz allem das Gegenteil behaupten. Wenn sie sich auf einen Katalog von Rassen einigen und eine Methode finden könnten, wie sie beweisen könnten, dass diese Rassen sich genetisch unterscheiden (beides hat sich bislang als unmöglich erwiesen), würden ihre Überzeugungen ernst genommen werden können. Anderenfalls bleiben diese, was sie heute sind: Stammtischgeschwätz.

Wir hatten damit angefangen, dass wir uns fragten, ob es Menschengruppen gibt, die so verschieden voneinander sind, dass man sie vernünftigerweise Rassen nennen kann, und ob es, *angenommen, es gebe Rassen*, gesellschaftlich akzeptierbar wäre, sie beim Namen zu nennen. An dieser Stelle habe ich den Eindruck, dass es an der Antwort auf die erste Frage kaum noch Zweifel geben kann und die zweite folglich sinnlos geworden ist. Stattdessen ist eine andere Frage unausweichlich geworden: Wenn so viele Daten aus so vielen verschiedenen Laboren in der Aussage übereinstimmen, dass die menschliche Spezies, im Unterschied zu Schnecken und Hunden, nicht aus unterschiedlichen Rassen besteht, wie kommt es dann, dass das Konzept »Rasse« nicht verschwindet, sondern von vielen Menschen leidenschaftlich verteidigt wird?

Wir sind nicht alle gleich

Auf diese Frage, die mir von grundlegender Bedeutung zu sein scheint, weiß ich keine Antwort. Ich bin viele mögliche Antworten durchgegangen, aber keine war wirklich befriedigend. Vielleicht ist der Rassebegriff so widerstandsfähig, weil es Missverständnisse darüber gegeben hat, was es bedeutet zu sagen: Es gibt keine Menschenrassen. Bücher wie das bereits erwähnte *Race. The Reality of Human Differences* von Sarich und Miele legen das nahe. In diesem Buch und auch in anderen pochen die Autoren darauf, dass unsere Spezies biologisch vielfältig ist, und leiten daraus ab, es bedeute, die Augen vor unseren genetischen Differenzen zu schließen, wenn wir weiter die Existenz von Rassen verneinten. Wenn das so ist, lohnt es sich vielleicht zu wiederholen, dass niemand behauptet, Menschen unterschiedlicher Herkunft könnten nicht unterschiedlich aussehen. Die Europäer haben im Allgemeinen helle Haut, die indigenen Australier und die Afrikaner von südlich der Sahara dunkle; die Tutsi sind im Durchschnitt größer als die Pygmäen, die Augen der Sibirier sind schmaler als die der Somalis, und Blondinen sind eher in Estland als in Vietnam zu finden. Und was die Physiologie anbetrifft, so transportieren die

Bewohner des Himalaya den Sauerstoff der Luft besser in ihre Körperzellen als die der Anden, die erst später in größerer Zahl in ihren Bergen angekommen sind, und die Japaner haben eine höhere Laktose-Intoleranz als die Österreicher. Das sind erbliche Unterschiede, aber sie haben nichts mit Rassen zu tun. Wenn wir sagen, es gibt beim Menschen keine Rassen, wollen wir damit nur hervorheben, dass trotz jahrhundertelanger Anstrengungen noch niemand herausgefunden hat, wie man klare biologische Grenzen zwischen den menschlichen Populationen ziehen soll. In Afrika, Asien, Europa, Ozeanien und Amerika finden wir im Wesentlichen dieselben Genvarianten, wenn auch in unterschiedlichen Proportionen; noch niemandem ist es bisher gelungen, eine Rasse auf der Grundlage genetischer Merkmale (einzelner oder Kombinationen davon) zu bestimmen, die von allen ihren Angehörigen geteilt werden und die bei denen selten oder gar nicht vorkommen, die nicht zu dieser Rasse gehören.

Nebenbei bemerkt: Ich habe volles Verständnis dafür, dass manche für die sogenannte politisch korrekte Sprache bezeichnenden Skrupel einem auf die Nerven gehen können. Aber … In seinem *Dizionario della stupiditá* (Wörterbuch der Dummheit) spielt Piergiorgio Odifreddi mit dem im Italienischen identischen Plural von Genie und Gen und schreibt, gemäß den »Genies der politischen Korrektheit [ist] die einfachste und schnellste Methode, Rassendiskriminierung abzuschaffen, die, das Wort ›Rasse‹ aus dem Vokabular zu verbannen. Doch weil die Gene der Biologie noch nicht so weit sind, fahren die Kinder weißer Eltern tapfer damit fort, weiße Kinder in die Welt zu setzen, und das Entsprechende gilt für die anderen Farben; und alle bezeugen so, dass die unterschiedlichen Menschenrassen in der Natur der Gene liegen.« Wie wir sehen, ist das Missverständnis immer dasselbe, und hier ist es so weit banalisiert, dass die Vererbung der Hautfarbe zum Hauptargument dafür wird, wieder einmal von Menschenrassen zu reden. Da ich den Autor kenne und eigentlich schätze, denke ich, dass er einfach nur der Versuchung nicht widerstehen konnte, gegen den Strom zu schwimmen. Aber schauen wir mal, welcher Strom stärker und gefährlicher ist: der derjenigen, die verstanden haben, dass sich der Begriff »Rasse« nicht halten lässt (und sich daraufhin vielleicht allzu vieler lexikalischer Skrupel schuldig macht), oder der derjenigen, die alle biologische Evidenz in den Wind schlagen und letztlich nichts mit der Biologie am Hut haben? Auch wenn die Lösungen, die vorgeschlagen werden, um eine beleidigende Sprache zu vermeiden, manchmal haarspalterisch und lächerlich zu sein scheinen – oder es sind –, sollte man sich doch daran erinnern, dass die Probleme, auf die sie Antworten suchen, alles andere als herbeiphantasiert sind.

Gründungsmythen

Vielleicht ist es aber – sieht man einmal von den Missverständnissen ab – auch so, dass es schwierig ist, bestimmte Mythen über unsere Herkunft aufzugeben. Die Gesellschaft Usbekistans ist traditionell in Stämmen organisiert, die in Clans aufgeteilt sind, und diese wieder in Familien. Alle diese Einheiten sollen jeweils in väterlicher Linie von einem gemeinsamen fernen Vorfahren abstammen, einem einzigen Begründer. Wenn das stimmt, müssten die Y-Chromosomen, die zusammen mit dem Familiennamen vom Vater an den Sohn weitergegeben werden, in allen diesen Gruppen jeweils identisch sein. Ein von Evelyne Heyer und Lluis Quintana-Murci vom Pariser Musée de l'Homme koordiniertes Forscherteam hat das überprüft. Sie stellten fest, dass in denselben Familien die Männer fast ohne Ausnahme dasselbe Y-Chromosom haben, doch wenn es zu den Clans kommt, sieht die Sache schon ganz anders aus, und in ein und demselben Stamm gibt es schon ebenso viele Unterschiede wie zwischen verschiedenen Stämmen. Anders gesagt: Diese Gruppen werden dadurch zusammengehalten, dass sie sich auf gemeinsame biologische Wurzeln und ein vom Vater auf den Sohn übertragenes Erbe berufen, doch tatsächlich ist der gemeinsame Stammvater des Stammes eine Erfindung.

Vielleicht handelt es sich ja um einen nur für Zentralasien typischen Fall. Vielleicht haben wir uns mit allzu einfachen Erklärungen zufriedengegeben und haben allzu oft die intuitiv einleuchtende, aber nicht bewiesene Vorstellung ernst genommen, dass die Gebeine, die wir an einem bestimmten Ort finden, zwangsläufig die der Vorfahren seiner modernen Bewohner sind: Wer heute in der Bretagne lebt, stammt von Kelten ab, wer im mittelitalienischen Tarquinia wohnt, von den Etruskern, und so weiter. Letzteres Beispiel habe ich nicht zufällig ausgewählt: Die einzige Methode zu verstehen, ob es wirklich eine genealogische Kontinuität gibt, ist, die DNA antiker mit der heutiger Menschen zu vergleichen. Das ist ein nicht ganz unkompliziertes Vorhaben, und die Ergebnisse sind mit etwas Vorsicht zu genießen, doch eine Sache ist bereits heute klar: Man kann es nicht als gegeben hinnehmen, dass die modernen Menschen direkte Nachfahren derer sind, die vor 2000 oder 5000 Jahren dieselbe Gegend bewohnten. Das gilt jedenfalls für die Bewohner der Toskana, die zumeist (außer in Volterra und im Casentino-Tal) keine besonders enge Verwandtschaft mit den Etruskern an den Tag legen, auf die doch der Name Toskana zurückgeht. Dasselbe gilt ganz allgemein für die Europäer, die, wie wir im 9. Kapitel gelernt haben, bis vor 7000 Jahren oder noch länger dunkelhäutig waren. Es gibt auch gegenteilige Beispiele: Zum Beispiel ähneln die Genome heutiger Ägypter denen aus der Zeit des Neuen Reichs (also vor etwa 3200 Jahren), auch wenn etwa 20 % ihrer DNA später dazugekommen zu sein scheint, durch Wanderungen aus Zentral- und Ostafrika. Und dann gibt es noch einige interessante und uneindeutige Fälle. Mit David Caramelli aus Florenz haben wir die DNA von Sarden aus der Bronzezeit untersucht, die damals die Nuraghe, ihre berühmten Turmbauten, errichteten. Diese Daten haben wir mit denen der heutigen Bewohner zweier sardischer Provinzen verglichen. Eine DNA, wie es sie bereits zur Zeit der Nuraghen gab, haben wir bei mehr als der Hälfte der Bewohner der einen Provinz gefunden, doch nur bei ganz wenigen der anderen Provinz. Die haben mit den Sarden der Nuraghen-Zeit genealogisch nicht mehr zu tun als etwa mit Polen oder Portugiesen. Das heißt aber, dass in Sardinien nicht mehr als 200 Kilometer voneinander entfernt ganz verschiedene Populationen mit einem ganz verschiedenen Stammbaum leben.

Und vielleicht muss man gar nicht so weit zurückgehen. Franz Manni vom Musée de l'Homme in Paris hat die historische Verteilung von 9000 Familiennamen in Holland untersucht und festgestellt, dass in bestimmten Gegenden weniger als 30% der Menschen von Vorfahren abstammen, die zu der Zeit, als Familiennamen üblich wurden – also vor wenigen Jahrhunderten – bereits am selben Ort lebten. Wir sind eine sehr mobile Spezies, was bedeutet, dass unsere Vorfahren im Laufe der Zeit aus vielen verschiedenen Regionen gekommen sind. Vielleicht ist es schwer, das zuzugeben, denn vielleicht fühlen wir uns unbewusst zu der Idee hingezogen, dass wir ohne Wenn und Aber zu einem einzigen Volk gehören, zu einem Volk mit seiner einen klar bestimmten Identität, seiner einen Kultur, seiner einen Sprache und der starken genealogischen Kontinuität auf seinem Territorium – zu etwas, das dann auch nicht mehr etwas ganz anderes ist als eine Rasse.

Wenn das der Fall ist, so widerlegt das, was wir wissen, diese Vorstellung – auch wenn unser Wissen heute noch fragmentarisch ist. Aber wer zum Beispiel sind oder waren die Kelten? Für die Römer waren das die Gallier, für die Archäologen sind sie als Hallstatt-La-Tène-Kultur definiert; für die Sprachwissenschaft sind keltisch einige indoeuropäische Sprachen wie das Walisische, das Bretonische und das Gälische, und die Kunsthistoriker nennen keltisch die typischen künstlerischen Ausdrucksformen Irlands im ersten Jahrtausend nach Christus. Das Wort ist dann in den allgemeinen

Sprachgebrauch eingegangen und bezeichnet nun Musik oder Legenden, die angeblich zu einer bestimmten nordischen Tradition gehören. Aber sind wir sicher, dass alle diese Eigenschaften die eines Volks waren, das sich selbst als solches gesehen, zu einer bestimmten Zeit ein bestimmtes Territorium bewohnt und sich über seinen Namen definiert hat? Der englische Archäologe Colin Renfrew hat auf brillante Weise nachgewiesen, dass dem nicht so ist: Das Wort »Kelten« bezeichnete für die Griechen und die Römer, die das Wort von Ersteren übernahmen, einfach nur die Fremden, die im Nordwesten lebten und »Barbaren« waren, das heißt, nicht ordentlich sprachen, sondern bloß »brabbelten« (das ist der lautmalerische Ursprung des Wortes). Dieser Terminus wurde von Archäologen, Linguisten und Anthropologen aufgegriffen, und alle bogen ihn für ihre Zwecke zurecht. Renfrew kommt zu dem Ergebnis, dass die keltische Identität fiktiv ist, weil darunter Populationen, archäologische Kulturen, künstlerische Formen und verschiedene Sprachen zusammengefasst werden, die nichts weiter gemein haben, als dass sie weder römisch noch griechisch und irgendwie links oben auf der Landkarte Europas angesiedelt sind. Es kann gut sein, dass auch andere Identitäten ihre Wurzeln im Mythos haben. Begriffe wie »Orient« und »Okzident« etwa haben keine solideren Grundlagen; man kann sie geographisch oder kulturell definieren, aber sicherlich nicht mit einem Volk verbinden, das schon immer hier oder dort gelebt hat.

Weder Lewontin noch Darwin, sondern Voltaire

Vielleicht ist ja alles viel einfacher. Es kann doch sein, habe ich oft gedacht, dass Ideen ihr eigenes Trägheitsmoment haben, dass sie noch eine Weile weiterleben, so wie tausende Lichtjahre von unserem Sonnensystem entfernte tote Sterne, die für uns noch weiter leuchten, obwohl sie längst keine Energie mehr ausstrahlen. Die Idee der Einteilung der Menschheit in Rassen ist so alt wie die

Wissenschaft und kann nicht in fünf Minuten verschwinden. Wir können dieses Bild sogar noch etwas weiter strapazieren und sagen, dass so, wie die toten Sterne nur für diejenigen noch zu leuchten scheinen, die weit von ihnen entfernt sind, die Idee der Rasse nur für die noch weiter gilt, die weit von der wissenschaftlichen Debatte entfernt sind. Deshalb werden die Dinge noch ein wenig so weiterlaufen, bis irgendwann niemand mehr daran denkt. Diese Überlegung ist zwar ästhetisch befriedigend, aber sie gefällt mir nicht, und zwar aus zwei Gründen. Der erste und wichtigere ist der, dass sie dazu führen könnte zu denken, dass sich mit der Zeit schon alles von allein regelt. Im Gegenteil, wage ich zu behaupten: Wenn es um Vorurteile geht, so bedeutet, sie zu ignorieren, zuzulassen, dass sie sich verfestigen, bis sie dann, ganz allmählich, als gesunder Menschenverstand gelten; und genau das wird, wenn niemand etwas zu tun beginnt, in unseren Ländern passieren.

Der zweite Grund ist der, dass die Vorstellung von Rassen, wenn auch nur noch schwach, auch unter Wissenschaftlern fortlebt, sogar in wissenschaftlich fortschrittlichen Ländern wie den Vereinigten Staaten, wo diese Vorstellung anscheinend sogar noch vorherrscht.

In manchen Ländern, auch bei uns in Italien, steht oder stand das Unterrichten der Evolutionstheorie in den öffentlichen Schulen unter Beschuss, und immer häufiger werden den Ergebnissen der wissenschaftlichen Forschung Gewissheiten entgegengesetzt, die aus Texten abgeleitet sind, die mit Wissenschaft einfach gar nichts zu tun haben. Daher lässt sich eine gewisse Ähnlichkeit zwischen den Polemiken gegen die Evolutionslehre und Diskursen über Rassen nicht leugnen, und man ist versucht, eine Parallele zwischen beiden Phänomenen zu ziehen; doch es gibt auch einen Unterschied. Über Rassen streiten sich, von unterschiedlichen Standpunkten aus, Wissenschaftler, die sehr unterschiedlicher Auffassung sein können, von denen einige sich besser auskennen als die anderen – aber immer nur Wissenschaftler.

Im Gegensatz dazu wird der Angriff auf die Evolutionslehre von außen gegen die Wissenschaft vorgetragen, und diesem Angriff gegenüber sprechen die Wissenschaftler mit einer Stimme. Wenn ein Kardinal Schönborn schreibt, wer die Hand Gottes im Universum nicht erkenne, sei ein schlechter Wissenschaftler, bringt er die Evolutionswissenschaftler gegen sich auf, die auch gläubig sind, weil er einen Konflikt zwischen ihrer Wissenschaft und ihrer Religion heraufbeschwört, während die intellektuelle Kraft seiner Argumente so groß ist wie die von Fanchören in einem Fußballstadion. Ganz anders ist es bei der Idee, dass es am Ende doch Rassen gibt, denn diese Vorstellung wird auch von respektablen Wissenschaftlern und in angesehenen wissenschaftlichen Zeitschriften geäußert.

Aber, aber, aber … Vielleicht besteht die Gemeinsamkeit beider Verhaltensmuster in etwas anderem. Vielleicht hat die beobachtete Abwehr gegen die Evolutionstheorie wie gegen die kritische Untersuchung der menschlichen Vielfalt tiefere Gründe, die nur ganz am Rande etwas mit der Wissenschaft, mit Lewontin und Darwin zu tun haben. Vielleicht gerät eine Idee derzeit ganz allgemein in eine Krise, nämlich die, dass wir auf die kleinen und großen Herausforderungen, die uns die Gegenwart stellt, mit Lösungsverfahren reagieren können, die typisch für die Wissenschaft sind, jedoch nicht bloß für sie: mit dem Ernstnehmen anderer Meinungen, mit der Bemühung, die Probleme exakt zu benennen, mit Vernunft, mit Zweifeln. Das ging mir durch den Kopf, als ich eine Fernsehdebatte verfolgte, in der es um etwas ganz anderes ging, nämlich die Lage in Nahost. Gerade war ein Abkommen zwischen Israelis und Palästinensern geschlossen worden, und die Repräsentanten beider Seiten bemühten sich, vorsichtigen Optimismus an den Tag zu legen. Da intervenierte eine Journalistin mit flammend roten Haaren. Ihr habt Hoffnungen, die auf Aufklärung basieren, sagte sie; sie sind rational, aber abstrakt, bloß eine rhetorische Übung. Wir hier haben schon so viel davon gesehen und wissen, dass die Dinge so nicht laufen, dass solche Dialogbemühungen nicht funktionieren.

Das konnte einem an dieser Stelle als eine sinnvolle Beobachtung vorkommen, erfahrungsgetränkter Pessimismus angesichts der abstrakten Formulierungen professioneller Politiker. Und dann hat ihr die Zeit anscheinend recht gegeben: Das Abkommen scheiterte. Aber was meinte diese Journalistin wirklich, als sie sich mit der Aufklärung anlegte, in diesem Fall den mühevollen Versuchen, einen gemeinsamen Nenner zu finden durch den Dialog und die Anerkennung der gleichen Würde des gegnerischen Sprechers? Was wäre denn die Alternative zum Gebrauch der Vernunft, um die Ursachen der Konflikte zwischen Menschengruppen herauszufinden und sie, wenn möglich, zu heilen? Da gibt es nicht viel: Wenn wir auf unsere fragile und unsichere Rationalität verzichten, wenn wir nur noch denen vertrauen, die zu unserer (wie auch immer eingebildeten) Blutsgemeinschaft gehören, und wenn jeder Versuch, mit den anderen in einen Dialog zu treten, als gemeinsame Sache mit dem Feind zu machen verunglimpft wird, bleibt nur noch, Gewalt anzuwenden. Und wer sie anwendet, kann nur hoffen, mächtig genug zu sein. Alle gegen alle, es lebe die Freiheit, nieder mit Gleichheit und Brüderlichkeit!

Die Wissenschaftler mögen sich mit einem Achselzucken aus solchen Überlegungen heraushalten. Schließlich ist unser Recht auf freie Forschung derzeit nicht ernsthaft bedroht. Ich glaube allerdings, dass das ein schwerer Irrtum ist. Auch die moderne Wissenschaft ist ein Kind der Aufklärung; ihre Ergebnisse (und die, die sie produzieren), werden allerdings nur dann mit Respekt behandelt, wenn wir alle davon überzeugt sind, dass wir die Welt verstehen können und ihre Probleme im Licht der Vernunft lösbar sind. Wenn dem nicht so ist, spielt die Wissenschaft keine Rolle mehr, und die Politik ebenso wenig. Jemand mag vielleicht mit Darwin oder Lewontin nichts anfangen können, aber dann doch mit Voltaire, das heißt, mit der Hoffnung, gemeinsam zu vernünftigen Lösungen kommen zu können: mit der abstrakten und naiven leidenschaftlich optimistischen Hoffnung auf was auch immer – doch immer Hoffnung. Wenn die verloren geht, sehe ich nicht, was noch bleiben soll als bloße Gewalt und die Angst, dass die eines Tages nicht mehr genügt. Vielleicht ist es so schwierig zu erklären, dass es keine biologischen Rassen gibt, weil wir in einer Zeit leben, in der der Diskurs – der der Politik wie der der Wissenschaft – Schwächen zeigt, und es immer schwieriger wird, *mit jedem über alles* zu diskutieren.

Wenn das stimmt, dann ist es, sage ich, umso mehr einen Versuch wert, in eine Diskussion einzutreten. Hinter der Wiederauferstehung der Rasse in der politischen Sprache stehen jahrhundertealte Vorurteile, unbeweisbare Dogmen und letztlich die Überzeugung, dass die Struktur der Gesellschaft, in der wir leben, durch unsere Gene geprägt und deshalb im Grunde unveränderlich ist. Das ist eine klare und klar reaktionäre Position, gegenüber der wir uns ebenfalls positionieren, ja oder nein sagen müssen. In einer Welt, in der, wie man liest, die Krise der großen Ideologien des 20. Jahrhunderts die politische Debatte eingeebnet hat, ist es doch möglich, eine klare Linie zu ziehen zwischen denen, die möchten, dass alles beim Alten bleibt, und denen, die das nicht wollen. Es stimmt, es ist schwierig, sich für den Gedanken zu begeistern, dass wir wieder und wieder darüber diskutieren müssen, ob alles, was wir sind, nicht angeboren und folglich determiniert ist, so als lebten wir immer noch in der Zeit eines Rassentheoretikers wie Cesare Lombroso. Doch so finden wir wenigstens heraus, wer sich dafür engagiert, in einer weniger ungerechten und gewaltsamen Gesellschaft zu leben, und wer mit dem Zustand der Welt zufrieden ist.

Was es nun mit den Rassen auf sich hat

Vielleicht geben wir die Idee von Rassen einfach deshalb nicht auf, weil wir unserem Gegenüber schon längst das Rassenetikett angeklebt haben, bevor wir darüber nachgedacht haben, dass wir ja so viele gute und richtige Aufsätze gelesen und verdaut haben, dass uns bewusst ist, wie schwammig und mit der Genetik unvereinbar die Vorstellung von Rassen ist. Neigen wir also spontan, mehr oder weniger unbewusst, dazu, in Rassenkategorien zu denken, und bedeutet es, gegen unsere Natur zu handeln, wenn wir dagegen ankämpfen? Ist es wirklich so? Ich weiß genau, dass ich die Hautfarbe von Menschen, denen ich begegne, sofort bemerke. Und ich möchte hinzufügen, dass es mir schwerfällt zu glauben, dass es den anderen anders geht und dass meine Freunde Ajit Subramaniam und Yoshie Kojima beim ersten Mal, als wir uns gesehen haben, nicht auf unsere unterschiedliche Haut geachtet haben. Doch nach einiger Zeit habe ich bemerkt, dass Ajit und Yoshie nicht mehr »ein Inder« und »eine Japanerin« waren: Für mich waren sie zu Menschen mit ihren individuellen Merkmalen geworden und nicht mehr die Vertreter von Populationen, denen ich sie zunächst zugeordnet hatte.

Es gibt wissenschaftliche Untersuchungen, die diese empirische und möglicherweise banale Beobachtung stützen und nahelegen, dass die Evolution uns gelehrt hat, schnell einzuschätzen, ob wir von der Begegnung mit einem bis dahin unbekannten Menschen eher Freundschaft oder Feindschaft zu erwarten haben. Nach einiger Zeit, wenn wir mehr wissen, nützen diese Kategorisierungen nichts mehr, und wir können sie vergessen. Kurz, wenn uns die Anhaltspunkte für ein Urteil fehlen, haben wir nur unsere Vorurteile und müssen uns mit ihnen zufriedengeben, doch sollten wir sie so schnell wie möglich durch Urteile ersetzen.

An dieser Stelle möchte ich dem Philosophen Flavio Baroncelli das Wort überlassen, der diesem Thema tiefschürfende Gedanken gewidmet hat: »Die Gewohnheit, nach Rassen zu klassifizieren, ist keinesfalls universell. Sie ist nur die besondere Form, die in einer Umgebung, in der Rassen eine Rolle spielen, ein in der Tat universeller Instinkt annimmt: der, sich schnell die Merkmale der Menschen, denen man begegnet, einzuprägen, um zu verstehen, ob sie eine Gefahr darstellen.«

Vielleicht hat auch Richard Lewontin recht, wenn er sagt, dass es Rassen eigentlich doch gibt – nicht in unseren Genen, sondern in unseren Köpfen, in den Gesellschaften, in denen wir leben. Dass wir sie in unser Alltagsleben einschleppen, auch wenn längst bewiesen ist, dass Menschen mit dunkler Haut kein homogener Block von Individuen sind, die sich genetisch von denen mit heller Haut unterscheiden. Und das geschieht, weil sich nicht leugnen lässt, dass in vielen Teilen der Welt Schwarze und Weiße oder Alteingesessene und Zuwanderer unterschiedliche soziale Gruppen darstellen, die sich nicht mischen und deren Interessen als gegensätzlich wahrgenommen werden. Die Unterschiede zwischen ihnen bestehen zu einem weit größeren Teil aus ihren Gewohnheiten, ihren Zielen und ihrem Verhalten als aus ihren Genen. Vielleicht sollten wir uns alle darum kümmern, um die kulturellen Unterschiede – heute mit noch größerem Eifer als zuvor –, da die Vorstellung an Boden gewinnt, die Menschheit sei in von Natur aus in verschiedene Gruppen eingeteilt. So sagte es uns, halb im Scherz und halb im Ernst, auch Steve Jones: Bei der gegenwärtigen Zahl der gemischten Ehen wird es schätzungsweise noch fünfhundert Jahre dauern, bis die genetischen Unterschiede zwischen Engländern und Schotten ausgeglichen sind, und in Hinblick auf die kulturellen Gegensätze wird es noch länger dauern.

Vielleicht dürfen wir nicht allzu viel vom Studium der Biologie erwarten, und vor allem dürfen wir darin keine Antwort auf die Frage erwarten, wer wir sind – eine Frage, bei der wir wieder an die unsichtbaren immateriellen Pferde denken müssen. Die Biologie sagt uns, dass es irrational ist, die Vorstellung von Rassen am Leben zu halten, doch auch wenn dies gilt, bleiben noch viele Fragen offen. Das Studium unserer Gene lässt uns verstehen, woher wir kommen, auf welchem Weg wir gekommen sind und wie verschieden wir alle voneinander sind; heute versuchen wir auch zu verstehen, warum wir krank werden und wie wir geheilt werden können, und auf diesem Gebiet haben wir einigen Anlass zu Optimismus. Aber was machen wir mit diesen Erkenntnissen, welchen Einfluss haben sie, wenn sie überhaupt einen haben, auf unser Leben, und vor allem – in welchem Maß helfen sie uns, die so wichtige und so schlecht definierte Sache zu bestimmen, die wir unsere Identität nennen?

Darauf eine Antwort von der Biologie zu erwarten, ist zu viel verlangt. Ich sehe nicht, wie eine wissenschaftliche Antwort darauf möglich sein soll, und glaube nicht, dass sie möglich ist. Wir können nur wiederholen, dass wir uns die Rassen nur ausgedacht haben und dass wir alles, was wir heute über die menschliche Biodiversität wissen, am besten in dem Slogan zusammenfassen: »Alle verwandt und alle verschieden«. Wir sollten daran denken, dass unsere Identität nur zu einem geringen Teil in dem biologischen Erbe besteht, das wir in uns tragen, zu einem großen Teil aber darin, mit welchen Menschen wir zu tun haben, in den Beziehungen, die wir mit den anderen aufbauen, in der Art, wie wir gern unsere Zeit verbringen, in den Reisen, die wir gemacht haben, in dem, was wir gern essen und trinken, in den Büchern, die wir gelesen haben, und den Filmen, die wir gesehen haben, in der Musik, die wir hören – in allen Dingen, die einen tiefen Eindruck auf uns machen oder gemacht haben, die aber auf unsere eigenen freien Entscheidungen zurückgehen und nicht auf ein unwiderrufliches Urteil, das bei unserer Zeugung über uns gesprochen worden ist. An dieser Stelle muss ein Text, in dem es um Biologie geht, schließen und jeder und jedem die Freiheit – aber auch die Verantwortung – lassen, selbst zu den eigenen Schlussfolgerungen zu gelangen.

Dieses Kapitel ist von einem Essay des großen libanesischen Schriftstellers Amin Maalouf angeregt, das auf Französisch *Les identités meurtrières heißt*. In der deutschen Ausgabe hat es (wie in der italienischen) aus irgendeinem Grund den Artikel verloren und heißt *Mörderische Identitäten* (Frankfurt 2000).

In den amerikanischen Zeitungen schreiben es schon seit Jahren manche Leute: Dass die Menschenrechte eine wunderbare Sache sind, doch Folter notwendig ist; schließlich hat das auch der italienische Politologe Angelo Panebianco geschrieben: »Sicurezza e fondamentalisti della legalità. Il compromesso necessario« (Die Sicherheit und die Fundamentalisten des Rechts. Der notwendige Kompromiss), in: *Corriere della Sera* vom 13. August 2006.

Il Dizionario della stupidità (Wörterbuch der Dummheit) von Piergiorgio Odifreddi ist 2016 in Mailand erschienen.

Die Untersuchung derY-Chromosomen in Usbekistan findet sich in: R. Chaix et al., »The genetic or mythical ancestry of descent groups: Lessons from the Y chromosome«, in: *American Journal of Human Genetics* 75, 2004, S. 1113-1116.

Die in diesem Kapitel zitierten Untersuchungen zur DNA antiker Populationen sind: E.M.S. Belle, U. Ramakrishnan, J. Mountain, G. Barbujani, »Serial coalescent simulations suggest a weak genealogical relationship between Etruscans and modern Tuscans«, in: *Proceedings of the National Academy of Sciences USA* 103, 2006, S. 8012-8017; S. Ghirotto et al., »Origins and evolution of the Etruscans' mtDNA«, in: *PLoS ONE,* 2013, S. e55519; V.J. Schuenemann et al., »Ancient Egyptian mummy genomes suggest an increase of Sub-Saharan African ancestry in post-Roman periods«, in: *Nature Communications* 8, 2017, S. 15694; und S. Ghirotto et al., »Inferring genealogical processes from patterns of Bronze-age and modern DNA variation in Sardinia«, in: *Molecular Biology and Evolution* 27, 2010, S. 775-786.

Die Untersuchung der Nachnamen in den Niederlanden findet sich bei: F. Manni et al., »New method for surname studies of ancient patrilineal population structures, and possible application to improvement of Y-chromosome sampling«, in: *American Journal of Physical Anthropology* 126, 2005, S. 214-228.

Bekanntlich war Gallien für Cäsar in drei Teile geteilt, deren mittleren die Kelten bewohnten. Eine vertiefte Untersuchung der Ethnogenese der Kelten ist: C. Renfrew, *Archaeology and language. The puzzle of Indo-European origins*, London 1987.

Das zitierte Buch von Steve Jones ist: *The Language of the Genes,* New York 1993.

Das Interview mit Richard Lewontin ist auf der Website des öffentlichen amerikanischen Fernsehens PBS abrufbar: http://www.pbs.org/race/000_about/002_04-background-01-04.htm.

Über die Rassenkategorisierung als Mittel, schnell potentielle Gegner oder Verbündete einzuschätzen, kann man nachlesen bei: R. Kurzban, J. Tooby, L.R. Cosmides, »Can race be erased? Coalitional computation and social categorization«, in: *Proceedings of the National Academy of Sciences USA* 98, 2001, S. 15387-15392, oder in einem neueren Artikel: J.T. Kubota, M.R. Banaji, E.A. Phelps, »The neuroscience of race«, in: *Nature Neuroscience* 15, 2012, S. 940-948.

Die Bücher, die Flavio Baroncelli dem Thema Rasse gewidmet hat, sind: *Il razzismo è una gaffe. Eccessi e virtù del «politically correct«*, Rom 1996, und: *Viaggio al termine degli Stati Uniti. Perché gli americani votano Bush e se ne vantano,* Rom 2006.

Danksagung

Anders als man es im Kino sieht, sind die Ergebnisse wissenschaftlicher Forschung stets die Frucht der Arbeit vieler Menschen und nicht eines einzelnen Erleuchteten allein (die Wissenschaftler fühlen sich oft alleingelassen, aber das ist ein anderes Thema). Daher ist auch dieses Buch die Frucht der Arbeit vieler Menschen, und viele Freunde und Freundinnen, Kolleginnen und Kollegen haben direkt oder indirekt dazu beigetragen – so viele, dass ich sie nicht einen nach der anderen zitieren kann. Doch ich möchte hier wenigstens ein paar Namen nennen: die von Giovanni Boniolo und von Cristina Poma, die mich davon überzeugt (und im Fall von Giovanni praktisch gezwungen) haben, dieses Buch zu schreiben, und die von Carla Castellacci, Guido Galesso und Massimo Pigliucci, den Armen, die viele Kapitel davon gegengelesen haben. Und dann sind da noch Luca Cavalli-Sforza, Lounès Chikhi, Jaume Bertranpetit, Richard Nichols, David Balding, Chiara Romualdi, Guido Modiano, David Goldstein, Joanna Mountain, Doug Futuyma, Lorena Madrigal; und die jungen Menschen aus Ferrara, die noch studierten, als die erste Auflage dieses Buchs herauskam und heute brillante Genetiker sind: Silvia Ghirotto, Andrea Benazzo, Stefania Vai und Francesca Tassi; diejenigen, mit denen ich jahrelang über die Rassen diskutiert habe, wobei wir oft einer Meinung waren, zuweilen aber natürlich auch nicht. Andere wiederum sind nicht mehr: Robert Sokal, der mir so viel beigebracht hat, dem ich aber nicht beibringen konnte, wie sich mein Name ausspricht (»Goo-wee-daw?« – »No, not really, Dr. Sokal«); Isabelle Olivieri, die mit einer Weinflasche in einer Hand und drei Gläsern in der anderen aus der dichten Vegetation ihres Gartens in Montpellier auftauchte, während wir mit großem Eifer über die größten Systeme der Genetik diskutierten; sowie Flavio Baroncelli und Pietro Cheli mit ihrem genuesischen Sarkasmus (Flavio kam allerdings aus Savona) und ihrem grenzenlosen kulturellen Wissen. Ich danke ihnen, als ob sie hier wären, denn jedes Mal, wenn ich einen klugen Einfall habe, kommt es mir vor, als seien sie gerade vorbeigegangen.

Kleines Glossar

Adaption: die Entwicklung bestimmter Merkmale, die in einer bestimmten Umwelt von der → natürlichen Selektion bevorzugt werden

Allel: eine alternative Form für ein bestimmtes Gen oder eine bestimmte → DNA-Sequenz

Allelfrequenz: die Häufigkeit, mit der es ein → Allel bei den Individuen einer → Population gibt

Aminosäure: eine der Komponenten der Proteinketten. In den Proteinen der Wirbeltiere finden sich 20 verschiedene Aminosäuren, von denen in der DNA jede von 3 Basen codiert wird

Bakterien: einzellige prokariotische Organismen, das heißt, Organismen ohne Hülle um ihren Zellkern

Basen: eine der Komponenten der Nukleinsäuren. In der → DNA gibt es 4 verschiedene Basen oder Nukleotide, die mit den Buchstaben A, C, G und T bezeichnet werden, deren Reihenfolge oder Sequenz die Erbinformation enthält, die zur Entwicklung des Organismus von der befruchteten Eizelle führt und dazu, dass er lebensfähig ist

Biodiversität: die Gesamtheit der biologischen Unterschiede zwischen allen Angehörigen einer → Spezies, einer Gemeinschaft oder eines Ökosystems

Brachycephal: kurz- und breitschädlig

CHROMOSOM: Teil einer Zelle, das vor allem aus einer langen um sich selbst aufgewickeltem → DNA-Kette besteht. Das menschliche Genom enthält 46 Chromosomen, das heißt 23 Chromosomenpaare, unter denen sich zwei → Geschlechtschromosomen befinden, X und Y

CODIERENDE DNA: der Teil der → DNA, der Informationen für die Synthese von Proteinen enthält. Beim Menschen umfasst er etwa 1,5 % des Genoms

CRO-MAGNON-MENSCHEN: eine Menschengruppe mit anatomisch modernen Merkmalen, in Europa für die Zeit seit vor 40 000 Jahren dokumentiert. Der Name stammt von dem Ort in Frankreich, wo die ersten Überreste gefunden wurden

DENISOVA-MENSCH: eine Menschenform, die in der Höhle von Denisova in Sibirien gefunden wurde und etwa 55 000 Jahre alt ist. Derzeit verfügen wir erst über ein Fingerglied und zwei Zähne, aus denen ein Genom isoliert werden konnte, das weder dem des → Neandertalers noch dem des *Homo sapiens* entspricht

DIPLOID: ein Chromosom oder DNA-Abschnitt, der in zwei Ausfertigungen in der Zelle existiert, gewöhnlich in einer von der Mutter und einer vom Vater geerbten Form

DIVERSITÄT: die Gesamtheit der variablen Merkmale einer Population oder einer Art

DNA (oder DNS): Desoxyribonukleinsäure, ein Molekül in den Zellen, das die Form einer Doppelhelix hat. Es enthält die genetische Information

DNA-Ort: im Genom jeder Spezies haben die Basen der → DNA bestimmte nummerierte Positionen. Ein DNA-Ort ist eine dieser Positionen; wenn verschiedene Individuen an dieser Stelle unterschiedliche Basen haben können, spricht man von einem polymorphen Ort

Dolichocephal: langschädlig

Ethnische Gruppen: für ihre Angehörigen gewöhnlich mit einem bestimmten Territorium verbundene Gemeinschaften, die durch ihre gemeinsame Sprache, Kultur und geschichtlichen Erinnerungen charakterisiert sind. Nach Marco Aime einfach Gruppen, die davon überzeugt sind, zur selben ethnischen Gruppe zu gehören

Fertilität: die Fähigkeit von Individuen einer Art, sich zu reproduzieren. Sie misst sich nach der Zahl der Nachkommen eines Individuums oder der durchschnittlichen Nachkommenzahl in einer Population. Zusammen mit der → Mortalität ist sie einer der Faktoren, deren Schwankung die → natürliche Selektion bestimmen

Flores-Mensch: eine Menschenform, die auf der indonesischen Insel Flores entdeckt wurde und deren Alter auf 18 000 Jahre datiert wird

FREQUENZ: die Häufigkeit, mit der ein Phänomen auftritt

GEN-VARIANTE oder DNA-VARIANTE: ein anderes Wort für Allel

GEN: der DNA-Abschnitt, der die für die Produktion eines oder mehrerer Proteine benötigten Informationen enthält

GENETIK: die Wissenschaft, die sich mit der Vererbung der Eigenschaften von Lebewesen befasst

GENETISCHE STRUKTUR: die Verteilung der genetischen Diversität im geographischen Raum

GENETISCHE VARIANZ: der statistische Ausdruck dafür, wie divers oder unterschiedlich die → DNA oder die Proteine der betrachteten Individuen oder Testgruppen sind

GENETISCHER CODE: die Regeln, nach denen die Zelle die in der Sequenz der → Basen der → DNA enthaltene Information in die Sequenz der Aminosäuren eines Proteins übersetzt. Er ist universal und besitzt Zeichen für Anfang und Ende. Jede → Aminosäure wird durch drei aufeinanderfolgende Basen der DNA bezeichnet

GENOM: die Gesamtheit der in einer Zelle oder in einem Individuum oder charakteristisch in einer Spezies enthaltenen → DNA

Genpool: die Gesamtheit der → Allele, die es in einer Spezies oder einer Population gibt

Geschlechtschromosomen: die → Chromosomen, die das Geschlecht bestimmen. Beim Menschen gibt die Mutter an jedes Kind ein X-Chromosom weiter, während der Vater entweder auch ein X-Chromosom weitergeben kann (weshalb dann aus der befruchteten Eizelle ein Mädchen wird) oder ein Y-Chromosom (dann wird das Kind ein Junge sein). Andere Arten haben andere Formen, das Geschlecht festzulegen

Haploid: ein → Chromosom (oder → DNA-Abschnitt), das (oder der) nur in einem Exemplar in der Zelle vorhanden ist

Homolog: Homolog wird ein → Chromosom genannt, wenn es ein anderes gibt, das dieselbe Struktur hat und dieselben → Gene enthält. In jeder menschlichen Zelle gibt es zwei homologe Chromosomen, je eins, das von der Mutter, und eins, das vom Vater stammt.

Hybrid: vermischt; der Ausdruck wird in unserem Zusammenhang für eine aus der Vermischung unterschiedlicher → Populationen hervorgegangenen Population gebraucht.

Kaukasisch: obsolete Bezeichnung für Menschen mit weißer Haut oder europäischer Herkunft; die Bezeichnung hält sich in amerikanischen Fernsehfilmen (und nicht nur dort) bis heute

Künstliche Selektion: die fortschreitende Veränderung der genetischen Merkmale von Tieren oder Pflanzen durch kontrollierte Kreuzung

Migration: die Wanderung von Individuen oder Populationen im geographischen Raum

Mitochondriale DNA: das Mitochondrium ist eine Organelle, ein Zellorgan, in einer eukariotischen Zelle, die ihre eigene → DNA hat, eben die mitochondriale

Molekül: das kleinste Teil einer Verbindung oder eines chemischen Elements, das für sich allein bestehen kann; das Molekül besteht aus chemisch verbundenen Atomen

Mortalität: Sterblichkeit; sie wird anhand der Sterbedaten von Individuen oder einer Population gemessen. Zusammen mit der → Fertilität ist sie in unterschiedlichem Maße einer der Faktoren, die für die → natürliche Selektion verantwortlich sind

Mutation: eine Veränderung der → DNA-Sequenz bei der Vererbung

Natürliche Selektion: der Prozess der Evolution, bei dem bestimmte biologische Merkmale aussterben und andere, die besser an die Umweltbedingungen angepasst sind, sich verbreiten. Er verdankt sich den unterschiedlichen erblichen Fähigkeiten der Individuen, zu überleben und sich fortzupflanzen, und damit ihrem unterschiedlichen Beitrag zur Folgegeneration

Neandertaler: eine Menschenform mit archaischen anatomischen Merkmalen, die in Europa und Westasien für die Zeit von vor 300 000 bis 29 000 Jahren dokumentiert ist (derzeit werden allerdings diese Daten überprüft und könnten sich etwas ändern). Der Name kommt von dem Fundort, dem Neandertal bei Düsseldorf, wo 1856 das erste Fossil dieses Typs gefunden wurde

Neodarwinismus: die Synthese zwischen der Darwinschen Evolutionstheorie und der Genetik nach Mendel

Pharmakogenetik: die Forschung nach den → Genen, die bestimmend sind für die individuellen Unterschiede, mit denen die Individuen auf Medikamente reagieren

Polygenismus: die Vorstellung, die heutige Menschheit bestehe aus mehreren unterschiedlichen Spezies

Polymorphismus, genetischer: die Existenz von zwei oder mehr genetischen Varianten (der → DNA oder der Proteine) in einer Population

Population: die Gesamtheit der Individuen, die dasselbe Territorium bewohnen, gemeinsame physische oder soziale Besonderheiten haben und dazu tendieren, sich untereinander zu reproduzieren

RASSE: eine Gruppe von Individuen, die sich von den anderen Angehörigen derselben Art durch erkennbare erbliche Merkmale unterscheiden

REKOMBINATION: ein Prozess, bei dem sich zwei (in der Regel → homologe) Abschnitte der → DNA austauschen. Er hat Konsequenzen für die Vererbung, wenn er während der Bildung der Gameten stattfindet

REPLIKATION (der DNA): der Prozess innerhalb einer Zelle, bei dem die → DNA der Chromosomen dupliziert wird und der der Zellteilung vorausgeht

REPRODUKTIVE ISOLATION: Bedingungen, unter denen sich Individuen nicht mit Angehörigen anderer Gruppen reproduzieren können

SEQUENZ: die Reihenfolge der Basen in der → DNA oder der → Aminosäuren in einem Protein

SPEZIES oder ART: die Gesamtheit der Individuen, aus deren Kreuzung fruchtbarer Nachwuchs hervorgeht. Vor allem bei paläontologischen Befunden ist es nicht immer möglich, festzustellen, ob das der Fall ist, und so werden dort (mit dem unvermeidlichen Maß von Willkür) zur selben Spezies die Individuen gezählt, die sich hinlänglich gleichen

STOFFWECHSEL oder METABOLISMUS: Die Gesamtheit der chemischen Reaktionen in einem Organismus, die zur Veränderung der darin enthaltenen Moleküle führen

Subspezies: → Rasse

Taxonomie: die Wissenschaft der systematischen Klassifikation

Umwelt: die Gesamtheit der Faktoren, die auf ein Lebewesen einwirken und seine Reproduktionsfähigkeit beeinflussen, wodurch sie auch die → natürliche Selektion steuern

Unterarten: → Rasse

Variabilität: die natürliche Tendenz zur Hervorbringung von Varianten. Oft synonym gebraucht mit → Diversität

Virus: ein Organismus, der nicht die Struktur einer ausgebildeten Zelle hat und als Parasit einen übergeordneten Organismus braucht

Vorfahren, gemeinsame: für fast jede Gruppe von Individuen die Population in der Vergangenheit, zu der die Vorfahren aller gehören, die von ihnen abstammen. Zum Beispiel haben die gemeinsamen Vorfahren von *Homo* und Schimpanse vor ungefähr 6 Millionen Jahren in Afrika gelebt

Wanderung oder Migration: seit frühester Zeit sind die Menschen gewandert, um bessere Überlebensbedingungen zu finden. Dies hat zu dem hohen Maß an → Biodiversität bei ihnen geführt, der es unmöglich macht, sie in → Rassen einzuteilen

ZELLEN: die Grundkomponenten der lebenden Organismen. Bei den Wirbeltieren haben sie gewöhnlich eine → diploide DNA-Ausstattung, mit Ausnahme der Geschlechtszellen oder Gameten, die nur eine → haploide Ausstattung haben

ZELLTEILUNG: der Prozess, durch den Zellen sich vermehren. Ihm geht die → Replikation der DNA voraus, sodass aus einer Mutterzelle zwei genetisch identische Tochterzellen hervorgehen (sofern es nicht zu Mutationen kommt)

Questo libro è stato tradotto grazie ad un contributo del Ministero
degli Affari Esteri e della Cooperazione Internazionale italiano.
Die Übersetzung dieses Buches ist dank einer Förderung des italienischen Ministeriums für Auswärtige Angelegenheiten und Internationale Kooperation entstanden.

Anmerkungen des Verlags:
»Schwarz« wird heute im Allgemeinen großgeschrieben, wenn klar ist, dass es sich hierbei nicht einfach um eine Farbe, sondern um eine rassistische Zuordnung geht, gegenüber der sich Schwarze Menschen als Betroffene solidarisieren und ihr Schwarzsein stolz großschreiben. Wenn in diesem Buch von den Hautfarben »schwarz« oder »weiß« die Rede ist, dann geht es entweder tatsächlich nur um Farben oder um als solche benannte rassistische Zuschreibungen, daher wäre in diesem wissenschaftlichen Kontext wäre »Schwarz« als politisches Statement fehl am Platz.

Alle im Buch erwähnten Websites bzw. URLs, soweit nicht anders im Buch beschrieben, waren im November 2020 verfügbar.

Ein verlagsneues Buch kostet in ganz Deutschland und Österreich jeweils dasselbe. Das liegt an der gesetzlichen Buchpreisbindung, die dafür sorgt, dass die kulturelle Vielfalt erhalten und für die Leser:innen bezahlbar bleibt. Also: Egal ob im Internet, in der Großbuchhandlung, beim lokalen Buchhändler, im Dorf oder in der Stadt – überall bekommen Sie Ihre verlagsneuen Bücher zum selben Preis.

Dieses Buch ist zuerst im Jahr 2006 unter dem Titel *L'invenzione delle razze* bei Giunti Editore S.p.A. /Bompiani, Firenze-Milano, erschienen.

Die 2. überarbeitete Auflage erschien 2018 bei Giunti Editore S.p.A. / Bompiani.

FSC
www.fsc.org
MIX
Aus verantwortungsvollen Quellen
FSC® C023577

Klimaneutral
Druckprodukt
ClimatePartner.com/13916-1911-1001

Für die deutschsprachige Ausgabe:

Die Grundlage für diese Übersetzung bildet die 2. überarbeitete Auflage der Originalausgabe

Printed in Slovakia
ISBN 978-3-96428-097-8
www.jacobystuart.de